АНДРЕЙ ЗАХАРОВ

РУССКИЙ КИБЕРПАНК

КАК КРЕМЛЬ И ОЛИГАРХИ СТРОЯТ «ЦИФРОВОЙ ГУЛАГ» —
И КТО ЭТОМУ СОПРОТИВЛЯЕТСЯ

Захаров Андрей

Русский киберпанк. Как Кремль и олигархи строят «цифровой ГУЛАГ» — и кто этому сопротивляется / А. Захаров. — Берлин. —336 с.

ISBN 978-1-969573-21-7

Многие воспринимают Россию как страну «цифрового ГУЛАГа». Но ситуация сложнее: РФ сейчас — страна победившего киберпанка. Новая книга журналиста-расследователя Андрея Захарова рассказывает, как устроена система прослушки всех разговоров и интернет-трафика от ФСБ, действительно ли Павел Дуров сдает нашу переписку в Telegram по звонку с Лубянки, как Христо Грозев до сих пор покупает на рынке пробива самые чувствительные персональные данные – и ждать ли нам наступления «Чебурнета».

Рукопись подготовлена при поддержке StraightForward Foundation

© Захаров А., 2025
© StraightForward Foundation

Оглавленние

Предисловие ... 5

Часть 1. Партизаны ... 13
   Глава 1. Тайная дочка Путина ... 13
   Глава 2. Ботаник с ноутбуком ... 36
   Глава 3. Человек из глубинки ... 57

Часть 2. Государство ... 85
   Глава 4. Город будущего ... 85
   Глава 5. Аватары спецслужб ... 115
   Глава 6. «Чебурнет» ... 144

Часть 3. Преступники ... 178
   Глава 7. Глаз Бога ... 178
   Глава 8. Пробив предателей ... 192
   Глава 9. Звонок ... 208

Часть 4. Корпорации ... 227
   Глава 10. Два стула ... 227
   Глава 11. Главный по медиа ... 250
   Глава 12. Первая мировая кибервойна ... 269

Эпилог. Киберпанк везде ... 285
Благодарности ... 293
Источники ... 295

«Увлекательный, ироничный и несколько жуткий рассказ о том, как устроена система цифровой слежки в России, как она родилась и во что эволюционировала. «Русский киберпанк» и обобщает все, что известно независимым расследователям об архитектуре «цифрового ГУЛАГа» в России – от городских систем видеонаблюдения с распознаванием лиц на основе систем искусственного интеллекта – до использования силовиками полукриминальных Telegram-ботов по пробиву любых личных данных кого угодно, и приводит новые, неизвестные ранее детали. Вывод один: мы уже живем в самой настоящей киберпанк-антиутопии, и единственное, что отделяет сегодняшнюю Россию от государства тотального контроля по оруэлловскому образцу – это непременные наши бардак и коррупция. Смелая, я бы сказал, борзая книга. Обязательно к чтению всем, кто хочет разобраться в том, как устроена Россия».

Дмитрий Глуховский, писатель

«Пробив. Слово, которое еще только входит в русский язык. Но книга Андрея Захарова, думаю, повлияет на включение этого термина в словари русского языка. Пробив – это значительная часть русского киберпанка, реальности последних 20-30 лет в России, где личные данные продаются и покупаются. Автор прослеживает эволюцию этого явления, от дисков на рынках до удобных сервисов по пробиву в мессенджерах. Чем ответит государство своим же государевым людям, зарабатывающим на пробиве, и может ли коррупционный режим покончить с утечками данных? Книга Андрея Захарова если не дает ответы на эти вопросы, то ставит их перед читателем. Перед нами увлекательный рассказ о пробиве, развитии технологий и борьбе с ними от журналиста-расследователя».

Сергей Смирнов, главный редактор «Медиазоны»

«Автор книги, действуя разумно и добросовестно, предоставил читателям информацию о наличии определенной точки зрения на общественно значимые обстоятельства».

Мосгорсуд – о предыдущей книге Андрея Захарова «Крипта. Как шифропанки, программисты и жулики сковали Россию блокчейном» (решение по иску предпринимателя Константина Малофеева с требованием изъять книгу из продажи и уничтожить)

Предисловие

Антиутопия Джорджа Оруэлла «1984» — одна из наиболее продаваемых книг в России в последние десять лет[1]. В 2023 году она вошла одновременно в список самых популярных и самых воруемых изданий[2]. Объяснить такой интерес легко: россияне видят в романе сходство с окружающей реальностью[3]. Весной 2022 года — вскоре после начала полномасштабного российского вторжения в Украину — предприниматель из города Иваново целый месяц раздавал «1984» бесплатно на улице, к осени открыл библиотеку имени Джорджа Оруэлла с портретом писателя на фасаде, но потом вынужденно покинул страну из-за преследований со стороны силовиков[4]. В отношении него возбудили дело за «дискредитацию армии» — репрессивная норма, которая появилась после вторжения и буквально напоминает один из партийных лозунгов из «1984»: в современной России войну следует называть СВО, у Оруэлла человека повсюду преследовала фраза «война — это мир».

Через призму оруэлловской антиутопии часто смотрят на Россию и западные журналисты[5]. Да что там — я сам в 2020 году, когда работал в Русской службе Би-би-си, назвал свое расследование про московскую систему цифровой слежки за гражданами "Умный город" или "Старший брат"», отсылая читателей к титулу лидера тоталитарной Океании из «1984»[6]. Через запятую с «1984» обычно перечисляют такие произведения, как «Мы» Евгения Замятина, «О дивный новый мир» Олдоса Хаксли и «451 градус по Фаренгейту» Рэя Брэдбери. Их объединяет одна и та же антиутопическая модель:

тоталитарное государство полностью контролирует жизнь человека, попытки одиночек бунтовать легко подавляются. Но есть и другая, не менее популярная в современной культуре пессимистическая картина будущего под названием «киберпанк». В такой антиутопии, помимо авторитарного государства, над людьми властвуют сильные корпорации, свободно себя чувствуют бесконтрольные криминальные группировки и им всем противостоят одинокие борцы с системой — как правило, хакеры, потому что киберпанк описывает прежде всего цифровое будущее.

В романе Филипа Дика «Мечтают ли андроиды об электроовцах?», по мотивам которого Ридли Скотт снял «Бегущего по лезвию», есть государство со своим полицейским аппаратом, могущественная корпорация по производству репликантов и «охотники за головами», зарабатывающие на жизнь поиском сбежавших андроидов. В «Матрице» сестер Вачовски машины подключили людей к виртуальной реальности, чтобы использовать их как батарейки, им противостоит горстка повстанцев, внутри матрицы прячутся программы-изгнанники, а программа-агент, которая изначально послушно боролась с непокорными, начинает агрессивно захватывать искусственный мир, уже не подчиняясь другим машинам. В советской комедии «Кин-дза-дза» — мне кажется, что ее тоже можно стилистически причислить к киберпанку — сюжет разворачивается на планете Плюк, которую возглавляет авторитарный «господин ПЖ». За порядком присматривают местные силовики (они называются эцилопы), но они иногда пользуются своей властью, чтобы обирать подданных. Так же поступают и контрабандисты, когда к ним обращаются двое случайно залетевших на Плюк землян:

для возвращения домой героям нужен особый прибор (гравицапа), но контрабандисты обманывают их и, разбогатев, поднимаются вверх в социальной иерархии, разгуливая в престижных малиновых штанах.

Я неслучайно так детально пересказываю сюжеты разных произведений. Как журналист я много лет изучал, как устроены система цифровой слежки в России и нелегальный рынок данных. Но одновременно я сам пользовался этим самым нелегальным рынком, чтобы, например, узнавать подноготную чиновников, ответственных за цифровую слежку. Осенью 2023 года я пересматривал «Матрицу» и вдруг подумал, что мы — российские журналисты-расследователи — в чем-то похожи на повстанцев: в созданном машинами виртуальном мире мы сражаемся против самих же машин. И чем дольше я размышлял о киберпанке как о возможной оптике для взгляда на Россию, тем больше мне казалось, что зачастую — особенно если говорить про цифровую сферу — она описывает реальность лучше антиутопии оруэлловского типа.

Под цифровой сферой я понимаю в первую очередь цензуру в интернете и контроль за гражданами с помощью технологий. Эту часть российской жизни медиа любят называть «цифровой ГУЛАГ» — по названию сталинской системы лагерей, описанной Александром Солженицыным в романе «Архипелаг ГУЛАГ»[7]. Термин настолько прижился, что его употребляют даже представители власти — естественно, чтобы заверить всех, что никакого «цифрового ГУЛАГа» в России нет[8]. Но разве можно как-то иначе описать, например, московскую систему видеонаблюдения, где почти каждая камера подключена к системе распознавания лиц, и с ее помощью любого человека могут найти за считаные минуты? Или, например, сеть «технических средств противодействия угрозам» — по сути, рубильника для полной блокировки или замедления любой неугодной соцсети в России? Собран этот рубильник с широким использованием западных технологий: торжество цифрового суверенитета происходит на оборудовании потенциального врага[9].

Одновременно с этим я как журналист могу пойти в Telegram-бот и за секунды купить самые чувствительные персональные данные на любого гражданина России, включая детей и любовниц Владимира Путина. А силовики вместо того, чтобы бороться с этими нелегальными сервисами, сами охотно используют их в оперативной работе, потому что они удобнее и быстрее громоздких систем «цифрового ГУЛАГа». Одни и те же продавцы данных сотрудничают с независимыми расследователями, чтобы помочь им найти отравителей оппозиционного политика Алексея Навального, и с мошенниками, чтобы упростить им воровство денег с банковских карт. И все это зиждется на повсеместной коррупции тех, кто призван бороться с утечками персональных данных: сотрудников банков и сотовых компаний, чиновников и полицейских.

Если продолжать аналогию с киберпанком, то партизанам в лице журналистов-расследователей противостоит могущественное государство, прежде всего ведущая спецслужба страны ФСБ и главный цензурный орган — Роскомнадзор. Отдельный мир — продавцы данных: они, нарушая закон, снабжают информацией и журналистов, и силовиков, и мошенников всех мастей. И весь этот рынок подпитывается утечками из баз госорганов и частных компаний — например, из структур близкого к президенту банкира Юрия Ковальчука, по своему могуществу сравнимого с владельцем корпорации по производству репликантов из «Бегущего по лезвию»: он контролирует главные российские телеканалы и самые популярные платформы рунета, а значит, и цифровые профили почти всех россиян. И купить данные, и почитать новости, и пообщаться с источником из Роскомнадзора можно в Telegram — втором по популярности мессенджере в мире от россиянина Павла Дурова, который пытается усидеть на двух стульях, декларируя независимость от государства и одновременно тайно взаимодействуя с ним. Все эти герои, госструктуры и частные компании формируют разные миры русского киберпанка — и в своей книге я последовательно расскажу о каждом из них.

Есть несколько удачных концепций, описывающих современную цифровую эпоху. Американский философ Шошана Зубофф предлагает определение «надзорный капитализм»: главную роль в нем играют корпорации по типу Google или Meta, знающие о своих пользователях — то есть о значительной части населения планеты — почти все[10]. Греческий экономист Янис Варуфакис осмысляет современность как «технофеодализм», при котором все те же IT-гиганты выступают в роли своеобразных средневековых сюзеренов: они властвуют в своем наделе с ограниченной властью короля (государства) и взимают со своих крепостных (пользователей) ренту[11]. Обе концепции отражают понятные страхи и озабоченность тем, что корпорации владеют грандиозными массивами персональных данных и, по сути, следят за всем человечеством. Разница с Россией заключается в том, что если Google, Meta или Amazon нужно знать о людях как можно больше, чтобы заработать на них, то Кремлю — для того, чтобы их контролировать и наказывать.

Общепринятым примером государства, где технологии эффективно используются для контроля за населением, считается Китай[12]. Там действует масштабная сеть камер с распознаванием лиц, заблокированы западные соцсети и поисковики, введена система социальных рейтингов — цифровых профилей граждан на основе данных из государственных и частных баз (выплачивает ли человек кредиты, штрафовали ли его за вождение в нетрезвом виде, играет ли он в азартные игры и покупает ли предметы роскоши). Российские власти ориентируются на китайский пример, но полностью повторить его пока не могут. Например, в КНР интернет поставили под контроль уже на момент развертывания сети, выставив между внутренним и внешним миром «Великий китайский файрвол» — механизм фильтрации всего входящего в страну трафика. В России сети связи строились без каких-либо ограничений со стороны государства, а западные соцсети и платформы свободно приходили на внутренний рынок.

Все это наложило технические, политические и коммерческие ограничения на попытки Кремля построить аналог «Великого китайского файрвола» после избрания Путина на третий срок в 2012 году. Вот два характерных примера из лета 2025 года, когда я заканчиваю эту книгу. Первый: в 2022 году, после начала войны с Украиной, российские власти официально заблокировали Facebook и Instagram, а их материнскую компанию Meta признали «экстремистской организацией». Но другой продукт этой американской корпорации — мессенджер WhatsApp — еще три года продолжал спокойно работать и официально входил в тройку самых популярных интернет-сервисов страны, пока Кремль не заблокировал звонки через него под предлогом борьбы с телефонными мошенниками[13]. И второй: в Москве не скрыться от камер с распознаванием лиц, они есть почти на каждом подъезде, однако стоит выехать за пределы столицы, и все меняется — в целом по стране такие технологии распространены очень мало[14].

На мой взгляд, именно российский, а не китайский путь следует пристально изучать тем, кто опасается скатывания своей страны в авторитаризм. Как и в России, ограничения могут вводиться постепенно или даже незаметно для гражданского общества, под предлогом всеобщего блага и защиты конституционных прав. Одним из первых решений администрации Дональда Трампа после его второго прихода в Белый дом стало ограничение доступа журналистов к президенту: если раньше список аккредитованных изданий формировала независимая ассоциация, то теперь — чиновники. Американскому журналисту Питеру Бейкеру, когда-то работавшему в Москве, это напомнило, как Кремль поэтапно закрывал пул для неугодных репортеров в начале 2000-х, когда Путин только-только пришел к власти[15]. Во Франции в 2025 году парламент чуть было не принял закон, обязывающий мессенджеры с современным шифрованием (WhatsApp, Signal) заложить бэкдор для полиции — то есть возможность задним числом расшифровать переписку[16]. Норму предлагалось принять для борьбы с наркоторговлей, но наличие бэкдора делает любую IT-платформу уязвимой — он дает возможность бесконтрольного чтения сообщений, причем не только силовикам, но и хакерам. Все это напоминает российский закон об «организаторах распространения информации»: соцсеть, мессенджер или любой сервис, включенный в соответствующий реестр по решению властей, обязан предоставить российским спецслужбам «ключи шифрования» — то есть, по сути, ровно то же самое, что хотели получить их французские коллеги. Впрочем, пока такого закона во Франции все-таки не появилось — свое слово сказало общество.

А вот по степени парадоксальности российский путь будет сложно повторить. Например, за блокировку неугодных сервисов и сайтов отвечают «технические средства противодействия угрозам» — специальное оборудование, которое ставится у операторов связи за государственный счет. И хотя его производитель — российский, большая часть комплектующих — импортная[17]. Их закупают в обход всевозможных санкций, чтобы потом бороться с западными же сервисами — с Facebook, Instagram и YouTube. Торжество суверенитета на базе зарубежных технологий — для русского киберпанка это не парадокс, а нормальная ситуация.

Ожидать полного совпадения с той картиной, которую обычно рисуют писатели и кинематографисты в произведениях киберпанка, не стоит. В фантастических картинах будущего такие, как Нео или охотник за головами из «Бегущего по лезвию», побеждают. В реальности финал пока остается открытым: Кремль поэтапно укрепляет жесткую авторитарную систему по модели «1984», а мы, условные партизаны, сопротивляемся теперь ему из безопасной эмиграции, а не изнутри России, откуда нас выдавили с помощью репрессий. Но пока государство не достигло своей цели — и из этой книги вы узнаете почему.

Часть 1. Партизаны

Глава 1.
Тайная дочка Путина

— Я напишу ее имя на листочке, вы прочитаете, скажете, она это или не она. А потом я порву листочек при вас.

— Андрей, меня убьют.

Была осень 2020 года. Мы вдвоем сидели за столиком в закутке одного московского ресторана — я, журналист независимого расследовательского издания «Проект», и мой собеседник, в прошлом работавший высокопоставленным чиновником и заставший стремительное восхождение президента Владимира Путина по карьерной лестнице в начале века.

«Светлана Кривоногих», — написал я в блокноте, вырвал листик и протянул своему собеседнику.

«Андрей, меня убьют! Не буду я тебе ничего говорить», — ответил он, нервно поглаживая подбородок. Этого было достаточно. Я порвал бумажку на мелкие кусочки и запихнул их в карман.

К этому времени я собрал несколько косвенных, но крепких свидетельств, указывающих на то, что Светлана Кривоногих в прошлом была любовницей президента Владимира Путина, родила ему внебрачную дочь и разбогатела благодаря подаркам от друзей главы государства. Нервная жестикуляция моего источника укрепила меня в мысли, что я иду в правильном направлении.

«Если у Путина от Кривоногих есть дочь, то она должна быть на него похожа», — предположил я и решил, что надо попробовать ее найти.

Для таких сложных случаев у меня был волшебный помощник — специальный диск с примитивной программой, в которой можно было вбить фамилию-имя-отчество человека и узнать, например, с кем он прописан в квартире. Кривоногих жила в Санкт-Петербурге вместе с некой 17-летней Елизаветой Розовой, отчество которой (Владимировна) было еще одним косвенным подтверждением того, что ее отец, возможно, президент России. Расследование завершилось на странице Розовой во «ВКонтакте». С фотографий на меня смотрел Владимир Путин, только школьного возраста и женского пола.

Я кинул пару снимков своему редактору Роме Баданину. «Блядь!» — ответил Рома. «Блядь нахуй», — написал он спустя пять минут, по-прежнему шокированный находкой. Так волшебный помощник — диск с персональными данными, которые я собирал много лет, — привел меня к главному расследованию в карьере.

Агентство «Сыщик»

В начале 1990-х в книжных магазинах моего родного города, который тогда только-только снова стал из Ленинграда Петербургом, появилась серия «Детский детектив». Состояла она из переводных западных романов, хлынувших в нашу страну после распада СССР и падения «железного занавеса». На обложке серии размещался профиль задумавшегося мальчика; глубокий мыслительный процесс подчеркивался приставленным к подбородку пальцем. Такие же мальчики — а иногда и девочки — были героями этих книжек: несмотря на юный возраст, они ловили настоящих преступников у себя в США и Британии, а потом беззаботно ехали на загородный пикник на велосипеде. Велосипед — пусть и марки «Школьник» — у меня тоже был, а вот раскрытыми преступлениями я пока похвастаться не мог.

Чтобы проверить свои расследовательские таланты, мне нужны были тайны, которые я мог бы раскрыть. Я нарезал прямоугольных листочков, а потом специальными штампиками нанес на них надпись «Агентство "Сыщик"» и указал наш домашний телефон. Визитки я разбросал по почтовым ящикам соседей и стал ждать первого клиента. Когда таковых не появилось, я пошел искать «тайны» на улице. В одном дворе меня привлек автомобиль советской марки «Москвич» с макетом короны на передней панели — такими безделушками в те годы часто украшали салоны. Корона показалась мне настоящей. «Украл в музее!» — выдвинул я гипотезу, как настоящий детектив. Я так долго разглядывал салон, пытаясь найти какие-то «улики», что на меня с балкона закричала хозяйка машины, явно приняв за преступника: в начале 1990-х на улицах стало много криминала — нередко люди забирали на ночь магнитолу из автомобиля, чтобы ее не украли, разбив стекло.

Прошло 10 лет. В Петербурге стояло жаркое, душное лето. Я учился в университете и ехал в метро на экзамен. По вагону шел мужчина в футболке и серой жилетке с десятком карманов на груди. «Телефонная база жителей Петербурга, база автомобильных номеров», — бормотал он, держа в одной руке пачку самодельных дисков, а другой вытирая платком пот с шеи. Вспомнив свое агентство «Сыщик», я подумал, что сейчас, имея такую базу, начал бы свое «расследование о загадочной короне» с проверки владельца того «Москвича». «150 рублей за диск», — сказал мужик, потряхивая платком у меня перед лицом. Я отвернулся: 150 рублей в те годы стоил один обед в студенческой столовой, но в тот момент мне такие базы не требовались.

Дисками с персональными данными тогда торговали не только в вагонах, но и в подземных переходах, на вещевых рынках и, конечно же, в интернете. В 2005 году корреспондент правительственной «Российской газеты» нашел в сети объявление о продаже базы мобильных номеров жителей дальневосточного Хабаровска — с адресами и паспортными данными. Сделка прошла в аудитории местного вуза: продавец отдал клиенту диск, забрал деньги и скрылся[1]. В базе журналист нашел себя, своих друзей, местных чиновников и начальника хабаровского управления Федеральной службы безопасности.

Корреспонденту петербургского «Коммерсанта», который примерно тогда же в рамках эксперимента приобрел базу всех сотовых номеров города, диски привезли два человека. Один отвечал за техническую составляющую, другой его охранял и помогал по юридической части. Пока техник ставил базы на компьютер, его коллега объяснял, почему не опасается заниматься столь сомнительным бизнесом: «С обыкновенными милиционерами гарантированно найдем общий язык, к тому же юридических оснований для задержания нет, так как ничьи авторские права не нарушаются»[2]. Корреспондент открыл базу и стал названивать петербургским знаменитостям: во всех случаях номера, конечно, были настоящими. Диски с почти пятью миллионами телефонов Петербурга и окрестностей обошлись примерно в 50 долларов (здесь и далее конвертация сделана по курсу на момент описываемых событий).

Персональные данные россиян в середине 2000-х буквально валялись на дороге. «Практически на каждом развале с компакт-дисками красуется табличка "Новейшие базы данных". На вопрос: "Что есть нового?" — продавцы молча вручают многостраничный том с ассортиментом и ценами» — так еще один журналист описывал свой опыт посещения радиорынка в московском районе Митино[3].

То, что адресами и телефонами торговали, как обычными пирожками, можно было списать на отсутствие специального закона, который бы защищал цифровую информацию о гражданах, — и в какой-то момент власти наконец задумались о том, что он необходим. «Всем хорошо известно, что некоторые базы данных можно купить на Тверской улице [в центре Москвы]. Так вот, чтобы этого не происходило, мы планируем создание целого ряда механизмов, юридических, законодательных, для того чтобы поставить барьер этому негативному явлению», — говорил министр информационных технологий Леонид Рейман в Госдуме в ноябре 2005 года, представляя законопроект «О персональных данных».

Закон приняли, но базы из свободной продажи не исчезли. Через несколько месяцев после того, как новые нормы вступили в силу, на митинском радиорынке появился диск с информацией о трех миллионах заемщиков, попавших в черные списки российских банков. За какие-то 60 долларов можно было узнать их имена, адреса, телефоны, места работы и причины попадания в список неблагонадежных получателей кредитов — например, наличие судимости[4].

Конечно, громкие и масштабные утечки персональных данных случались в каждой стране. В том же 2006 году в США обсуждали, что в руках злоумышленников могли оказаться личные данные более 26 миллионов ветеранов вооруженных сил[5], а в Британии — кражу информации об 11 миллионах членов «Национального строительного общества» (Nationwide Building Society; своего рода ипотечный банк)[6]. Однако на Западе подобные базы в лучшем случае можно было скачать на специализированных закрытых форумах, а не купить в переходе неподалеку от здания парламента, где в этот момент профильный министр и депутаты обсуждают, как они будут бороться с утечками.

Летом 2008 года в вагон поезда петербургского метро зашел продавец дисков с базами сотовых операторов. Один из пассажиров, 59-летний мужчина, сделал ему замечание, что в открытую торговать такими базами незаконно. В ответ продавец дал ему кулаком в глаз и выскочил на следующей станции; пассажиру пришлось вызывать скорую[7].

Его возмущение можно было понять. Базы данных стали опасным оружием в руках преступников. Например, в Петербурге банда автоугонщиков с помощью слитой базы дорожной полиции делала для украденных машин фальшивые документы, указывая в них настоящие номера кузова и двигателя. В Москве мошенники вооружились базой с историями болезней москвичей и стали звонить им, предлагая подкрашенную воду и толченый мел под видом суперэффективных лекарств — телефоны, естественно, взяли из еще одной базы данных[8]. Впоследствии утекшие базы станут фундаментом, на котором вырастут фейковые кол-центры банков. Прямо из колоний гражданам звонят вымогатели и, используя различные психологические приемы, вынуждают добровольно переводить все сбережения. Реальная информация из баз — фамилии родственников, данные об имуществе — помогает мошенникам втереться в доверие к жертвам.

Другими активными пользователями баз стали журналисты. Например, в 2005 году репортеры «Ведомостей» нашли в утечке банковских проводок Центробанка детальную информацию о том, как государственная «Роснефть» с помощью хитрой схемы стала собственником нефтяного бизнеса опального Михаила Ходорковского — миллиардера, который позволял себе публично спорить с Владимиром Путиным и финансировал российскую оппозицию, но в итоге лишился основных активов и оказался в тюрьме[9].

А спустя несколько лет диски с утекшими базами наконец потребовались и мне.

У Василия

— Вы летали вместе с ним в Адлер.

— Откуда вам это известно?

— Вас видели в соседних креслах.

— Кто?

— Я не могу раскрыть источник.

Вопросы в этом разговоре задавал чиновник администрации Петербурга, отвечал ему я. Именно о таких диалогах я и мечтал, когда печатал визитки агентства «Сыщик». Мечта исполнилась в конце 2010 года, когда я пошел работать в петербургское Агентство журналистских расследований, главным проектом которого было и остается интернет-издание «Фонтанка.ру».

Наши редакторы всегда требовали, чтобы у нас новости выходили раньше, чем у конкурентов, а это означало, что мы должны были накопать больше информации. В этом часто помогали источники — во власти или в силовых структурах. Но, во-первых, они далеко не всегда знали то, что тебе нужно, а если и обладали «инсайдами», то не спешили сразу делиться секретами. Во-вторых, возникала опасность впасть в зависимость от источника — ведь в ответ на услугу он ждал помощи от тебя, например, когда нужно информационно «подсветить» важное для него событие. В этом смысле утекшие базы оказались самым бескорыстным и безотказным партнером, который тебе и мобильный телефон нужного бизнесмена выдаст, и родственников чиновника-коррупционера покажет, и ничего не попросит взамен.

Начиная работать на «Фонтанке», я, конечно, вспоминал продавца дисков с телефонами из вагона метро и уже жалел, что не купил себе тогда один. Но потом у меня появился доступ к системе, в которой были собраны сотни утекших баз — с возможностью поиска по всем сразу. Не буду рассказывать, как я о ней узнал и кто дал мне ключи удаленного доступа: это не моя тайна, и, выдав ее, я могу даже много лет спустя навредить своим друзьям. Я даже не уверен, что могу указать ее название, поэтому буду называть эту систему просто «База». Уже потом я узнал, что в России существовали несколько подобных агрегаторов. В целом они были похожи, но у нашего было одно преимущество.

«База» периодически пополнялась свежими данными из внутренней системы министерства внутренних дел «Розыск-Магистраль». Туда в обязательном порядке стекается информация обо всех купленных россиянами билетах на самолеты (включая рейсы из России за рубеж), поезда и междугородние автобусы. В других агрегаторах были только обрывочные данные о поездках граждан из утечек начала 2000-х. А тут — максимально свежие, включая данные о «попутчиках». Так в «Базе» назывались те, чьи билеты были оформлены в одно и то же время с точностью до минуты: раз люди покупают билеты вместе (в кассе или онлайн), значит, они точно знакомы.

Это был убийственный инструмент, чтобы обнаружить круг знакомых объекта расследования — чиновника, бизнесмена или преступника. Например — главы комитета по энергетике правительства Петербурга Андрея Бондарчука, который и допытывался у меня, кто же видел его в самолете: «База» помогла мне найти человека, получавшего преференции от ведомства Бондарчука и летавшего с ним в Адлер. Чиновник в ответ на мои вопросы о соседе в самолете пробурчал что-то вроде «у меня практически везде есть знакомые», но статья о нем пополнила мое портфолио качественных антикоррупционных расследований, сделанных для «Фонтанки». К концу 2016 года этот портфель набух, и меня позвали работать в Москву — спецкором в независимый журнал РБК. Я сделал шаг вперед как журналист, но потерял доступ к «Базе»: мой доступ к этой волшебной системе был привязан к предыдущему месту работы. Без утечек я расследовать уже отвык и вскоре после переезда отправился на один из московских радиорынков.

Рынок оказался обычным торговым центром с бесконечными магазинчиками, где продавались в основном телефоны и ноутбуки. «Парень, говори, что надо» — так пытались завлечь меня к себе продавцы. Пришлось услышать этот вопрос не один десяток раз, пока наконец я не наткнулся на закуток с вывеской «Сим-карты, диски, базы». Внутри сидел усталый и небритый флегматичный мужчина лет сорока. Весь его магазин представлял собой клетушку два метра на полтора с компьютером и электрообогревателем.

Когда я поинтересовался, есть ли базы данных, мужчина оторвался от компьютера с примитивной игрой на экране, недоверчиво посмотрел на меня и спросил, кто я такой. «Журналист, в РБК работаю — знаете такой медиахолдинг?» Тот оживился, заулыбался и стал хвастаться, что к нему постоянно приходят мои коллеги из других изданий. Он назвал пару знакомых расследователей из либеральных газет, но в основном его клиентами были репортеры криминальных отделов на телевидении. Василию — назовем его так — явно было приятно, что корреспонденты самых популярных телеканалов страны обращаются к нему. Никаких документов, подтверждающих, что я действительно журналист, он не спросил: моих слов оказалось достаточно, чтобы он пообещал снабдить меня несколькими популярными базами. Все, что от меня требовалось, — пустой жесткий диск: в ответ на вопрос про цену Василий ответил, что ему «нравится помогать журналистам бесплатно».

Когда я приехал с диском на следующий день, Василий оставил меня одного в своей клетушке и куда-то ушел: как я потом понял, базы он в своем магазинчике не хранил. Через десять минут он вернулся и сообщил, что закачал мне базу жителей Москвы с адресами, свежую базу дорожной полиции с мобильными телефонами водителей и «еще кое-что по мелочи». Адресная база столицы была не совсем актуальной — за 2012 год (на дворе стоял 2017-й), но нужно же было с чего-то начинать.

Я повадился периодически заезжать к Василию за новыми утечками. Один раз я заплатил ему около 100 долларов, но в остальных случаях он отказывался от денег. Мы стали приятелями: я заглядывал к Василию, и он в двух-трех словах рассказывал мне о свежих утечках, а потом переходил на истории из жизни, рассказы о семье и жалобы на периодически прессующих его полицейских. Когда он уходил копировать мне базы, я по-свойски отвечал подходившим людям, что Василий скоро будет. Однажды — спустя год после знакомства — он попросил меня «погулять часик». Я покрутился по рынку, а когда вернулся, то получил диск со словами «скопировал тебе всё».

Этим «всем» оказались более тысячи баз общим весом почти в полтора терабайта. Самые ранние утечки датировались концом 1990-х, самые поздние были слиты буквально только что. Кроме прочего, имелись базы с персональными данными граждан Украины, Казахстана, Беларуси и Молдовы. Волшебный диск — конечно же, зашифрованный — я хранил в самых потаенных местах дома, возил во все поездки и взял с собой при вынужденном отъезде из России осенью 2021 года вместе с компьютером, сменой белья и фотографией семьи.

Базы Василия работают в системе «Кронос». Это программа-оболочка, которая помогает искать внутри утечек по имени, адресу, телефону и другим идентификаторам. Я запускаю диск, открываю примитивный интерфейс в стиле Windows середины 1990-х и ввожу в поисковой строке имя: например, экс-любовницы Владимира Путина — «Кривоногих Светлана Владимировна». Старая петербургская прописка в коммуналке в центре города, шикарная квартира неподалеку, купленная после рождения дочери от президента, авиаперелеты конца 1990-х — начала 2000-х. Из последней утечки следует, что в начале января 1999 года, после новогодних каникул, Путин сел в самолет в петербургском аэропорту Пулково, чтобы лететь в Москву на работу — на тот момент он трудился на посту директора ФСБ. Рядом с ним, в пятом ряду, сидел его охранник Виктор Золотов, а перед ними, в первом ряду, расположилась Кривоногих. Любовники соблюдали конспирацию: будущий президент и его подруга купили билеты с разницей в восемь минут.

Даже если в базе ничего нет по искомому человеку, ее название все равно выводится. Все тысячи названий я привести не смогу, выберу какие-то случайные. «Москва. Вызов скорой. 2012», «Банк "Русский стандарт". Оценка заемщиков. 2013», «Пермь. Пенсионный фонд. 2017», «Саратов. Оперучет Федеральной службы по контролю за оборотом наркотиков. 2016», «Архангельск. Должники банков. 2014», «Екатеринбург.

Наркоманы. 2013», «Россия. Фототека педофилов. 2012», «Сызрань. Члены ОПГ. 2004», «Иркутск. ВИЧ. 2013», «Уфа. Наркоманы. 2016», «Самара. Притоны. 2011», «Украина. Львов. Наркоманы. Спецучет. 2009», «Казахстан. Осужденные. 2003».

Даты и места рождений, адреса, судимости, места работы, размеры зарплат, недвижимость, автомобили, медицинские диагнозы. Базы муниципальных и правоохранительных органов, больниц, наркодиспансеров и страховых организаций, избирательных комиссий, сотовых операторов, банков и онлайн-магазинов. Со временем, поработав с диском от Василия, я вывел для себя правило: если человека нет в этих базах, значит, он либо не жил в России, либо приехал в нее недавно, и его данные еще не попали в утечки. В остальных случаях какой-то цифровой след он точно должен был оставить. Вопрос заключался в том, как именно использовать это в расследованиях: формально, прибегая к утечкам, я нарушал фундаментальные журналистские стандарты.

Спор на «Маяке»

В мае 2019 года в Риге прошел «Маяк» — закрытая конференция для журналистов-расследователей из постсоветских стран. Это было первое мероприятие на моей памяти, где обсуждалась этичность покупки и использования баз с персональными данными.

Главред «Медузы» Иван Колпаков, в модных коротких штанах и широкой белой рубашке навыпуск, говорил категорично: мол, это нарушение журналистских стандартов и покупать персональные данные, пусть и уже утекшие, неприемлемо. А главред расследовательского издания The Insider Роман Доброхотов, в неизменном костюме-тройке, спокойно заявил, что не видит в этой практике ничего плохого — ведь речь идет о расследовании с высоким общественным интересом. Я обошелся парой обтекаемых фраз и не сознался, что в номере отеля у меня лежит диск от Василия с несколькими тысячами утекших баз.

Этический конфликт при использовании утечек возникал из-за того, что, согласно каноничным правилам журналистики, репортер не может покупать информацию у источника или героя: в некоторых случаях это мало отличимо от взятки — особенно если эту информацию предоставляет чиновник или полицейский. Рядом с этим правилом во всех репортерских кодексах следует и требование не нарушать закон. А использование непонятно как добытых баз в теории могло подвести сразу под несколько статей Уголовного кодекса. «Это правда, что вы покупаете данные на героев?» — спросил меня в феврале 2021 год корреспондент The New York Times. Я ответил что-то настолько невразумительное, что мой комментарий в итоге даже не вошел в его материал про расследовательскую журналистику в России.

И я, и большинство моих коллег по цеху не афишировали лишний раз, что ищут своих героев по утечкам. Это было сырье для журналистской работы, но не единственная ее составляющая. Данные из баз желательно было легализовать. Так, в 2020 году в расследовании про элитную недвижимость патриарха Кирилла я рассказал про квартиру в центре Петербурга, которую его близкой родственнице подарил таинственный гражданин Швейцарии. В тексте я ссылался на публичные данные государственного реестра недвижимости (Росреестра), но на самом деле узнал о квартире, вбив имя этой самой родственницы в базы от Василия.

Еще один способ легализовать информацию из утечек — поговорить с героями и по-хитрому заставить их подтвердить то, что ты узнал из баз. Именно так я поступил, например, при подготовке расследования про петербургского чиновника Андрея Бондарчука, выспрашивая его про соседа по полету из Петербурга в Адлер. А в начале 2019 года российские деловые медиа задавались вопросом, кому принадлежит новый генподрядчик «Газпрома». По бизнес-реестру получилось, что доля в компании, которой предстояло осваивать до 15 миллиардов долларов ежегодно, записана на никому не известного человека по имени Сергей Фурин. Я проверил его по утекшим базам, и оказалось, что это обыкновенный водитель: например, в утечке московской парковочной системы можно было увидеть, что в рабочее время он ездит по городу на микроавтобусе, а в свободное — на дешевом Ford Focus 2008 года.

Пассажирами его микроавтобуса оказались люди непростые. Не буду утомлять сложными схемами, скажу лишь, что запутанная цепочка привела к главе «Газпрома» Алексею Миллеру. То есть, если отбросить все формальности, он де-факто оказывался одним из совладельцев нового суперподрядчика «Газпрома», что представляло собой чистый конфликт интересов. Но как подтвердить, что Фурин — лишь водитель? Я позвонил одному из его постоянных пассажиров и первым делом спросил, работает ли у него шофер по фамилии Фурин. Он ответил утвердительно — явно от неожиданности, — но быстро перешел в атаку и стал выяснять, откуда у меня его номер. Мобильный я взял в утекшей базе, но ссылаться на нее по-прежнему было нельзя, и я вновь схитрил — сказал, что телефон мне дали некие «знакомые» моего собеседника[10]

Чуть проще относились к утекшим базам в Фонде борьбы с коррупцией (ФБК) политика Алексея Навального. Это вполне объяснимо: ФБК, занимаясь расследованиями, всегда одновременно работал как политическая организация, и этических сомнений, свойственных журналистам, в команде Навального не было. Фонд чуть ли не первым стал открыто публиковать скрины из утечек — их источники были такими же, как у меня. Так, в 2019 году, рассказывая про связь семьи высокопоставленного офицера ФСБ с ритуальным бизнесом, команда Навального выложила скрин из базы московской дорожной полиции[11].

«Мы понимали, что общественный интерес на нашей стороне. Если государство закрывает от нас данные и делает невозможным расследования против самого себя, наша задача — использовать все доступные опции», — объяснял мне один из расследователей ФБК Георгий Албуров. К утекшим базам Албуров относился так же, как к пиратским фильмам: в нулевых их тоже можно было свободно купить на рынках и в переходах, а в 2010-х — скачать в интернете. Красноречивая деталь: в ФБК эти базы хранили на дисках в офисе, полиция во время обысков в фонде изымала компьютеры, но в букете уголовных обвинений против Навального и его команды — от вовлечения несовершеннолетних в протесты до терроризма и экстремизма — не было ничего, связанного с незаконным использованием персональных данных.

Еще сложнее этические коллизии в таких историях, как расследование про любовницу Путина Светлану Кривоногих. Она стала миллиардером благодаря связи с президентом, получив подарки от его друзей — значит, общественный интерес вроде как разрешает нарушить закон и стандарты и купить ее персональные данные на черном рынке. А как быть с внебрачной дочерью главы государства? Где заканчивается общественный интерес и начинается вторжение в частную жизнь подростка, которая не выбирала своего отца? В «Проекте» мы тогда разрешили этот конфликт так: в фокусе материала оказалась Кривоногих, имени дочери мы не указали, фотографии девушки не опубликовали, но использовали ее сходство с Путиным как одно из доказательств связи Кривоногих с президентом[12].

Если оставить этику в стороне и посмотреть на утекшие базы исключительно с точки зрения работы расследователя, то у них обнаруживался один общий недостаток: информация в них — неактуальная; даже в мощной «Базе», которой я пользовался на «Фонтанке», она была неполной и появлялась с задержкой. Например, расследование о водителе Сергее Фурине — совладельце крупнейшего подрядчика «Газпрома» — я делал в 2019 году. А последние данные о его прописке из утечек относились к 2016 году. Таким образом, я не мог однозначно утверждать, по-прежнему ли он зарегистрирован в самой обычной пятиэтажке в спальном районе Москвы.

Самую актуальную и полную информацию журналистам дал рынок «пробива», с помощью которого — подчас за большие деньги — можно, по сути, в режиме реального времени залезть в компьютеры к сотрудникам полиции, банков и сотовых операторов.

Болгарский след

Весной 2018 года экс-полковника российской военной разведки (ГРУ) Сергея Скрипаля и его сестру обнаружили без сознания на скамейке в английском городке Солсбери. Вскоре британские следователи установили, что Скрипалей пытались отравить, и не просто каким-нибудь ядом, а настоящим боевым химическим оружием.

В 1990-х Скрипаль, занимая высокие должности в ГРУ, пошел на сотрудничество с властями Великобритании и долгое время предоставлял им чувствительную информацию, включая фамилии российских агентов за рубежом. Его вычислили, посадили в тюрьму, а в 2010 году обменяли на провалившихся российских разведчиков. Учитывая, какой зуб российские власти имели на Скрипаля, очевидными исполнителями покушения казались, конечно, спецслужбы РФ.

Спустя полгода после попытки убийства Скрипалей следствие назвало имена, под которыми предполагаемые отравители въехали в Англию, связали их с ГРУ и обнародовали их фотографии: «Александр Боширов» — с копной волос и козлиной бородкой, «Руслан Петров» — короткостриженый и слегка небритый. Видео с камер наблюдения в Солсбери показывали, как они прибыли на поезде из Лондона, побродили в районе дома Скрипалей, а потом тут же вернулись обратно в английскую столицу и той же ночью вылетели в Москву. Вскоре президент Путин публично подтвердил, что они действительно граждане России, но заявил, что никакого отношения к спецслужбам они не имеют. На следующий день после путинского выступления «Боширов» и «Петров» дали интервью Маргарите Симоньян — руководительнице рупора российской пропаганды, телеканала Russian Today.

— Вы работаете в ГРУ? — спросила она.

— А вы работаете в ГРУ? — ответил вопросом на вопрос Боширов.

— Я нет. А вы? — повторила Симоньян.

— И я нет, — по очереди выдали мужчины.

Они представились предпринимателями в сфере спортивного питания и рассказали, что приехали в Солсбери как туристы — посмотреть на собор с 123-метровым шпилем и «самыми первыми часами, которые были изобретены в мире». Их разговор с Симоньян производил очень странное впечатление, казался постановкой, но на основе впечатлений материал не сделаешь.

Уже через пару недель после выхода интервью на Russia Today расследовательская группа Bellingcat вместе с The Insider выпустили серию расследований о том, что Боширов и Петров на самом деле — офицеры ГРУ, которые приехали в Великобританию по фальшивым документам. К публикациям приложили скрины из внутренней системы МВД «Роспаспорт». Визуально люди на этих скринах были одни и те же, только фамилии у них были разные: человек, который первый паспорт получил в юности как Анатолий Чепига, потом заимел еще и документ на имя Александр Боширов, а гражданин России Александр Мишкин во взрослом возрасте обзавелся удостоверением личности Руслана Петрова. Из утекших баз следовало, что в Москве один из них был зарегистрирован прямо в штаб-квартире ГРУ. Впоследствии прописка по этому адресу еще не раз послужит доказательством принадлежности очередного провалившегося агента к российской военной разведке:

возможно, ГРУ регистрировала сотрудников из соображений конспирации, но в условиях, когда диск с утечками можно купить на любом радиорынке, эта практика оказалась огромным проколом.

С информацией из утекших баз все было понятно: я перепроверил ее по своему диску, все подтвердилось. А вот данных из «Роспаспорта» у меня не было. Я поехал к Василию на радиорынок, чтобы спросить, есть ли у него эта новинка. Тот, оторвавшись от очередной компьютерной игры, покачал головой — ни о такой утечке, ни даже о расследовании отравления Скрипалей он не слышал. Буквально через пару дней российские медиа написали, что ФСБ задержала сотрудника пограничной службы, который продал Bellingcat и The Insider данные из внутренних баз силовиков. Меня удивила эта новость, ведь я всегда имел дело с посредниками типа Василия, которые собирали у себя утекшие базы, а не с теми, кто имел к ним непосредственный доступ. Так я после многих лет использования баз впервые заинтересовался тем, кто и зачем их сливает. Я полез смотреть тексты приговоров по статьям Уголовного кодекса о нарушении неприкосновенности частной жизни — благо в России часть судебных решений, пусть и в обезличенной форме, публична. В одном из документов я увидел ссылку на интернет-форум «Пробив».

В документе речь шла про сотрудника контактного центра Сбербанка из Воронежа, областного центра к югу от Москвы. Тот разместил на «Пробиве» объявление, что за деньги предоставит информацию о клиентах банка: купить можно было не только выписку по счету, но даже и кодовое слово, которое человек установил для доступа к деньгам в экстренных случаях. Информацией сотрудник торговал анонимно, пока объявление не нашли местные чекисты: они совершили «контрольную закупку» (230 долларов за выписку по счету) и посмотрели потом во внутренней системе Сбербанка, кто выкачал информацию о конкретном, заранее известном клиенте.

Вбив адрес «Пробива» в браузер, я оказался на форуме, внешне похожем на площадку для общения любителей собак или рыбной ловли: тематические разделы, баннеры с рекламой, примитивная регистрация по электронной почте. Только тут не обсуждали корги или виды поплавков, а продавали персональные данные людей из баз государственных и правоохранительных органов, банков и сотовых компаний. И в отличие от того, чем торговал Василий, здесь была свежая, актуальная информация.

Увидел я на «Пробиве» и объявление о продаже выписок из той самой системы «Роспаспорт». В Русской службе Би-би-си, где я тогда работал, мне разрешили провести свою «контрольную закупку» — в качестве журналистского эксперимента я за 30 долларов приобрел информацию о самом себе. Через сутки пришел файл с информацией обо всех ранее выданных внутренних и заграничных паспортах (включая фотографии), а также сканами заявлений на выдачу документов. В том числе — первого заявления, написанного в конце 1997 года по достижении 14-летнего возраста. С фотографии на меня смотрел тот самый мальчик, который мечтал стать детективом и раскидал по почтовым ящикам соседей визитки агентства «Сыщик». Биллинги по сотовому номеру моей бабушки — информация о том, кому она звонила и где была в момент совершения вызовов, — обошлась редакции в несколько раз дороже. И то повезло с оператором: покупка аналогичной информации на мой номер, принадлежащий другому провайдеру, стоила бы примерно тысячу долларов.

Перед публикацией материала про рынок пробива я спросил Bellingcat, покупали ли они данные на отравителей Скрипалей. Тогда мне ответили, что выписки из «Роспаспорта» предоставил некий источник. Но уже через год, в конце 2020-го, когда те же люди расследовали отравление Алексея Навального, в Bellingcat не просто признали, что приобретают информацию на «Пробиве», но даже написали объяснение, что это за рынок. «Мы всегда подробно рассказывали, как мы пришли к тем или иным выводам. В материалах про Скрипалей "пробив" не был единственным источником, поэтому о нем не упоминали. В расследовании про Навального почти все было основано на информации оттуда, поэтому мы решили детально объяснить, что это такое», — говорил мне бывший сотрудник проекта.

Для тех, кто хотел почитать больше, стояла ссылка на мой текст — тот самый, в котором Bellingcat все отрицали. Оплачивал все дорогие заказы редакции болгарин Христо Грозев, а расследование про отравление Навального, пожалуй, стало главным в его необычной биографии. За месяц до этого вышло и мое главное расследование — про Светлану Кривоногих и ее тайную дочь от Путина, а издание «Важные истории» примерно в то же время раскрыло тайны личной жизни официальной дочери президента. Год выдался настолько урожайным на разоблачительные материалы о Путине, что их пришлось комментировать самому главе государства на итоговой пресс-конференции. Правда, вопрос, заданный журналистом прокремлевского издания, звучал максимально комфортно — все статьи оказались свалены в нем в кучу: «Некоторое время назад вышло несколько интересных расследований, например, про вашу дочь, бывшего зятя <...>, других якобы близких вам людей. На этой неделе вышло расследование про Алексея Навального».

«Это не какое-то расследование, это легализация материалов американских спецслужб <...> Этим ребятам из спецслужб им задание дали», — заявил Путин[13]. Я часто слышал подобные подозрения в свой адрес со стороны пропагандистов, но по отношению к Грозеву они периодически звучат и от вполне оппозиционно настроенных людей. «А это правда, что он работает на разведку?» — такой вопрос первым делом задавали мне коллеги по журналистскому цеху, когда узнавали, что, работая над этой книгой, я решил выяснить биографию автора главных журналистских разоблачений в России последних лет.

Глава 2.
Ботаник с ноутбуком

В начале 2018 года болгарин Христо Грозев бегал по австрийскому горнолыжному курорту Флахау в поисках офиса Western Union — одной из крупнейших сетей по трансграничному переводу денег. Вообще-то в его план на день входили отдых и катание на лыжах с детьми. Однако, когда он уже поднялся на склон, ему пришло сообщение от частного детектива из России, с которым Грозев переписывался накануне: тот сообщил, что за 40 долларов может проверить нужного Христо человека в базах всех мобильных операторов России.

Той зимой Грозев вместе с командой издания Bellingcat занимался расследованием крушения «Боинга»-777 в небе над Украиной. Самолет, летевший из Нидерландов в Малайзию, был сбит над украинским Донбассом летом 2014 года — в самый разгар боевых действий между пророссийскими силами и украинскими войсками. Bellingcat по открытым данным довольно быстро установили, что его сбили сепаратисты из зенитно-ракетного комплекса «Бук», прибывшего с территории России: путь ракетной установки от границы Украины с РФ отследили по видео из соцсетей.

Оставалось ответить на вопрос, кто с российской стороны координировал отправку «Бука» на войну.

Сырьем для расследования послужили записи десятков телефонных разговоров между пророссийскими сепаратистами весной-осенью 2014-го. Прослушки были опубликованы украинской контрразведкой — Службой безопасности Украины (СБУ). Среди тех, кому звонили сепаратисты, выделялся человек по имени «Орион». В СБУ утверждали, что за этим позывным скрывался высокопоставленный офицер ГРУ, а международная следственная группа — она вела дело о крушении самолета — обратилась к потенциальным свидетелям с просьбой идентифицировать этого человека. У Bellingcat и Христо на руках имелись несколько российских телефонных номеров, которые могли вывести на «Ориона». Но возможностей утекших баз оказалось недостаточно, чтобы проверить эти номера.

Христо нашел в интернете сайт российского детективного агентства с цифрами 007 в названии и написал по указанному контакту, уже отдыхая вместе с детьми на курорте. Прочитав запрос Грозева, который просил установить владельца телефона, отечественный Джеймс Бонд предложил проверить номер на рынке пробива. «Тогда я впервые услышал само это слово — "пробив"», — вспоминает Грозев. Оставив детей кататься одних, болгарин понесся вниз, чтобы срочно перевести деньги в Россию и запустить заказ в работу.

Расследование про «Ориона» вышло в мае 2018 года[1]. Купленная на пробиве информация показала, что за позывным «Орион» скрывался генерал ГРУ Олег Иванников. Христо и Bellingcat устроили пресс-конференцию. Грозев думал явиться на нее в шляпе и с накладными усами, но в итоге ограничился псевдонимом «Мориц Ракушицкий», превратив в фамилию английское racoon shit («дерьмо енота»)[2]. Он даже дал под этим именем интервью, но через некоторое время скрываться стало уже бессмысленно: никому не известный 50-летний болгарин вдруг начал выдавать одно сенсационное расследование за другим. Через пять лет после пресс-конференции о расследовании про «Ориона» он стоял на сцене театра в Лос-Анджелесе, а лучшие люди Голливуда, сидевшие в зале, устраивали ему овацию.

Борьба за длинные волосы

Сопротивляться государству — наследственная черта семьи Грозевых. Их страна давала им для этого достаточно поводов. После Второй мировой войны Болгария оказалась в сфере влияния СССР: там установился политический режим советского типа — со своей коммунистической партией, местными вождями и общим со всеми странами социалистического блока «железным занавесом» от западных стран. Особенность режима подчеркивалась даже в названии — не просто «республика», а «Народная Республика Болгария» (НРБ).

Его отец Грозю Грозев работал учителем математики в небольшом городке возле Пловдива, дорос до директора школы, но потом его поставили перед дилеммой: либо он срезает свои длинные волосы, либо увольняется. Бунтарь Грозев-старший выбрал волосы и заодно с увольнительной получил еще и «волчий билет» на работу учителем в советской Болгарии: партийные власти считали хипповскую прическу символом политической неблагонадежности и «низкопоклонства перед буржуазным

Западом». Такие люди не должны были воспитывать детей в социалистической Болгарии.

Грозев-старший устроился работать мастером по ремонту лифтов в Пловдиве, на досуге подрабатывая портным. Изгнанный из школы авторитарной системой, он сам иногда прибегал к авторитарным методам, воспитывая своего сына. Убежденный американофил, Грозев-старший заставил Христо учить английский вместо французского, а потом — вопреки желанию мальчика — поступить в английскую гимназию в Пловдиве. С такой языковой подготовкой следующим логичным шагом было отделение филологии Пловдивского университета, но самого Грозева-младшего интересовали только две вещи.

Первое — это журналистика: в юности Грозев писал для пловдивской комсомольской прессы, пытаясь, по его словам, добавить в материалы подцензурного издания немного «диссидентства». Второе увлечение напрямую следовало из первого. Еще когда Христо было около десяти лет, его отец привез из Советского Союза примитивные рации. Будущий разоблачитель российских спецслужб соорудил из них домашнюю радиостанцию и передавал бабушке и дедушке новости — старшее поколение семьи Грозевых жило в том же доме, но этажом ниже. Уже в более старшем возрасте он часами слушал иностранные музыкальные станции и мечтал запустить собственную, независимую.

Благодаря изучению английского Христо Грозев попал в группу болгарских студентов, которую отправили набираться опыта в Лондон. На дворе стояло лето 1989 года, в СССР вовсю бурлила перестройка, которая влияла и на политические процессы в странах «народной демократии». В британской столице Христо дал интервью радио «Свобода» — медиа, изначально созданному ЦРУ для вещания на страны советского блока. «Что чувствует человек, который знает, что вся его жизнь пройдет при коммунизме?» — спросила ведущая Христо. «Вы не понимаете, коммунизм скоро падет» — в таком духе парировал Христо. В Болгарии его прогноз сбылся уже через несколько месяцев, но их хватило, чтобы Грозева со скандалом выгнали из университета.

Вместе с просоветскими режимами в Восточной Европе развалился и «железный занавес»: теперь граждане Болгарии могли свободно путешествовать за границу, были бы деньги. Отец Христо к этому времени оставил работу лифтового мастера: в условиях советского дефицита его хобби — шить одежду на заказ в гараже — переросло в настоящий бизнес, и, как только в НРБ разрешили регистрировать частные фирмы, Грозев-старший официально стал предпринимателем. «Отец всю ночь стоял в очереди у суда, чтобы его фирма была первой», — вспоминает Христо. Сам он после отчисления из вуза решил воспользоваться открытыми границами и подал документы в университет бельгийского города Льеж, где самостоятельно нашел подходящую бесплатную программу для студентов из Болгарии.

Его приняли, и летом 1990 года Грозев прибыл в Бельгию, чтобы найти жилье и подготовиться к началу учебного года. Но сначала решил отправиться автостопом в расположенный неподалеку Люксембург. Там работало радио «Люксембург»: благодаря мощному передатчику оно десятилетиями доставляло в приемники молодых людей по обе стороны от Берлинской стены актуальную музыку — без скучных новостей и разговоров о политике. Одним из его преданных слушателей был Христо. «Я им постоянно звонил еще из Болгарии и выигрывал в разных конкурсах», — вспоминает он. Теперь настало время познакомиться лично.

Диджеи «Люксембурга» гостеприимно отнеслись к болгарскому юноше и предложили Христо поработать у них стажером. Грозев, конечно, согласился и арендовал уголок у одной из сотрудниц радио. По дороге от дома до временной работы он проходил мимо посольства агонизирующей НРБ и обратил внимание, что это двухэтажное здание выглядит пустым: никто из него не выходит и не заходит внутрь. Однажды он решился и через окно заглянул внутрь. Сотрудников видно не было, а на полу валялись груды бумаг, будто здание покидали в спешке. Грозева охватило любопытство: он пролез внутрь через окно и стал копаться в папках с пометками «Секретно». Начинающий журналист понял, что ему в руки попал фантастический эксклюзив: следующие две недели он провел, изучая брошенные документы уходящей эпохи.

Примерно в то же время в аналогичных папках копались и граждане Германской Демократической Республики (ГДР). После падения Берлинской стены осенью 1989 года они захватывали управления местной спецслужбы (Штази) — в том числе для того, чтобы не дать немецким чекистам уничтожить свидетельства слежки за гражданами. В люксембургском посольстве НРБ Грозев нашел доносы сотрудников друг на друга: мол, товарищ такой-то вместо того, чтобы отметить важный коммунистический праздник, пошел пить с русскими эмигрантами. Из других документов следовало, что НРБ поддерживала Коммунистическую партию

Люксембурга — видимо, в утопической надежде, что в этой благополучной стране произойдет пролетарская революция.

Бывший автор комсомольских газет в Пловдиве мечтал написать на основе найденных архивных материалов разоблачительную статью о тогдашнем болгарском руководстве — выходцах из компартии НРБ. Но спустя две недели после проникновения в здание посольства его схватили люксембургские силовики и изъяли тетрадку с выписками. Так что с расследованиями пришлось повременить: к этому жанру Грозев вернется лишь через 20 лет.

После допросов, не шпион ли он, Грозева выслали из Люксембурга. На учебу в Бельгию он уже не вернулся — поработав на радио «Люксембург», он теперь вынашивал планы запустить собственную станцию в родной Болгарии.

Радио «Аура»

В 1991 году фонд «Открытое общество», основанный филантропом и предпринимателем Джорджем Соросом, открыл в Болгарии, в городе Благоевграде, университет. Американофил Грозев-старший взял в охапку своего сына, посадил в новенькую «Ладу-Самару» и поехал с ним на другой конец страны: Пловдив находится на юге, Благоевград — на юго-западе, ближе к границе с Грецией и Северной Македонией. Добраться из одного города до другого на машине можно примерно за полдня, что в небольшой Болгарии считается приличным расстоянием. «Благоевград казался мне таким далеким, что я сказал отцу, что не смогу жить там целых четыре года [пока буду учиться]. Но он захлопнул дверь машины, и мы поехали», — вспоминает Христо.

По иронии судьбы я беседую с ним через защищенный мессенджер Signal, находясь именно в Благоевграде: моя жена, болгарка, родом как раз из этих мест. Учебные корпуса и кампус университета по-прежнему расположены на берегу реки Быстрица, в окружении гор: место уютное, поэтому неудивительно, что в одном из корпусов когда-то была резиденция бессменного лидера социалистической Болгарии Тодора Живкова.

В Благоевграде Грозев, объединившись с другими студентами, исполнил свою мечту и запустил студенческую радиостанцию «Аура», ставшую в итоге первым частным городским радио в Болгарии. Ребята транслировали рок- и поп-музыку, перемежая это новостями, что в 1991 году на фоне чопорных государственных радиостанций советского типа воспринималось как прорыв. Звукоизоляцию в студии первоначально сделали из коробок для перевозки яблок, а подержанное оборудование Христо заказал в Нидерландах за 350 долларов — ранее его использовала радиостанция, которая вещала на Европу с морского судна. На сайте университета можно найти фотографию молодого Христо. Он не сильно изменился спустя годы, если не считать заметно поредевшей шевелюры: цепкие, умные глаза и какая-то смесь постоянной усталости и ранимости, благодаря которой Грозев сразу располагает к себе.

Успех радио «Аура» заметили менеджеры американской корпорации Metromedia, которая в начале 1990-х годов пришла в страны бывшего советского блока. Грозев еще не получил диплом, а у него уже была перспективная работа: американцы предложили ему отправиться в российский город Сочи, чтобы помочь построить сеть коммерческих радиостанций и там. Как и все болгары во времена социализма, Грозев учил русский язык в школе, но решил проверить себя перед поездкой. В Благоевграде он нашел русскую и попросил пообедать с ним. «Ну, что я могу сказать: вам повезло — Сочи не склоняется», — вынесла она вердикт по итогам разговора, в котором Христо постоянно путал падежи. Теперь, прожив в России много лет, он не только почти не делает ошибок, но иногда употребляет русские слова вместо болгарских: например, «разведка» вместо «разузнаване».

Грозев приехал в Сочи — город на берегу Черного моря — летом 1995 года. Здесь он довольно быстро запустил радио «Ника» (модная музыка, новости, развлекательные шоу). Проект оказался прибыльным, и довольные менеджеры Metromedia попросили его поехать в Санкт-Петербург, чтобы усилить местную команду холдинга. Весь иностранный бизнес в местном правительстве тогда курировал вице-мэр Владимир Путин. Встречи с ним Грозев не запомнил, но уверен, что где-то они пересекались: подпись Путина стоит на документах, которые получали его радиостанции для работы в городе. Топ-менеджер из Болгарии периодически давал комментарии городским медиа. «В петербургской квартире Христо Грозева стоял шкаф. Однажды Христо хотел туда что-то положить, и неожиданно из него выпали старые пластинки», — описывал «Деловой Петербург» в 1997 году, как болгарину пришла в голову идея сделать радиостанцию с музыкой советского времени.

В 2000 году бывший вице-мэр Путин стал президентом, а у американского медиахолдинга начались проблемы в России. Сначала в структуры Metromedia через хитрую схему пролезли люди, близкие к компании миллиардера Владимира Евтушенкова «Система» (Христо, описывая эту историю, использует словосочетание «рейдерский захват»)[3]. Одно время российские Metromedia-группы были записаны на самого Христо — по его словам, в том числе для того, чтобы защитить их от цензуры. К середине десятилетия и американцы, и сам Грозев юридически вышли из акционерного капитала всех радиостанций. Новый собственник дал журналистам указание «не бить по Путину», так как он — «свой»[4].

Обиды на страну, где Грозев прожил более 10 лет, он тогда не чувствовал. «Были переживания по поводу того, что происходит в России. Ведь сразу после продажи новостникам сказали: "Никаких негативных новостей"», — рассказывает он о судьбе созданных им проектов. Желание заниматься медиабизнесом у него не исчезло: он поселился в Вене и вложился в создание музыкальной радиостанции в Нидерландах, потом — еще одной. Его партнером в этом бизнесе стал Карл фон Габсбург — внук последнего императора Австро-Венгрии. Некогда Габсбурги управляли одним из крупнейших государств Европы, но в 1918 году в результате революции потеряли власть и собственность. Сторонники теории, будто за Грозевым и его расследованиями стоят некие могущественные силы, любят указывать на эту фигуру: мол, Габсбурги — видные члены теневого мирового правительства, в руках которого находится реальная глобальная власть[5]. Сам Христо говорит, что познакомился с Карлом фон Габсбургом на курсах менеджмента в Италии в начале нулевых и совместная учеба переросла в дружбу. «У него нет ни влияния, ни денег» — так комментирует Грозев конспирологию вокруг своего приятеля.

В конце 2010-х партнеры решили инвестировать в медиа за пределами Нидерландов и обратили внимание на родную для Грозева Болгарию. К тому моменту эта балканская страна уже стала частью Европейского союза, и Христо совершенно не ожидал, что столкнется с еще более жестким отпором со стороны окологосударственных людей, чем в России. Попытки купить болгарские медиа — сначала кабельный телеканал, а потом популярные ежедневные газеты — натолкнулись на противодействие Деляна Пеевски, медиамагната, которого называют «серым кардиналом» болгарской политики. Христо жаловался на него и его людей в Еврокомиссию, судился с ними в Софии, постоянно давал комментарии болгарским медиа, но в итоге он и Габсбург остались без активов. В одном из актов этого публичного спектакля они внезапно обнаружили, что их мажоритарная доля в газетах переброшена на других людей — предположительно связанных с Пеевски[6]. Бизнес-конкуренты Грозева, впрочем, сами обвиняли его в кулуарных договоренностях с этим болгарским медиамагнатом[7].

«Из России меня выгнали учтиво, хотя бы денег заплатили. А тут — просто украли деньги. Это отвратительная история, которая возбудила во мне желание бороться. Адреналин, ужасно много адреналина», — вспоминает Грозев. Он стал изучать, как и за чей счет Пеевски получает контроль над медиа. Следы вели в Кооперативный торговый банк, в котором держали свои деньги многие государственные компании Болгарии: эти средства потом использовались для покупки изданий, в которых размещали рекламу сам банк и госкомпании, связанные с ним.

Выводы Грозев не опубликовал, а отправил в Еврокомиссию в качестве доказательной базы того, что в его отношении нарушили закон. Это не помогло ему в схватке с Пеевски (тот попал под санкции США за коррупцию лишь в 2021 году), но зато позволило сделать важное личное открытие. «Я понял, что я, будучи частным лицом, могу сам сделать полноценное расследование, чтобы убедить в чем-то государственный орган», — говорит он. Так Грозев вернулся на тот путь, который был прерван люксембургскими силовиками, изъявшими у него тетрадку с записями.

Поворот выглядит неожиданным и даже подозрительным: успешный медиаменеджер вдруг возвращается к самой что ни на есть полевой журналистской работе — собирает информацию и пишет тексты, пусть и в престижном расследовательском жанре. «Еще в юности мне нравилось рассказывать людям о чем-то новом, не знакомом им — родителям, знакомым, да кому угодно» — так Грозев объясняет свои мотивы. Его друзья тоже не видят в таком развитии событий ничего странного. «Он всегда был наблюдательный, как Шерлок Холмс. Однажды подслушал разговор в аэропорту и использовал информацию из него в бизнесе. Так что для меня тут не было ничего удивительного. Он нашел себя в расследованиях», — говорит знакомая его семьи.

К 2014 году Грозев уже отошел от активного управления своими медиаактивами в Нидерландах: они и так приносили стабильный доход. Так у него появилось больше времени для журналистской работы — а поводы для расследований давала начавшаяся гибридная война России против Украины.

Дело о гульфике

Первоначально журналистские расследования были для Христо просто увлечением: в середине 2010-х он даже официально именовал себя hobby researcher (буквальный перевод с английского — «хобби-исследователь»). На рубеже 2013 и 2014 годов Грозев стал сотрудничать с исследовательским центром при частном Новом болгарском университете. Центр возглавлял экс-премьер Болгарии Иван Костов: в бытность главой правительства он прослыл сторонником евроинтеграции в противовес ориентации на Россию, и даже символика его центра напоминала эмблему НАТО. Например, в марте 2014 года Грозев сделал для центра доклад о том, как российская пропаганда освещает события в Украине — от аннексии Крыма до поддерживаемых Россией протестов на юго-востоке страны[8].

Разбором фейков от кремлевской пропаганды Христо занимался и в своем блоге на общедоступном движке WordPress. Утекшие базы и уж тем более «пробив» ему еще не были знакомы: рассказывая про очередного активиста из России, приехавшего участвовать в войне на стороне сепаратистов, Христо честно признавался, что ему неизвестно, можно ли его считать агентом ФСБ или нет[9]. Спустя пару лет у него будет возможность получить более однозначный ответ на подобный вопрос.

В какой-то момент Грозеву написал британец Элиот Хиггинс — еще один человек, для которого расследования сначала были хобби (Хиггинс по профессии финансовый аналитик), а потом стали основной работой. В 2013 году Хиггинс, используя только открытые данные, доказал, что сирийские власти использовали против повстанцев химическое оружие. На следующий год он собрал денег через краудфандинг, нанял команду и запустил расследовательский проект Bellingcat. Через два дня после запуска в небе над Донбассом сбили «Боинг», и подписчики Хиггинса в твиттере стали просить его начать собственное расследование. Там же, в твиттере, публиковал ссылки на свои посты и Христо — и логично, что Хиггинс позвал его работать вместе. Жена посоветовала ему принять это предложение: мол, ты уже и так занимаешься расследованиями, хоть какая-то «крыша» будет, вспоминает знакомая семьи Грозевых.

«Это был золотой период Bellingcat. Элиот тут же добавил меня в чат в Slack, где я увидел, над какими расследованиями сейчас идет работа. Все неформально, много энтузиазма и ощущения единства. Нужно было только быть готовым к этому коллективному подходу, к тому, что коллеги будут тебя критиковать и спрашивать, а где ты взял этот факт, а где этот», — ностальгически рассказывает Грозев.

Партнером Bellingcat в России стало молодое издание The Insider, созданное бывшим политическим активистом Романом Доброхотовым. Грозев и Доброхотов познакомились на почве общего интереса к Константину Малофееву — российскому православному предпринимателю и одному из спонсоров гибридной войны России против Украины в 2014 году. Грозев часто писал про Малофеева у себя в твиттере, и Доброхотов в какой-то момент связался с Христо точно так же, как до того Хиггинс. Так появилось их первое совместное расследование «Кремлевский спрут» — про активность Малофеева на Балканах.

Благодаря Доброхотову у Христо появилась возможность использовать утекшие базы с московских радиорынков. Но утечки не всесильны — например, там нельзя было проверить текущего владельца телефонного номера «Ориона» из записанных украинской СБУ переговоров. В поисках более актуальных данных Грозев вышел на сайт российского детективного агентства с цифрами 007 и, отдыхая с детьми на горнолыжном курорте в начале 2018 года, сделал первые покупки на пробиве. Для этого и всех последующих расследований Грозев, по его словам, приобретал данные только на свои: основной бюджет Bellingcat — пожертвования от НКО на тренинги по поиску информации в открытых источниках, и тратить эти деньги на пробив было бы неправильно.

После «Ориона» Грозев и Доброхотов стали выдавать одно сенсационное расследование за другим, все еще не слишком афишируя, что покупают персональные данные своих героев. Благодаря информации из системы «Роспаспорт» они доказали, что экс-офицера ГРУ Скрипаля и его дочь в английском Солсбери пытались отравить офицеры ГРУ Мишкин и Чепига (2018 год). Отравителей болгарского торговца оружием Эмилияна Гебрева — тоже офицеров ГРУ — они обнаружили с помощью выписок из полицейской системы «Розыск-Магистраль», где отражаются все поездки россиян на самолетах и поездах внутри страны и за ее пределы (2019)[10]. Купленные на пробиве биллинги сотовых телефонов помогли поименно назвать тех, кто в России отвечает за производство смертельного химоружия «Новичок» для преследования врагов по всему миру (2020). И наконец — вершина: расследование о том, как сотрудники ФСБ пытались отравить лидера российской оппозиции

Алексея Навального — с данными из всех возможных баз: «Роспаспорта», «Розыска-Магистрали» и сотовых операторов[11].

«Вершина» — моя личная, субъективная оценка работа Bellingcat и The Insider. Сидя в Вене и покупая данные на пробиве, Грозев рассказал о том, что случилось на другом конце континента — в Западной Сибири, в Томске, где 19 августа 2020 года силовики, по всей видимости, проникли в гостиничный номер Навального и обработали его трусы «Новичком». Информация из системы «Розыск-Магистраль» подтвердила подозрения, что одни и те же сотрудники ФСБ годами следили за Навальным и ездили в те же города, что и он. Из биллингов, где показывается местоположение в момент вызовов, видно, что 19–20 августа они были в Томске, в том числе — рядом с отелем, где остановился политик. А по звонкам из тех же биллингов можно сделать вывод, что группа отравителей постоянно держала связь со специалистами по химическому оружию из российских секретных институтов. Наконец, выписки из «Роспаспорта» показали, что в поездках они использовали фальшивые документы.

Процесс расследования фиксировала видеокамера американского документалиста Дэниела Роэра, который в тот момент снимал фильм об Алексее Навальном. Так родилась одна из самых узнаваемых — и абсолютно достоверных — сценок о том, как работают расследователи. В какой-то момент команда Навального и Грозева решила попытаться провести сотрудников ФСБ: позвонить им по телефону, представившись помощником секретаря Совета Безопасности, и таким образом подтвердить их причастность к преступлению. Поначалу собеседники быстро бросали трубку, но потом

Навальный набрал номер военного химика Константина Кудрявцева — и тот неожиданно начал разговаривать с ним, как со «своим».

— Кто передал информацию о том, что должна быть обработана гульфиковая часть трусов? — серьезным голосом спрашивал Навальный.

— Сказали работать по трусам, по внутренней части, — отвечал Кудрявцев.

В этот момент в кадр попал и Христо Грозев: сидя рядом с Навальным, он закрывает лицо руками, пытаясь сдержать смех и не веря, что чекист действительно повелся на обычный телефонный пранк и подтвердил все предположения, которые он и его коллеги сделали на основе данных с рынка пробива. Впрочем, Грозев ожидал, что именно Кудрявцев может поддаться на провокацию: помогли фактор времени (Навальный специально позвонил рано утром), сервис по подмене номеров (на телефоне Кудрявцева высветился номер коммутатора ФСБ) и гипотеза, что ученый, работавший ранее в оборонных научных институтах, будет менее подкован в вопросах конспирации, чем кадровый сотрудник госбезопасности.

После выхода сначала расследования, а потом и фильма о Навальном Грозев превратился в настоящую звезду мировой расследовательской журналистики, раздавая одно интервью за другим и рассказывая про рынок пробива. В конце концов его имя прозвучало со сцены, на которую смотрел весь мир. «Мы очень благодарны нашему ботанику с ноутбуком [nerd] Христо Грозеву, — сказал Дэниел Роэр, получив премию

"Оскар" за лучший документальный фильм в марте 2023 года и указывая статуэткой на стоящего позади расследователя в смокинге. — Христо, ты рискнул всем, чтобы рассказать эту историю».

К этому времени риски уже были не теоретическими, а вполне конкретными — и гораздо более серьезными, чем задержание люксембургскими полицейскими.

«Агент Христо»

15 декабря 2020 года, на следующий день после выхода расследования про отравление Навального, экс-офицер австрийской контрразведки Мартин Вайс написал своему бывшему подчиненному Эгисто Отту и попросил его навести справки о живущем в Вене Грозеве. Отт узнал адрес Грозева в Вене в местном аналоге загса, а потом съездил к дому журналиста и сфотографировал его. Оба — Вайс и Отт — после отставки работали на финансиста Яна Марсалека, но активно пользовались своими связями в главной австрийской спецслужбе. Впоследствии Грозев выяснит, что Марсалек тесно сотрудничал с российскими силовиками[12].

Источник в западной разведке вовремя предупредил болгарина об угрозе со стороны спецслужб РФ. Через некоторое время Грозев был вынужден покинуть любимую Вену после 20 лет жизни в этом городе и с тех пор скрывает, где именно живет постоянно, а семью видит урывками. В 2023 году умер его отец, последнее время он жил в Австрии; несмотря на это трагическое событие, местная полиция разрешила Христо повидать родных исключительно в конспиративной квартире. Если же вдруг Грозеву неожиданно пишет старый приятель, с которым они давно не общались, и предлагает повидаться, то расследователь отказывается: мало ли, что стоит за этим порывом — действительно искренние дружеские чувства или деньги российских спецслужб.

Такая осторожность — отнюдь не паранойя и не шпиономания. Для слежки за Грозевым Марсалек нанял не только отставных австрийских силовиков, но и группу болгарских граждан, перебравшихся жить в Британию. Они тайно сопровождали расследователя на отдыхе, следили за его домом в Вене и сумели украсть телефон из его номера в отеле черногорского курорта Бар. Телефон, к счастью, был не основной: это устройство Христо специально взял с собой в дорогу, и самое ценное, что оказалось в руках у преступников, — его совместный пляжный портрет с Романом Доброхотовым. Потом ставки выросли: сначала нанятые Марсалеком люди проникли в венскую квартиру Христо и похитили ноутбук его мамы (сам болгарин уверен, что в это время дома находился его сын: он играл на компьютере и не заметил визитеров, а те испугались проводить полноценный обыск), а затем и вовсе стали обсуждать, могут ли они похитить его и Доброхотова, чтобы вывезти в Россию. В итоге в начале 2023 года британская полиция накрыла всю группу до того, как преступники приступили к реализации этих планов[13].

В родную Болгарию он не может приехать даже на пару дней — здесь он замечал за собой слежку, и вообще страна считается небезопасной из-за потенциально высокого числа российских агентов. В России, где Грозев прожил почти 10 лет, после начала войны с Украиной он стал фигурантом нескольких политических уголовных дел и был заочно объявлен в розыск. В последний раз он приезжал в Москву в 2016 году, чтобы провести семинар для радиожурналистов, и на выезде из страны ему тогда аннулировали визу: так российские спецслужбы оценили его работу.

Уголовное преследование, конечно, сопровождается и всевозможными публичными обвинениями: в эфире российских госканалов его официально именуют «агентом британской разведки», а на странице «Царьграда» — издания Константина Малофеева, про которого делал расследования Грозев, — «агентом американских спецслужб». Какие-то находки Грозева действительно невозможно объяснить возможностями пробива. Например, в расследовании про отравителей болгарского оружейника Гебрева использовались фотографии офицеров ГРУ из заявлений на шенгенскую визу: их, конечно, не купить на пробиве, там представлены только базы российских госорганов и компаний. В материале 2024 года про Яна Марсалека мелькает информация из уголовного дела в отношении этого международного мошенника и тех, кто ему помогал в Австрии.

«В последние годы и особенно после "Оскара" силовики все больше и больше обращаются ко мне за помощью. Не буду скрывать, что помогал им, но именно полиции и другим правоохранительным органам, а не разведке», — признается Христо в разговоре со мной. Но тут же оговаривается, что почти никто из силовиков якобы не дает информации — «все только ее берут», однако по вопросам, которые ему задают силовики, Христо может сделать выводы, какая информация у них есть (например, «такой-то человек прилетел в Вену»), после чего начинает пробивать ее сам.

«А ты не жалеешь, что стал журналистом-расследователем, которого теперь ищут по всему миру мстительные российские спецслужбы?» — спрашиваю я Христо. «Не могу представить другой жизни, которая меня бы так же захватывала. Я никогда не был таким счастливым, как сейчас. Так что нет — не жалею», — говорит он тут же, не задумываясь. Не жалеет он и о том, что истратил на пробив в общей сложности четверть миллиона долларов личных сбережений. «Все самое плохое» — так отвечает он на вопрос, что его жена думает о таком способе тратить семейные накопления.

Расследования Грозева кардинально и бесповоротно изменили не только его жизнь — нередко они влияют и на судьбу тех, кто взаимодействует с ним на рынке пробива: их начинает искать ФСБ. «Судьба полицейских, которые продают данные, меня мало беспокоит, — объясняет свой подход Грозев. — Помимо меня, они помогают убийцам и ворам, так что у меня нет никакого чувства вины, что их могут арестовать. А вот судьба посредника — иное дело».

Одним из таких посредников был молодой человек из российской глубинки по имени Руслан. Он пошел в пробивщики ради денег, продал Христо значительную часть информации, связанную с отравлением Навального, пережил преследования со стороны силовиков и благодаря Грозеву успел вместе с семьей уехать из России до ареста.

Глава 3.
Человек из глубинки

Когда в декабре 2020 года Христо Грозев с коллегами опубликовали расследование про отравителей Алексея Навального, этот материал обсуждали не только политики, журналисты и оппозиционно настроенные граждане. Комментировали его и российские пробивщики — правда, их интересовали немного другие вопросы, чем обычных читателей.

Вот один из диалогов между ними в личном чате в Telegram.

— Я писал, что рп (выписки из системы «Роспаспорт». — Прим. авт.) по 600 [рублей] теперь?

— Нет. Ну ок. Без проблем.

— Сейчас сложности, есть выход только на вариант дороже. Спасибо Навальному.

Сложности заключались в том, что после выхода расследования с пробивщиками временно перестали сотрудничать полицейские, продававшие информацию из внутренних баз МВД.

— Пиздец этот Навальный хуйни натворил.

— Конкретно. Теперь его еще больше людей хочет завалить.

Главным же был вопрос, кто сбыл Христо Грозеву и его команде данные на отравителей. «Твой сотрудник инфу про этих фейсов (сотрудников ФСБ. — Прим. авт.) продал?» — спрашивал один пробивщик другого.

Знакомы участники этих диалогов были только по никам в Telegram — вроде Mr. Leo, Nsolo или Душевный Биджо. Но двое — PDE и Redadmin — дружили и общались за пределами мессенджера. Они тоже проверили фамилии сотрудников ФСБ, которые пытались отравить Навального, по своим заказам, но сначала ничего не нашли.

«Потом проверили еще раз и поняли, что это мы продали инфу», — рассказывает мне Redadmin, сидя на скамеечке в парке в одной из европейских стран. Тогда, в конце 2020 года, он жил в российском провинциальном городе и испытал смесь гордости и страха. Как вскоре окажется — страха более чем обоснованного: спустя несколько месяцев он окажется в микроавтобусе с обмотанной скотчем головой и сырой картошкой во рту.

«Бро, что у нас на понедельник?»

К своим 25 годам Руслан Гаврилов успел отслужить в армии, поработать на стройке в Москве, надорвать там спину и вернуться к себе на родину в Новочебоксарск — небольшой город-спутник Чебоксар, центра республики Чувашия на берегу Волги. Рабочих мест там особенно не было, да и возможная зарплата (до 30 тысяч рублей, около 450 долларов) его абсолютно не привлекала. «Я не хотел работать за такие деньги. Одно время таксовал, но мне не нравилось, что чужие ездят в моей машине», — вспоминает он. Вместе со старым знакомым Александром они открыли магазинчик по продаже аксессуаров для сотовых телефонов, но место выбрали неудачное, и торговая точка не продержалась и трех месяцев[1]. Однако выяснилось, что у Александра, полноватого молодого человека в очках, параллельно был другой бизнес, и он предложил ищущему себя товарищу войти в долю. Хотя слово «бизнес» тут, наверное, правильнее взять в кавычки.

Уже несколько лет Александр трудился пробивщиком — принимал у людей заказы на покупку информации в базах полиции, налоговой или сотовых операторов, а потом передавал запросы конкретным сотрудникам этих ведомств. Для обеих сторон он был анонимом в Telegram под ником PDE. Ник на этом рынке — как бренд магазина: клиенты доверяют определенному поставщику информации, и смена аккаунта может привести к потере постоянных покупателей. При этом у Александра был еще один раскрученный аккаунт — Redadmin, на который у него не хватало времени. Его-то он и предложил развивать Руслану.

Всех пробивщиков, биографии которых я знаю, на рынок привели желание хорошо жить, интерес к интернет-бизнесу — и отсутствие возможностей для хорошего легального заработка в их регионах (во всяком случае, так казалось им самим). Одного молодого человека из Сибири, в итоге получившего судимость за продажу данных, поманила возможность иметь 200–300 тысяч рублей в месяц (несколько тысяч долларов по тогдашнему курсу) и низкий порог входа в бизнес. «Я только школу заканчивал, сидел на форумах по заработку в интернете, так и узнал про пробив», — рассказывал он мне. Там же, на пробиве, он искал полицейских, готовых продать данные, а в поисках поставщиков информации из сотовых компаний просто раскидывал одинаковые сообщения в группах во «ВКонтакте» (например, «Подслушано "Билайн"»). «Многие пробивщики с подвешенным языком просто по салонам связи ходили и напрямую предлагали работу», — вспоминает мой собеседник.

Александр-PDE как раз работал в салоне связи, но о пробиве он услышал от своего приятеля из другого города — вместе они рубились в шутер Counter Strike по сети. Приятель уже зарабатывал на этом рынке, и его рассказ звучал настолько привлекательно, что Александр быстро сам стал пробивщиком. Вскоре он тоже получал больше 200 тысяч в месяц — для российской провинции конца 2010-х это были огромные деньги, так что Руслан, получив предложение от друга, сомневался недолго.

«Мы знали, что это преступление и что все может закончиться тюрьмой. Но я видел, что продажей данных занимается огромное количество людей и всем похуй, с ними ничего не происходит», — объясняет он спустя годы. Руслан — скромный, простой парень, у него круглое, доброе лицо и тихий смех: он как будто опасается, что если будет громко хохотать, то собеседнику станет неприятно. Он совсем непохож на человека, который продавал личную информацию других людей кому попало — включая мошенников. «Конечно, я думал о том, что могу принести зло, — продолжает Руслан. — Но также я понимал, что, если я уйду с рынка, тот, кто ищет данные на пробиве, все равно их найдет».

Дешевле всего тогда (как и сейчас) ценились данные из государственных баз: справки из «Роспаспорта» в 2020 году стоили от 1000 рублей (около $14), из «Розыск-Магистрали» со всеми поездками гражданина на самолетах и поездах — от 1500 рублей ($20), из системы дорожной полиции с полной информацией об автомобиле — от 500 рублей ($7). В пару тысяч рублей обходились выписки из Пенсионного фонда и налоговой со всеми местами работы человека и суммами дохода. Пробив мобильных — уже дороже, а насколько — зависит от оператора. Например, узнать владельца номера «Билайна» тогда стоило 400 рублей ($6), а получить детализацию его звонков за месяц с указанием, когда и кому он звонил, — от 2500 ($35). Залезть в базы других мобильных компаний стоило еще больше, особенно если нужно узнать местоположение в момент вызова. Наконец, в среднем 10–20 тысяч ($150–300) нужно было заплатить, чтобы узнать движение по счету в ряде популярных банков, включая крупнейший — государственный Сбербанк. Цены указаны для конечных заказчиков: эти деньги делят между собой посредник (пробивщик) и исполнитель — сотрудник соответствующего госведомства, сотовой компании или банка.

Объявления о своих услугах Александр и Руслан раскидывали на специальных форумах: адрес одного из них я нашел в судебном приговоре пробивщику, когда готовил в Би-би-си материал про этот рынок. Помимо покупки персональных данных, там можно было сделать фальшивые документы, заказать взлом электронной почты, обналичить деньги или подобрать себе угнанный автомобиль. Через эти же форумы к пробивщикам в личку приходили работники государственных и частных организаций с доступом к внутренним базам данных. «Добрый день! Я являюсь сотрудником ФСИН (Федеральная служба исполнения наказаний; отвечает за тюрьмы. — Прим. авт.). Есть информация по осужденным и еще много разной информации по колонии» — такое предложение о сотрудничестве, например, поступило к ним осенью 2020 года.

Главным бизнес-активом двух друзей был сотрудник полиции, о котором они тогда не знали ничего, кроме ника в Telegram — Park House. Но больше ничего и не надо было: друзей интересовали данные из внутренних баз МВД, а Park House их поставлял исправно и, главное, очень дешево. Так, выписки из «Роспаспорта» у него стоили 200 рублей за штуку — в два-три раза дешевле, чем у других полицейских, которые тогда сливали данные на рынок пробива. Информация шла оптом: за один вечер декабря 2020 года Park House отправил пробивщику Денису около десяти справок из «Роспаспорта», в том числе — на известную российскую феминистку Нику Вордвуд (как раз в 2020 году на нее написали донос за «пропаганду ЛГБТ» — возможно, его авторы или провластные журналисты собирали о ней больше информации). «Бро, что у нас на понедельник?» — так Park House мог написать партнерам в воскресенье вечером.

Скрывался под этим ником старший лейтенант самарской полиции Кирилл Чупров. К своим 28 годам он не обзавелся семьей и детьми, да и с призванием определился не до конца: в начале 2020 года он работал в дежурной части одного из отделений полиции Самары, потом перевелся в службу патрулирования улиц, но буквально спустя несколько месяцев запросился обратно. По всей видимости, ровно для того, чтобы продавать информацию из баз данных МВД. Для нормальной прибыли нужен был неограниченный доступ ко всем системам, который был только у начальника отдела, майора Алексея Борисова. Чупров обрисовал перед ним перспективы заработка больших и легких денег, и тот не просто разрешил пользоваться своим компьютером в служебном кабинете, но заодно выдал ключи доступа другого сотрудника — без его ведома.

Работа закипела: Чупров в конце рабочего дня оставался в кабинете своего начальника и пачками выполнял заказы. «Бро, сейчас на вызове [на месте преступления], вернусь, все выгружу», — сообщал он иногда, когда задерживался с данными. Вскоре про этот ценный актив узнали другие пробивщики и стали обращаться к PDE и Redadmin (они же Александр и Руслан) с просьбой достать информацию через Чупрова: выходило дешево и быстро. Пробивщики всегда делились исполнителями между собой — у них есть внутренние чаты, в которых они жалуются на клиентов, ищут желающих на сложный заказ или просто болтают.

«ФНС (Федеральная налоговая служба. — Прим. авт.) надо кому? Новый сотрудник появился» — такое сообщение, например, появилось в одном из этих чатов в декабре 2019 года.

«Мелочь? Мне надо», — откликнулся один из участников, явно имея в виду под словом «мелочь» низкую цену закупки.

«У кого мигрант?» — спросил следом пробивщик Mr. Leo. В систему МВД «Мигрант» вносится информация обо всех иностранцах, легально приезжающих в Россию; «мистеру» нужны были данные оттуда.

«У Связного был. У Виласко», — последовал ответ с указанием ников пробивщиков, которые работали с людьми с доступом к этой базе.

Чупров компенсировал низкие цены на пробив большими объемами. Только за сентябрь — декабрь 2020 года он и Борисов заработали на продаже информации из внутренних баз не менее 600 тысяч рублей. Деньги приходили на электронный кошелек в платежной системе QIWI, записанный на знакомого Чупрова. Этот же знакомый за небольшой процент обналичивал заработок и отдавал при встрече, в том числе — у гаражей за зданием отдела полиции.

Прибавка к зарплате получалась существенной: тогда в Самаре полицейские в среднем получали около 34 тысяч в месяц. И лейтенант с майором могли ожидать только роста доходов — чем больше медиа писали про пробив, тем больше клиентов приходило на этот специфический рынок.

Правила пробива

«Пробивы любой сложности», — гласит мерцающий баннер с изображением актера Бенедикта Камбербэтча в роли Шерлока Холмса. Правый глаз у Шерлока — механический, как у Терминатора из фильмов Дэвида Кэмерона. Так выглядит одно из рекламных объявлений на старейшем российском форуме по пробиву информации. «Пробиваем — непробиваемое, обсуждаем — необсуждаемое», — гласит девиз этого анонимного проекта.

Дальше все выглядит так же, как на обычном форуме: ветки обсуждений, страницы магазинов с отзывами клиентов. «Четко и оперативно сработались по части ФНС».

«Запрашивал массу информации — все в кратчайшие сроки. В необходимом объеме, а местами даже чуть больше. Категорически рекомендую!» «Все четко сделали. Быстро и без мозгоебства. По деньгам не заряжали». Так звучат отзывы на странице пробивщика с ником Leonov Docent и фотографией персонажа из советского фильма «Джентльмены удачи» на аватарке. Чтобы связаться с ним через Telegram, нужно зарегистрироваться на форуме — простым гостям контакты не показываются. Найти форум — проще простого: Google показывает его на первой странице по запросу «пробив информации». В Telegram также можно найти десятки чатов с такими объявлениями.

На рынке есть негласное правило: никогда не спрашивать у клиента, зачем ему данные. Некоторые не берут заказы на детей и пожилых, но в целом особых моральных ограничений нет: для пробивщиков персональные данные — всего лишь товар. На рынке и вокруг него принято считать, что основные покупатели — мошенники, частные детективы и безопасники коммерческих компаний, собирающие информацию о подозрительных сотрудниках или конкурентах. Екатерина Шумякина, известный российский детектив и бывший опер угрозыска, подтверждала мне, что среди ее коллег принято идти на пробив за данными. «Конечно, мы пользовались и будем пользоваться этим рынком», — сказал мне безопасник одной российской компании, который заказывал пробив у PDE. Цели могут быть самыми разными: например, человека, претендующего на место в финансовом отделе, непременно нужно проверить на предмет судимости по экономическим статьям — и проще всего это сделать с помощью выписки из системы МВД.

Иногда пробивом интересуются и обычные граждане, минуя посредника в виде детектива, — например, мужья, подозревающие жен в измене. Один пробивщик рассказывал мне, что как-то к нему обратился человек с просьбой продать кредитную историю отца. «Говорит, запил, не знаю, откуда деньги» — так объяснял клиент свою мотивацию. Из выписки выяснилось: для покупки алкоголя отец взял кредит в микрофинансовой организации. Бывают случаи, когда через пробив люди ищут своих пропавших родственников. Полицейские неохотно принимают заявления о пропаже человека, если прошло немного времени: для них это лишняя работа, а человек может просто уйти в запой или загулять. В таких случаях на рынке можно купить «вспышку» — информацию от сотового оператора о местоположении телефона в определенный момент. «Помню, в чате обсуждали такой случай, — вспоминает Руслан Redadmin. — Женщина искала пропавшего подростка, заказ не хотели брать, она писала: "Купите сначала на меня данные из загса (система регистрации рождений, браков, разводов и смертей. — Прим. авт.), чтобы убедиться, что я действительно мать". Ей поверили, "вспышку" продали, ребенка вроде нашла».

Еще одно правило — не трогать известных людей: перед тем как взять заказ в работу, пробивщики и исполнители проверяют фамилии в Google. Делается это из понятных опасений: у таких «объектов» — особенно связанных с государством — больше связей и возможностей, чтобы и наказать исполнителя заказа, и добраться до анонимного посредника. Все-таки речь идет о преступлениях, подпадающих под нескольких статей Уголовного кодекса. Внимательность пробивщиков с годами растет — вместе с увеличением количества уголовных дел за пробив. Если первоначально исполнители и посредники ограничивались беглым взглядом на первую страницу поисковика, то сейчас уже могут потратить время, чтобы собрать информацию про потенциальную жертву. Впрочем, за большие деньги могут рискнуть: например, мне достоверно известно, что однажды пробивщик продал информацию о доходе популярного рок-певца Сергея Шнурова за последние годы — по цене в несколько раз выше рынка.

К Redadmin однажды пришел клиент с запросом на то, чтобы получить из «Роспаспорта» данные популярного музыканта Моргенштерна. Пробивщик решил уточнить у Чупрова, не рискнет ли он, тот наотрез отказался. Но заказчик схитрил, воспользовавшись тем, что Моргенштерн — сценический псевдоним, а официальная фамилия певца тогда была Валеев. Он оплатил пробив Валеева, Чупров его исполнил, но Redadmin в последний момент решил перепроверить и, поняв, в чем фокус, не выдал выписку клиенту. Аналогичная история случилась с PDE: среди нескольких фамилий, заказанных у него, оказался начальник отдела федерального арбитражного суда. «Че за дела? Фильтруй заказы. Я тебе его не выдам. Почему я за него должен платить сотруднику? Уже не в первый раз», — отчитывал он заказчика.

При соблюдении правила не трогать публичных людей PDE и Redadmin почти ничем не рисковали. Чупров и его полицейский начальник Борисов подставлялись чуть больше, но заработки, казалось, компенсировали опасность.

«Крыша» течет

В конце 2004 года журналисты российского Forbes купили в столице диск с информацией о доходах жителей

Москвы и Подмосковья за предыдущий год: почти семь миллионов человек, включая руководство страны и знаменитостей. Власти отмахнулись: «У нас нет сведений, что наши базы данных где-то продаются. Но если это правда — очень плохо», — с некоторой долей фатализма заявил замруководителя налоговой службы по Центральному федеральному округу. В профильном управлении «К» МВД добавили: никакого расследования по поводу утечки не проводят[2].

Спустя год ситуация повторилась: репортеры опять купили на радиорынке базу с доходами жителей московского региона. Скорее всего, в обоих случаях торговал данными один и тот же источник — по некоторой информации, начальник одного из отделов налоговой службы, который чуть ли не вынес базу из офиса на жестком диске. «Крота», понятно, уволили, но сообщать силовикам не стали, чтобы не выносить сор из избы. Досталось торговцам: в конце 2005 года милиция вместе с ФСБ торжественно задержали тех, кто копировал (были изъяты несколько десятков тысяч дисков) и продавал базу[3]. Правда, под каток попала лишь незначительная часть рынка: диск с утечкой по-прежнему можно было заказать в Москве с доставкой прямо в офис — всего лишь за 1000 рублей (около $30). И это притом, что «крот» или «кроты», по слухам, заработали на сливе астрономические деньги[4].

Это один из немногих публичных примеров из 2000-х, когда на слив и продажу персональных данных последовала хоть какая-то реакция от государства. В коллекции, загруженной мне бесплатно Василием в 2017 году, сотни баз из 2000-х, но примеров, когда за кражу данных кого-то наказали, — единицы. Отчасти по той же причине, почему избежал уголовного дела конкретный сотрудник налоговой: лучше выгнать человека с работы по-тихому, чем доводить до суда и огласки. А без заявления потерпевшего — госоргана, частной компании или отдельного гражданина — силовики не во всех случаях могли заводить дела. Например, когда в публичном доступе оказалась полная база операций Центробанка, руководство регулятора решило не обращаться в правоохранительные органы, ограничившись внутренним расследованием.

Чуть активнее боролись с утечками частные компании. В 2009 году в Москве силовики задержали Ивана Швагу, сотрудника «Росгосстраха» (крупнейшего российского страховщика приватизировали за несколько лет до того, но узнаваемый бренд сохранили). Швага пытался продать базу клиентов на флешке за 50 тысяч рублей — около $1400 по курсу того времени. Такая база — желанная вещь для любого брокера, ведь с ней можно звонить людям напрямую и предлагать страховку, уже зная, чем они владеют и сколько готовы платить за свое имущество. Потенциальных покупателей Швага искал на брокерских форумах, но на его беду там сидели и безопасники его собственной компании, которые быстро написали на него заявление в полицию. На суде Швага раскаивался и пытался оправдаться тем, что в столицу приехал на заработки из Молдовы, жил один, родные ему не помогали и денег не хватало. Приговор — год колонии-поселения[5].

Когда кандидатов в потерпевшие на горизонте не просматривалось, их искали среди своих. В середине 2000-х чекисты задержали в Перми 23-летнего Вячеслава Оборина. Тот торговал базами через интернет, в его ассортименте были сотовые номера пермяков, информация о пермских бизнесменах и персональные данные сотрудников дорожной полиции Пермской области. В качестве граждан, чьи права были нарушены Обориным, выступили ветераны МВД и ФСБ. «Нам могут отомстить преступники, которых мы сажали в тюрьму. Наши данные должны быть засекречены, а не продаваться за девять тысяч рублей», — жаловались они в суде. Страданий ветеранов хватило, чтобы приговорить Оборина к условному сроку[6].

Их действующие коллеги в то же самое время «крышевали» рынок — ведь диски с самой чувствительной информацией не могли продаваться без ведома правоохранительных органов. «А вы не боитесь, что я, например, из милиции и сейчас вас арестуют?» — спросил репортер «Комсомольской правды» в 2006 году хозяина торговой точки на одном из московских радиорынков. «Вы?! Из милиции?! Извините, но мне о вас не докладывали! Вот у кого "крыша" течет, тот пусть и волнуется», — ответил продавец, намекнув, что у него с «крышей» все в порядке[7]. Это можно было бы воспринять как шутку, но спустя десять лет Василий, по-прежнему открыто торговавший базами, хвастался мне знакомыми в московской полиции, которые, по его словам, могли помочь в случае проблем с законом. Насколько высоко располагалась эта «крыша» — большой вопрос: российский специалист по кибербезопасности Ашот Оганесян много лет следил за рынком данных; он считает, что долгое время на него просто закрывали глаза. «Как будто он существовал где-то в параллельной реальности, — размышляет Оганесян. — А потом [в 2010-х] потихонечку возникало крышевание, и там уже начали с рынком бороться».

Летом 2011 года ФСБ вдруг громогласно объявила, что намерена на корню ликвидировать свободную продажу баз с личной информацией[8]. Вскоре последовал отчет: в результате рейдов на трех столичных радиорынках были изъяты более 15 тысяч дисков, на которых, помимо персональных данных, нашли еще и государственную тайну. Борьба продолжалась все лето. В итоге диски продавать не перестали, но теперь уже делали это осторожно, не так открыто. Например, через два года после этих масштабных рейдов за базами отправился Георгий Албуров — расследователь Фонда борьбы с коррупцией Алексея Навального. Купить ему ничего не удалось. «Везде ко мне относились подозрительно: видимо, я напоминал паренька из фильмов, покупающего порножурналы, — вспоминал он. — В итоге я скачал нужную базу в торрентах».

Постепенно нишу рынка дисков с постоянно устаревающими утечками занял рынок пробива. Именно туда устремились сотрудники полиции, госорганов, банков и сотовых компаний, которым, как когда-то Ивану Шваге из «Росгосстраха», хотелось заработать на доступе к персональным данным. Правда, риски выросли: теперь силовикам было проще найти уже не посредника, скрывающегося под ником в Telegram, а полицейского или клерка из банка: достаточно провести «контрольную закупку» — то есть заказать информацию и посмотреть во внутренних системах, кто ее выкачал.

В 2019 году, делая расследование про рынок пробива в Русской службе Би-би-си, я просмотрел более сотни судебных дел с приговорами. В среднем каждый год за продажу информации на скамье подсудимых оказывались по несколько десятков человек. Почти во всех случаях — сотрудники коммерческих компаний: безопасники сотовых компаний и банков тоже сидели на форумах, отслеживали предложения, а потом писали заявления в полицию.

Например, осенью 2018 года молодого жителя Рязани Михаила Кудухова приговорили к 240 часам обязательных работ — он работал в мобильной компании МТС и пробил за деньги владельцев семи номеров из других регионов. А сотрудник нижегородского офиса Сбербанка Александр Чернышов вообще отделался штрафом в 10 тысяч рублей, притом что продал данные как минимум на 11 человек, причем вознаграждение получал на карту своего же банка. Примеры можно множить, но суть всегда одна и та же — приговоры выносились мягкие, и количество предложений о пробиве на рынке оставалось стабильно высоким.

Сотрудников государственных ведомств наказывали и того реже — я нашел лишь несколько таких случаев. Так, в 2019 году на пробиве попались братья Алексей и Артем Пугачевы, работавшие в районной полиции в Нижегородской области. Заработали они не менее 800 тысяч рублей, а получили — полтора года условно. Еще мягче обошлось правосудие с замначальника отдела налоговой по городу Видное в Подмосковье: штраф и амнистия в честь 70-летия Победы в Великой Отечественной войне.

Как тогда объяснил мне Ашот Оганесян, на скамье подсудимых оказывалась лишь незначительная часть людей, пойманных на пробиве. Преступление это не относится к категории особо тяжких, следователи не очень охотно за них брались, а компании, как и раньше, не спешили сообщать им о «кротах». К середине 2020-х ситуация чуть изменилась: приговоров за банковский пробив почти не видно (вероятно, банки предпочитают просто уволить сотрудника без лишнего скандала), сотрудники сотовых компаний по-прежнему отделываются условными сроками или штрафами, а вот за продажу информации из государственных баз стали наказывать чаще и жестче.

В целом же, как и в 2000-х, правоохранительная машина начинает разгоняться по-настоящему только после крупного скандала. Например, осенью 2018 года, после выхода расследования Bellingcat про отравление Скрипалей, чекисты довольно быстро задержали конкретных сотрудников пограничной службы, которые продали Христо Грозеву данные на офицеров ГРУ Чепигу и Мишкина. Это на время подкосило рынок: исполнители боялись брать заказы из-за страха перед силовиками. Но к весне 2019 года все снова работало, как прежде, и я легко купил данные на пробиве в рамках журналистского эксперимента.

Пробивщики PDE с Redadmin, казалось бы, могли спать спокойно: даже если полицейского Кирилла Чупрова и взяли бы с поличным, то до них вряд ли бы добрались. Во всех просмотренных мною уголовных приговорах посредники фигурировали как «неустановленные лица»: у силовиков не было никакого стимула искать их, если тот, кто продал данные, уже сознался в преступлении и дело можно передавать в суд. Однако правила менялись, если случалось что-то экстраординарное.

«В чатах пробивщиков рассказывали, что периодически кого-то хватали. Видимо, продавал данные на кого-то "не того"», — вспоминает Руслан. Поспособствовав разоблачению отравителей из ФСБ, он вместе с партнером пробили целую группу «не тех».

Лицом на снег

Летом 2019 года центр Москвы бурлил: здесь проходили акции против недопуска независимых кандидатов в столичный парламент — Мосгордуму. Локомотивом серии протестов выступал Алексей Навальный, хотя власти и пытались с ним бороться — так, накануне одного из митингов его задержали прямо во время утренней пробежки. Навыки бега пригодились его сторонникам: полиция и Росгвардия гонялись за протестующими по улицам, и те прятались от них где попало — однажды группа недовольных даже нашла укрытие в храме. Среди тех, кто убегал в те дни от дубинок, был и Руслан — тогда еще никакой не пробивщик, а просто безработный. Несмотря на то что лишних денег у него не было, он специально приехал на этот протест в Москву. Поездка, по его словам, удалась: от дубинок он и его товарищи прятались в кафе.

Расследования Навального будущий Redadmin начал смотреть еще в армии: политик разоблачал коррупцию, которая возмущала и срочника. На первую в жизни акцию протеста Руслан вышел в родных Чебоксарах в 2017 году: тогда Навальный опубликовал расследование о шикарной жизни экс-президента и премьера Дмитрия Медведева, и обнародованные им факты настолько возмутили людей, что несанкционированные митинги организовывались по всей стране. На родине Руслана собралось 500 человек: внушительно для аполитичной глубинки.

Руслан следил не только за выступлениями Навального, но и за расследованиями Bellingcat про малайзийский «Боинг». Параллельно он слушал рассказы друзей — те служили в армии в соседней с Украиной Ростовской области и видели трупы российских солдат, которые привозили с Донбасса. «По телевизору говорили, что Россия [в конфликте на востоке Украины] ни при чем, а западные СМИ утверждали обратное, — говорит Руслан. — Для меня это выглядело так: коррумпированная власть, о которой рассказывал Навальный, ведет агрессивные действия на чужой территории».

Христо Грозеву невероятно повезло, что среди пробивщиков, через которых он покупал данные, оказался именно Руслан. Долгое время они были друг для друга анонимами в Telegram и общались на сугубо деловые темы. Однажды Руслан проверял очередные заказы от Грозева на предмет известных фамилий и заметил, что среди них были фигуранты дела MH-17. «Ого, интересный тип», — подумал пробивщик про заказчика, но не стал останавливать работу. «Если бы не мои оппозиционные взгляды, я бы отказался, — объясняет он. — Среди пробивщиков есть такие же идейные, как я: например, менты, которые с радостью пробивали путинистов».

Обнаружив, пусть и со второго раза, в своих заказах отравителей Навального, Redadmin наконец догадался, кто скрывается за анонимным аккаунтом в Telegram. «Добрый день, Христо! Очень крутое расследование», — написал он болгарскому журналисту. Тот не стал упираться и с ходу спросил, нужна ли какая-то помощь. Руслан отказался. «Я не думал, что на нас выйдут так быстро», — вспоминает он.

Как и после материала про отравление Скрипалей, расследование про покушение на Навального заставило силовиков работать на полную мощность. Начали искать, кто продал данные, пошли проверки, и Кирилл Чупров на время залег на дно. Через неделю он написал партнерам с нового анонимного аккаунта: «Кипиш спадает. С понедельника возобновляем работу». Чупров ошибся — через несколько дней их задержали.

Вычислить полицейского оказалось проще простого: достаточно было посмотреть в «Роспаспорте», кто выгружал справки на сотрудников ФСБ из расследования Навального. Чупров не стал упираться, но настаивал, что продавать данные на пробиве его заставлял начальник — майор Борисов. Через кошелек в системе QIWI, которым пользовался Чупров, следователи легко вышли на кошелек Александра (DPI), с которого тот расплачивался с самим полицейским и другими исполнителями. QIWI — российский платежный сервис, поэтому там в ответ на запросы силовиков подробно рассказали, на кого зарегистрирован счет Александра. Выяснилось, что это земляк и давний школьный знакомый пробивщика. В QIWI также предоставили список IP-адресов, с которых управлялся кошелек, и самой популярной точкой входа оказался домашний айпи пробивщика. Да он и сам, как и Чупров, на допросе ничего не отрицал. Серьезные намерения силовиков Александр почувствовал уже при знакомстве: его брали на улице возле дома, уложили прямо на снег, в квартире во время обыска держали на полу.

Его партнер Руслан Redadmin не сразу попал в оперативную разработку и, узнав о задержании друга, успел удалить все рабочие чаты. Относительно легко отделался и Александр —

на время следствия его оставили на свободе, и в конце января 2021 года друзья даже вместе сходили на митинг в поддержку Навального в Чебоксарах. Оппозиционер только-только вернулся из Германии, где проходил лечение после отравления, и сразу по прибытии, в аэропорту, его арестовали. Акции проходили по всей России, и пробивщики выходили на улицу с надеждой, что в итоге волна протеста к чему-то приведет. Оба остались разочарованы, особенно — Александр, который раньше вообще никогда не бывал на политических митингах.

Пробивать они, естественно, перестали: по иронии судьбы одним из последних заказов, который пришел Александру, касался биллингов Марии Певчих — соратницы Навального, которая много лет делала вместе с ним расследования. До отравления политика про нее знал лишь узкий круг журналистов. Певчих сопровождала Навального в поездке по России, когда ФСБ попыталась убить политика, и прокремлевская пропаганда попыталась представить ее чуть ли не агентом западных спецслужб в окружении лидера российской оппозиции. Возможно, биллинги Певчих понадобились какому-то околокремлевскому медиа: заказ пришел от посредника, пробивщик Александр наотрез отказался отдавать его в работу — не столько по политическим причинам, сколько исходя из правила «не пробивать известных людей».

Фамилии отравителей Навального следователи в разговорах с Александром практически не упоминали — лишь один раз они мелькнули на допросе без указания места работы. Для уголовного дела вообще оказались не нужны потерпевшие: Александру вменили в вину дачу взятки в обмен на информацию из внутренних баз МВД, а полицейским Чупрову и Борисову — собственно, получение взятки. Я изучил скрины из чатов, которые силовики выкачали из гаджетов Александра: там видно, кто покупал у него информацию и о ком. В некоторых случаях и заказчиков, и жертв легко найти: я написал нескольким, и все ответили одинаково — они впервые слышали про уголовное дело, с ними никто не связывался. Нежелание следствия раскручивать дело легко объяснимо: подозреваемые сознались в преступлении, номиналы, на которых записали QIWI-кошельки, все подтвердили — оставалось подкрепиться дополнительными доказательствами и передавать материалы в суд.

Лучше не возвращаться

В конце марта 2021 года Руслан отправился в гости к своему экс-партнеру и по дороге зашел в магазин за выпечкой. «Что тебе купить?» — спросил он в Telegram, и его друг в ответ написал свои пожелания. Магазин находился рядом с домом, и вскоре Руслан с покупками уже был на нужном этаже. Так как они буквально десять минут назад общались через мессенджер, пробивщик не стал звонить или стучать, а просто написал в Telegram: «Открой дверь». Партнер не ответил. Это выглядело странно. Еще более странным было то, что очки Александра валялись у двери снаружи.

Руслан решил позвонить жене друга: она была не дома, но предложила, чтобы Руслан доехал до нее, забрал ключи и, вернувшись, разобрался, что случилось. Во время разговора с ней Руслан, выйдя на балкон в подъезде, обратил внимание на белый фургон возле дома: он помнил все машины, которые бывали тут, и эту видел в первый раз.

Поговорив, он вернулся на лестничную клетку и опять стал названивать другу. В какой-то момент ему в ответ пришло сообщение с шаблонным текстом «Извините, я не могу сейчас говорить», хотя из соображений конспирации они не использовали этот вид связи — звонки и эсэмэски в России, в отличие от мессенджеров, легко отслеживаются силовиками. Руслан написал сообщение в ответ: «Я сейчас вызову полицию». Это подействовало: дверь открылась, но вместо Александра из квартиры вышли двое мужиков в камуфляже и балаклавах на лице. Шевронов и каких-либо опознавательных знаков у них не было, но Руслан уверяет: обычно на оперативных видео так выглядят сотрудники ФСБ.

«Ты кто такой?» — спросили его.

«А вы кто такие?» — дерзко ответил Руслан. Через секунду его уже заталкивали внутрь квартиры.

Его товарищ Александр сидел на полу, голова и глаза были обмотаны скотчем. Руслан попробовал возмущаться, но в итоге получил удар под дых. Ему тоже замотали глаза скотчем, а в рот сунули грязную картошку из мешка в прихожей — чтобы перестал задавать вопросы. Дальше с друзьями начали обращаться как с мешками: их погрузили в тот самый белый фургон и куда-то повезли. Судя по голосам, похитителей было несколько. «Наверное, они пришли к Саше, пока я шел от магазина к его дому. Саша подумал, что это я стучу, открыл дверь, они его ударили, и очки упали», — рассуждает Руслан теперь. Вспоминая эту историю, он иногда даже нервно посмеивается: видно, что ему, с одной стороны, тяжело возвращаться в тот день, а с другой — важно выговориться.

«Страшно мне не было. Больше думал о том, как бы съебаться оттуда», — продолжает Руслан. По дороге люди в камуфляже вытащили у него картошку изо рта и потребовали рассказать, зачем он пришел к Александру. Руслан стал сбивчиво уверять их, что просто зашел в гости, на жизнь зарабатывает криптовалютами и совершенно не понимает, почему оказался в этом фургоне. Его стали обыскивать. В кармане лежал смартфон, и экс-пробивщик, боясь выдать пароль под угрозой пыток, выхватил его и быстро сломал пополам.

— Идиот, ты зачем телефон сломал?!

— А вдруг вы мою крипту украдете!

Когда у него вытащили все из карманов, фургон остановился. Руслана вытолкали на дорогу и поставили на колени. Казалось, сейчас будут убивать. «Не стреляйте, пожалуйста!» — взмолился он. «Считай до 25 и вставай», — последовала команда, и вскоре он по звуку понял, что фургон уезжает. Подождав немного, он сорвал скотч и, сориентировавшись, понял, что находится в деревне в нескольких десятках километров от Новочебоксарска. Его личные вещи похитители выбросили на дорогу, а деньги разорвали на мелкие кусочки — явно для того, чтобы он не мог быстро добраться до дома. Пришлось ловить попутку и просить водителей помочь, объясняя, что его похитили и выбросили посреди дороги.

Через несколько часов измученный и испуганный Руслан сидел в полиции и рассказывал все, что случилось с ним и его другом, а жена Александра писала заявление о пропаже мужа. Полицейские, по его словам, уже планировали объявить план «Перехват», чтобы найти белый фургон, — и в этот момент в кабинете появились двое в штатском и, показав жене Александра удостоверения сотрудников ФСБ, попросили проехать с ними на обыск. Недописанное заявление полетело в корзину, «Перехват» отменили, а супругу Александра повезли на квартиру родителей. Из протокола обыска видно, что он действительно начался в необычное время — вечером: российские силовики больше любят приходить ранним утром, пугая сонных людей громким стуком в дверь.

Все это время Александра допрашивали где-то в лесу — если это можно назвать допросом: по словам пробивщика, он стоял возле ямы на коленях, а его похитители палили в воздух, угрожая, что следующий выстрел будет в голову. Зачем была нужна вся эта операция, учитывая, что пробивщик уже во всем сознался на следствии, неясно. Возможно, силовики полагали, что Александр на идейных основаниях входил в команду Христо Грозева, а не был случайным исполнителем, который продавал данные, ничего не зная о заказчиках. Руслан добавляет, что, как ему показалось, пока он сидел в фургоне, двое похитителей разговаривали на чеченском и упоминали фамилию президента Чечни Рамзана Кадырова, который известен безжалостными методами управления и называет себя «пехотинцем Путина». Не исключено, что чеченские власти прислали в помощь местным силовикам своих спецов по выбиванию показаний.

Уже вечером, около девяти часов, Александра привезли в Следственный комитет: на фотографии из материалов дела он «добровольно» — так гласит подпись к снимку — отдает два телефона с абсолютно каменным усталым лицом. В то же самое время его друг уже писал Христо Грозеву, что теперь ему действительно нужна помощь. Болгарский расследователь предложил вывезти его из страны, и Руслан согласился: на следующий день он пошел получать новый внутренний паспорт, потом пришлось ждать оформления загранпаспортов на всю семью (пожилая мама, взрослая сестра и маленький брат). Весной 2021 года его семья улетела через Москву в Ереван, а оттуда — в Киев. Все четверо никогда в жизни не бывали за границей, а теперь экстренно отправились в эмиграцию.

«Тебе лучше не возвращаться», — предупредили его знакомые вскоре после отъезда. Его экс-партнера Александра приговорили к трем годам в колонии строгого режима, полицейские Чупров и Борисов получили еще более жесткие приговоры — четыре с половиной года и восемь лет колонии соответственно.

В Киеве Руслан впервые встретился с Грозевым лично, и болгарин честно признался: он не ожидал, что пробивщик решит уехать. «Руслан — абсолютно вдохновляющий пример. Он сам в итоге понял, кому он продавал данные, и не просто не отказался от работы в дальнейшем, но даже был готов делать это бесплатно», — говорит Христо. Из Украины он отправил продавца данных и его семью в одну из европейских стран и помог им с документами. Я общался с родственниками Руслана — это простые и добрые люди, которые воспринимают произошедшее с ними как данность.

16 февраля 2024 года стало известно, что в российской колонии на Крайнем Севере умер Алексей Навальный. Как раз в эти дни я встречался для этой книги с пробивщиком

Русланом, и мы пошли к стихийному мемориалу в память о политике. Руслан поставил свечу и долго стоял у портрета Навального — чувствовалось, насколько личная для него эта утрата. Он периодически повторяет, что политик «вроде как» знал о нем, а его имя упоминается в титрах фильма «Навальный» в разделе Special Thanks.

«Думаю, я немного очистил себе карму тем, что помог хорошим людям и самому Навальному» — так Руслан отвечает на очередной мой вопрос о вреде, который он мог нанести продажей персональных данных. Вскоре после эмиграции, явно все еще пребывая в шоке от того, что с ним случилось, Руслан написал открытое письмо о своей истории, Навальном и отношении к путинской России. Публиковать его он в итоге не решился, но показал мне. Там есть такой фрагмент:

«Я совершенно обычный человек из глубинки России, который, как и мой друг Александр, к сожалению, занялся не той деятельностью. Мы никогда никому не желали зла. Наше участие в этом рынке было лишь следствием того, что нечем было расплачиваться по счетам, и отсутствия возможностей для самореализации и заработка в своем регионе. У нас не было какого-то особого злого умысла заниматься этой деятельностью, скажу как есть — нас интересовали лишь деньги».

Сам он теперь зарабатывает на жизнь тем, что помогает с пробивом Христо Грозеву и независимым российским медиа в изгнании: «исполнителей» из числа коррумпированных полицейских у него больше нет, он просто покупает данные у бывших коллег по рынку для расследований. Однажды ему пришла в голову идея сделать для журналистов специального бота в Telegram, чтобы проще было искать информацию в утекших базах. Но потом Руслан отказался от этой затеи: вдруг им бы стали пользоваться мошенники, безопасники и другие традиционные клиенты таких сервисов. Им помогать он больше не хочет.

Часть 2. Государство

Глава 4.
Город будущего

27 октября 2021 года я бегом пронесся наверх по эскалатору станции метро «Тургеневская» в Москве, потом, не останавливаясь, пулей пролетел через подземный вестибюль и, оказавшись на улице, забежал под навес театра Et Cetera. Сердце колотилось, пока я наблюдал из своего укрытия за выходом из метро — вскоре, так же тяжело дыша, на поверхность вылетел тучный мужчина с черной сумкой через плечо и, разговаривая с кем-то по телефону и одновременно озираясь по сторонам, побежал в противоположную от меня сторону. Я выдохнул: на второй день непрерывной слежки мне удалось оторваться от наружного наблюдения.

Слежку я обнаружил случайно: вслед за мной в автобус возле дома зашли двое мужчин, внешний облик которых активно намекал, что они работают на российские правоохранительные органы. Стандартный образ «топтуна», как их еще иногда называют, включает в себя ту самую черную сумку через плечо, темную кепку, спортивную куртку, а самое главное — цепкий, холодный и циничный взгляд. Я решил проверить свою гипотезу: вышел на пустой остановке и зашел обратно в последнюю секунду. Один из мужиков повторил мой маневр, но не успел вернуться в автобус, уткнувшись в закрытые двери. Второй, не отступая, вел меня до бассейна, куда я решил заехать по дороге на работу. Ошибиться я не мог — за мной пустили «наружку».

Будучи независимым журналистом-расследователем в России, к слежке я давно привык: приезжая в региональную командировку, часто обнаруживал за собой вот таких товарищей в черных кепках с цепким взглядом. Под особым контролем у них находятся сотрудники Русской службы Би-би-си, где я работал несколько лет: мне иногда казалось, что силовики отслеживают все наши командировки еще на стадии покупки билетов и заранее готовятся к встрече корреспондентов иностранного издания на месте. Например, наружка ждала нас с коллегами на абсолютно пустой станции Дно Псковской области, а во Владивостоке местные чекисты позвонили герою и настоятельно попросили не встречаться с «вражеским» Би-би-си.

Но слежка в Москве меня сильно напугала. Во-первых, я не мог понять, с чего вдруг. В регионах за мной следили, потому что я приезжал собирать информацию по конкретным сюжетам. Если топтуны сопровождают тебя в городе, где ты живешь, значит, ты готовишь раздражающий кого-то материал, но в тот момент, как мне казалось, я ничего особенного не расследовал. Во-вторых, меня удивил масштаб: если в провинции за тобой все время ездила одна и та же машина, то тут они сменяли друг друга. Я прихожу на остановку — там появляется человек из текущей бригады наружки в неизменной кепке и медицинской маске. Я сажусь в автобус — он остается на скамеечке, но через несколько остановок садится в другой конец салона. Я смотрю в окно — и понимаю, что нас сопровождает одна и та же машина: видимо, мужик в кепке и маске обогнал на ней автобус, чтобы потом незаметно в него сесть. Я выхожу, быстро беру прокатный электросамокат — и вижу, что кто-то из бригады едет за мной на собственном электросамокате. Я останавливаюсь — и этот человек делает вид, что осматривает колесо своего самоката.

Собственно, свой забег по эскалатору «Тургеневской» я совершил для того, чтобы в очередной раз удостовериться: это не паранойя, кто-то — МВД или, скорее всего, ФСБ — бросил на наблюдение за мной десяток сотрудников на паре автомобилей. Наблюдая из укрытия за суетой потерявшего меня топтуна, я сначала расслабился: похоже, мне удалось оторваться от «хвоста». Однако очень быстро пришло осознание, что скрыться в Москве не получится. К этому времени в столице уже вовсю работала система «Умный город», которая, с одной стороны, делала жизнь в мегаполисе комфортной, а с другой — при необходимости превращалась в оруэлловского «Большого брата». Чтобы она меня не заметила, мне нельзя было пользоваться общественным транспортом и телефоном, лицо я должен был спрятать под солнечными очками и маской, а походку — изменить.

«Того, что реализовано в Москве, нет ни в одном из городов мира», — уверенно заявил мне один из создателей этой системы. К моменту нашего разговора мы оба покинули Россию.

Мужчина в оранжевых штанах

В конце сентября 2010 года в Сингапур из Москвы прилетела правительственная делегация во главе с вице-премьером Сергеем Собяниным. Высокопоставленный чиновник отправился в местное агентство по развитию информационных технологий, где ему показали, как бизнесмен может в один клик получить все необходимые разрешения для открытия ресторана русской кухни. Буквально через месяц Собянин будет назначен мэром Москвы и выберет Сингапур с его системой «умного города» в качестве ориентира — в итоге столица России даже обойдет этот азиатский город-государство по части слежки за гражданами.

Косноязычный, рано поседевший, с простоватым и будто бы измятым лицом, Собянин никогда не производил впечатление человека, который разбирается в IT и, условно говоря, может без подсказки сказать, чем отличается доступ в интернет по ADSL от Ethernet (в первом случае трафик идет по телефонной линии, во втором — по отдельному кабелю). Он начинал свою карьеру в комсомоле западносибирского города Когалым. В новой России постепенно взбирался по административной линии в нефтегазовых регионах (председатель парламента Ханты-Мансийского автономного округа, губернатор Тюменской области), потом его управленческие таланты заметил Путин и в середине 2000-х назначил главой своей администрации. Со сферой информационных технологий Собянин плотно столкнулся уже в федеральном правительстве, где с 2008 года в должности вице-премьера как раз курировал перевод госуслуг в цифровое пространство.

«Дайте мне город в режиме онлайн» — такую задачу Собянин поставил перед своими подчиненными, став мэром Москвы. «Он был прогрессивным человеком, а тут [в мэрии] столкнулся с тем, что не видно [никаких данных] — ни в образовании, ни в медицине, ни в транспорте. Не было известно, сколько у нас врачей, учителей. Он поставил задачу — покажите мне общую картину», — рассказывал мне потом один из членов его правительственной команды, которого Собянин позвал с собой в мэрию.

Начиналось все со стандартного развития цифровых услуг для населения: на момент назначения Собянина Москва уступала в этом плане не просто другим городам Европы, но даже другим регионам страны. Например, лишь 10% больниц, школ и учреждений культуры имели доступ к интернету со скоростью свыше 10 мегабит в секунду, а на 100 медицинских работников приходилось 20 компьютеров. За несколько лет Москва перевела в электронный вид свыше 150 госуслуг и сервисов, ввела полностью дистанционную запись к врачу, в школу и детский сад, создала единый диспетчерский центр по приему жалоб от населения (от протечки в квартире до припаркованной на газоне машины) и оснастила его системами распознавания эмоционального фона беседы. Деньги на цифровизацию столицы не жалели: начав с бюджета в 100 миллионов долларов, затраты на эти цели быстро довели до миллиарда в год.

Пока все звучит современно, но довольно стандартно: цифровизация городских сервисов — естественный путь для мегаполиса в XXI веке. Благодаря щедрым инвестициям Москва довольно быстро догнала лидеров, а в 2018 году и вовсе заняла первое место среди 40 городов мира с наиболее высоким уровнем развития электронного правительства[1]. Однако примерно в середине

2010-х IT-команда мэрии пришла к Собянину с предложением не только развивать цифровые госуслуги, но и использовать данные о москвичах для управления городом. Как раз в то время термин big data (буквально «большие данные» по-английски) вошел в моду, его обсуждали в медиа и на солидных конференциях вроде Давосского экономического форума.

«Стало понятно, что у нас данных в разных сегментах накапливается очень много и что можно замутить огромную интересную историю», — вспоминает один из создателей московской системы «Умный город». Он давно не работает в мэрии, но по-прежнему уважительно называет Собянина «Начальник». «Мы пошли к Начальнику и продали ему идею города будущего, в котором мы предсказываем все действия человека, потому что все про него знаем. Ему не нужны водительские права, не нужен паспорт, ему не нужно ничего. Город думает о нем на автомате, мы предсказываем его действия: у человека заканчиваются водительские права — мы пришлем ему новые. Нужно почистить улицу от снега — мы эвакуировали его машину, но прислали ему СМС, что вернем ее на место, так как знаем его номер», — с воодушевлением рассказывает он про концепцию 2014 года. Для того чтобы очаровать «Начальника», в нее добавили и политическое обещание: мол, большие данные точнее расскажут, что жителям нравится в мэре, а что — нет.

Спустя пару лет чиновники визуализируют эти планы в официальной государственной стратегии «Умный город — 2030». На одной из картинок, приложенных к этому документу, изображены три голубых компьютерных сервера. Это искусственный интеллект, он получает информацию из различных источников, анализирует ее и выдает готовые решения правительству и бизнесу. Один из источников данных на картинке — спешащий куда-то мужчина в оранжевых штанах. Пока он беззаботно шагает по Москве, искусственный интеллект получает данные с его мобильного телефона о его местоположении и объединяет с информацией о потребленном им контенте и полученных услугах — от выдачи паспорта до похода к врачу.

Собянину концепция — вместе с «политической перчинкой» — «очень понравилась», вспоминает мой собеседник. С этого момента мэрия, как пылесос, стала засасывать в себя всевозможные данные о своих жителях, используя свой административный ресурс и отсутствие серьезных законодательных ограничений.

Очень большие данные

Холодным летом 2017 года в Москве прошел очередной Moscow Urban Forum. Московская мэрия начала проводить этот международный конгресс после прихода Собянина и провозглашения курса на строительство современного, «умного» мегаполиса. Один из круглых столов посвятили использованию больших данных в управлении городом, и на него пришел министр столичного правительства и глава профильного департамента информационных технологий Артем Ермолаев. Увлекшись беседой, Ермолаев проговорился, что мэрия с помощью big data научилась выявлять «серую» аренду квартир — то есть случаи, когда собственники зарабатывают на ренте, но не платят налог. Спустя год в кулуарах все того же урбанистического форума он подтвердил, что механизм уже протестирован.

Подробностей Ермолаев и его подчиненные рассказывать не стали: мэрия всегда предпочитала накапливать и анализировать большие данные в тишине, явно не желая провоцировать лишнее общественное возмущение. Тогда журналисты пошли к экспертам — ведь непонятно, как чиновники могут узнать, что квартира сдается, а владельцы скрывают доход?[2] Топ-менеджер коммерческой IT-компании недоумевал: даже если мэрия соберет телефоны с сайтов аренды жилья, то как она от телефона придет к индивидуальному налоговому номеру и фамилии человека — ведь эта информация находится в руках другого ведомства и формально защищена законом о персональных данных. Знающие люди могли только усмехнуться: команда Ермолаева давно научилась собирать и анализировать куда более чувствительные данные.

Первым таким массивом стала информация от сотовых операторов: ее мэрия стала закупать на следующий год после того, как Собянин одобрил концепцию «Умного города». Официально речь шла о «геоаналитической информации» — то есть о том, к каким базовым станциям подключались телефоны москвичей и с каким интервалом каждый телефон переходил от одной вышки к другой. Эти данные позволяют узнать очень многое: например, по скорости переподключения абонента от одной вышки к другой понятно, идет он по улице пешком или едет на автомобиле, а по тому, к какой станции телефон чаще всего подключен в ночное время, — где именно ночует, а значит, живет[3].

Продают эти данные сами сотовые операторы, но поначалу они не хотели выдавать столь ценную информацию об абонентах: боялись, что мэрия поделится ими с конкурентами. Однако чиновники уговорили четырех ведущих мобильных операторов России, взамен пообещав помогать в размещении новых вышек сотовой связи на городских зданиях. Всего с 2015 года на приобретение сотовых данных о жителях Москвы и Подмосковья мэрия потратила почти два миллиарда рублей (не менее 200 миллионов долларов, а по курсу конца 2010-х и того больше).

За эти деньги мэрия получает отчеты о количестве абонентов, проживающих и работающих в разных районах, а также о том, куда они ходят и ездят каждый день. Минимальный сектор для выгрузки аналитики — 500 на 500 метров, есть детализация по полу и возрасту. Задача этих отчетов — показать транспортное поведение людей, помочь в планировании новых развязок и станций метро. Геоаналитика также используется для расчета продовольственной обеспеченности районов: данные о реальных местах жительства людей накладываются на карту расположения торговых объектов. Но ситуативно отчеты помогают по самым разным направлениям. Например, во время коронавирусного карантина мэрия могла видеть, сколько пенсионеров на самом деле соблюдает режим самоизоляции. «По данным геотаргетинга мобильных телефонов, две трети пожилых абонентов (65+) ведут себя ответственно и не выходят из дома», — хвалил их Сергей Собянин в своем блоге в конце марта 2020 года[4].

Согласно контрактам с сотовыми операторами, данные обезличены: государство получает обобщенную информацию без привязки к конкретным номерам и фамилиям. Но это не значит, что у мэрии нет мобильных телефонов москвичей. Жители столицы оставляют свои номера, пользуясь любым из многочисленных сервисов московского электронного правительства: от записи себя к врачу или детей в школу до оплаты коммунальных услуг и жалобы на мусор во дворе. В 2014 году главным столичным государственным порталом Mos.ru пользовались четыре миллиона человек, в 2018-м — уже почти восемь (две трети населения).

Этого мэрии оказалось мало: она полезла в базы других государственных ведомств для поиска данных. Чтобы сделать это легально, придумали хитрый ход. В 2012 году к столице присоединили большую территорию (Новая Москва), и в федеральный закон, регулирующий этот процесс, добавили малозаметную, но мощную норму: согласно ей, городские власти вправе запрашивать у любых государственных и муниципальных органов информацию «в отношении неограниченного круга лиц». «Мы залезли во все автоматические базы. И это стало первым гвоздем в крышку гроба под названием "цифровой ГУЛАГ"», — с грустной усмешкой рассказывал мне чиновник, который эти гвозди тогда и забивал.

Для работы с этими массивами в 2016 году мэрия начала разработку искусственного интеллекта, умеющего самостоятельно решать поставленные задачи. Эта система анализирует все данные, имеющиеся в распоряжении столичного правительства, без их объединения в рамках одной платформы, объяснял мне руководитель IT-компании, сотрудничающий с мэрией: «Такая форма более безопасна — данные не объединяются в одну баночку, просто пишется алгоритм, который знает, где их брать».

Именно эту программу и бросили на борьбу с «серой» арендой. Чтобы найти сдающиеся нелегально квартиры, она анализировала информацию о регистрации людей, сотовые данные, данные о парковках, а также просматривала историю коммунальных платежей, платежей за детский сад и другие образовательные услуги. «Допустим, вы зарегистрированы в одном месте, а за садик и электричество платите в другом, где одновременно еще и паркуетесь, — приводит пример один из создателей "Умного города". — За счет сопоставления данных мы не только знали, где люди живут. Мы знали, сдают или не сдают они свою квартиру. И кому». На 2016 год, как показали большие данные, не менее 30% москвичей жили не по прописке, потом эта цифра только увеличивалась. Использовать итоговую выгрузку для репрессий в отношении налоговых должников не стали, но эксперимент в мэрии оценили.

Легальных способов посмотреть, какую информацию о тебе собрало московское правительство, нет. Но благодаря одной утечке можно краешком глаза заглянуть во внутренние компьютеры чиновников. Весной 2024 года на рынке баз появился файл с данными граждан, предположительно — из какой-то из систем департамента информационных технологий. По каждому человеку там до двух десятков строк: фамилия и имя, дата и место рождения, телефон и e-mail, адрес по прописке, фактический адрес, номера всевозможных официальных документов, номер автомобиля, имена детей и родителей и даже данные об участии в выборах с 2013 года (мэра, Госдумы, президента) — до запуска системы электронного голосования в Москве и после ее появления. «Для силовиков мы могли давать табличку с информацией о гражданине на 20–30 столбцов, — говорит мой собеседник. — Но реальный массив состоял из 300 и даже 500».

Еще одним гвоздем в крышку гроба, если пользоваться образным выражением моего собеседника, стала система распознавания лиц, развернутая в столице в конце 2010-х.

Свои и чужие

23 января 2021 года по всей стране проходили митинги протеста после ареста Алексея Навального, самые массовые — в центре Москвы. Столичные власти митинги не разрешили, но, вопреки ожиданиям, полиция хватала не всех подряд, а только тех, кто непосредственно сопротивлялся силовикам. Репрессии начались спустя несколько дней: к участникам шествий приходили домой, забирали в полицию и там уже составляли протокол за участие в несанкционированной акции. В качестве доказательства предъявляли снимки с камер уличного наблюдения — хотя многие протестующие пришли в медицинских масках.

Например, молодой москвич Антон: на фотографии, которую ему показали полицейские, маска, хоть и съехала с носа, все же закрывала нижнюю часть лица. Несмотря на это, его вычислили и наказали обязательными работами. И ему еще повезло — других протестующих на основании данных с камер отправили под арест. Автоматическое распознавание лиц оказалось весьма эффективным способом борьбы с оппозицией: на каждую следующую акцию в поддержку Навального выходило все меньше людей — в том числе из-за страха, что тебя вычислят по камерам и накажут.

Городская система видеонаблюдения — еще один масштабный проект эпохи Сергея Собянина. В конце 2013 года — через два года после его назначения — на площадях и самых популярных улицах Москвы работало лишь около 1700 камер, еще 95 тысяч наблюдало за всем, что происходит во дворах и возле подъездов. Спустя десять лет система объединяла уже более 220 тысяч устройств, подключенных к единому центру хранения и обработки данных. Москва оказалась на шестом месте в мире — больше камер на тысячу человек только в Сингапуре и крупнейших городах Индии и Китая, а Лондон, например, позади российской столицы[5].

Распознавание лиц в разы повышает эффективность камер. Московская мэрия по достоинству оценила это во время чемпионата мира по футболу, прошедшего в России в 2018 году. На входах на стадионы и на фестиваль болельщиков работали специальные камеры: они автоматически сверяли лица всех заходящих с предварительно загруженной базой фотографий. За время чемпионата задержали полсотни человек — кто-то находился в федеральном розыске, кому-то власти запретили посещать футбольные матчи. «[После чемпионата] идеей распознавания загорелись все. Начальник сразу стал объяснять наверху, что это нужно повсеместно внедрять», — вспоминает мой собеседник из числа создателей московского «Умного города».

К 2020 году к системе распознавания лиц подключили городские камеры. Постепенно она заработала и на транспорте, в том числе на станциях и в вагонах метро. Отдельный проект — установка дорожных камер и распознавание номеров и моделей всех автомобилей на московских улицах. «В Москве за последние годы отработаны миллиарды фото- и видеоизображений и машин, и людей, и качество распознавания достигло 99,8%», — хвастался Собянин в конце 2023 года. Качество поиска лиц, конечно, зависит от исходного изображения, но в мэрии изначально решили закупить не один алгоритм, а сразу четыре. Три — российская разработка, один — белорусская. Последняя, от компаний Kipod, используется в Минске, и с ее помощью власти Беларуси ловили граждан после массовых митингов летом 2020 года, когда сотни тысяч людей вышли протестовать против фальсификаций на президентских выборах[6].

Все четыре алгоритма функционируют вместе, рассказывали мне в мэрии: они одновременно обрабатывают искомое лицо, далее по специальной формуле высчитывается результат работы всех программ в совокупности. Только в метро за два года с момента запуска система распознавания помогла задержать свыше шести тысяч человек[7]. Большая часть числилась в федеральном розыске, около тысячи считались пропавшими без вести — среди них были потерявшиеся дети и заблудившиеся в мегаполисе пожилые люди с ментальными проблемами. В этом случае «Умный город» показал, что может быть полезен людям, но он легко превращается в «Большого брата». Например, 22 августа 2022 года на входе в московское метро полицейские весь день задерживали граждан, ранее участвовавших в акциях протеста (всего — 33 человека): силовики боялись, что они устроят митинг в честь Дня российского флага. Спустя месяц камеры уже помогали ловить тех, кто получил повестки в рамках объявленной Путиным частичной мобилизации, но не пришел в военкомат. Во всех случаях информация уже была загружена в базу розыска или проверки: как только эти люди зашли на станцию, система распознавания зафиксировала их и отправила сигнал сотрудникам полиции на станции.

Благодаря тому, что к алгоритмам подключена большая часть уличных камер, власти способны найти любого человека в Москве за мгновения. Система работает в обе стороны: можно загрузить фотографию и понять, где человек бывал, а можно отследить маршрут, чтобы установить личность. Машина, ежедневно обрабатывая миллионы изображений москвичей, ранжирует их по принципу «свой — чужой»: тех, кто входит и выходит из одного и того же подъезда постоянно, относит к «своим», новичков — к «чужим». Ни чиновники, ни полиция не любят раскрывать детали работы алгоритмов, но в 2020 году замначальника московской полиции рассказывал о работе сети видеонаблюдения на конференции по безопасности, и его презентация попала в интернет[8]. Там есть скриншоты из интерфейса системы: пользователь — например, полицейский — загружает фотографию из паспорта и получает все изображения с этим человеком (указан процент совпадения) с уличных и подъездных камер.

Разработчики алгоритмов, задействованных для поиска людей в Москве, декларируют, что умеют определять не только такие очевидные элементы, как пол, возраст и раса, но и эмоции человека и даже его силуэт. «Очки, усы, бороду и другие вещи, которые используют преступники для маскировки, алгоритм распознает хорошо. Есть большая вероятность, что лицо в медицинской маске также будет распознано», — рассказывал весной 2020 года создатель одного из алгоритмов, используемых мэрией[9]. Вопрос о медицинских масках возник неслучайно: как раз тогда городские власти использовали камеры для наказания тех, кто не соблюдал ограничения коронавирусного карантина.

Российская общественная организация «Роскомсвобода» распространяла инструкции, как избежать идентификации городской системой распознавания лиц. Главные советы — носить не только маску, но и шапку, а еще пользоваться макияжем. Оппозиционно настроенная москвичка, которая попала в базу подозрительных людей из-за участия в акции в поддержку Навального, как-то получила совет по тому же вопросу от полицейских. 9 мая 2022 года силовики, опасаясь антивоенных акций на День Победы, задержали ее в метро и, показывая снимки из системы видеонаблюдения, заявили, что главное — скрывать верхнюю, а не нижнюю часть лица.

Ее знакомая решила воспользоваться этим советом, когда отправилась на похороны Алексея Навального в феврале 2024 года. «Я надвинула на глаза кепку, надела черные очки, натянула капюшон. Захожу в поезд в сторону "Марьино" [на этой станции находится кладбище, где похоронили политика], а там все люди с цветами и открытыми лицами. Видно, куда все ехали, но никто не прятался. И мне стало стыдно, весь грим я потом сняла», — рассказывала она мне.

Рядом с храмом, где отпевали Навального, и вокруг кладбища действительно работали камеры, подключенные к системе распознавания лиц. После похорон полиция стала приходить домой к людям, посетившим прощание с политиком: судя по отрывочным новостям, выбирали тех, кто, например, был замечен на акциях протеста до этого или же совершил что-то противоправное — разумеется, с точки зрения российских властей. Например, женщину, которая, стоя в толпе, сказала: «Героям слава» — часть украинского патриотического приветствия[10]. В итоге ее продержали ночь в отделе полиции, кричали на нее матом, а утром — составили протокол о демонстрации запрещенной символики: в России этот лозунг отнесен к «нацистским».

У силовиков есть доступ к любой камере — например, они в случае необходимости могут повернуть ее, рассказывал мне экс-сотрудник мэрии. Но есть в Москве территории настоящей приватности, они не входят в городскую систему видеонаблюдения. Это дома, где зарегистрированы представители путинской элиты: спикер Госдумы Вячеслав Володин, глава государственного «Первого канала» Константин Эрнст, руководитель Конституционного суда Константин Зорькин, дети премьера Михаила Мишустина, главы государственной нефтяной компании «Роснефть» Игоря Сечина и друга Путина, предпринимателя Геннадия Тимченко[11]. Их адреса отсутствуют в реестре уличных, дворовых и подъездных камер на сайте мэрии. Нет там и домов, где официально прописан сам мэр Сергей Собянин.

В других странах, где власти пытаются внедрить систему распознавания лиц, тоже есть такие «слепые зоны» — но не потому, что чиновники пользуются неофициальными привилегиями и оставляют себе право на приватность, а потому что их отстояло гражданское общество.

Айтишный максимализм

16 февраля 2024 года по Кройдону — южному району Лондона — разъезжали полицейские фургоны с камерами на крыше. Камеры были подключены к системе распознавания

лиц, и в тот день она помогла поймать несколько человек, числившихся в розыске. Всего, с учетом предыдущего десятка выездов, на улицах Кройдона с помощью распознавания задержали полсотни человек. «Эта технология — эффективный способ поймать таких людей, потому что в противном случае нам пришлось бы ходить по квартирам, стучать в двери и опрашивать свидетелей», — нахваливал камеры местный полицейский[12].

Использование распознавания лиц для поиска преступников и любых неблагонадежных людей — это не ноу-хау Москвы и Лондона. В США силовикам помогают алгоритмы компании Clearview AI. Она собирает изображения людей по социальным сетям и позволяет сравнивать их с фотографиями с камер. В Китае — по крайней мере, согласно заявлениям властей — к системе распознавания лиц подключены камеры по всей стране, в городах и сельской местности, государственные и частные. Настоящий «цифровой ГУЛАГ» компартия Китая построила в Синьцзян-Уйгурском автономном районе на северо-западе страны, где проживают уйгуры — этническое и религиозное меньшинство, стремящееся как минимум к автономии. Власти следят за ними не только через камеры, но и через смартфоны — уйгуры обязаны устанавливать специальное приложение для отслеживания передвижений[13].

С середины 2010-х китайские власти начали внедрять систему «социальных рейтингов». Его вычисляют госорганы, эксперимент проводится в дюжине регионов, но свои рейтинги составляют и частные компании — например, маркетплейс Alibaba. Высокие баллы получают те, кого компартия считает политически благонадежным, кто выплачивает кредиты, не попадает в ДТП или уже тем более не совершает преступлений. Снимают баллы, например, за вождение в нетрезвом виде или за рождение ребенка без согласования со специальным комитетом по демографии. Система рассчитывает рейтинг, исходя из данных о гражданах из государственных и частных баз (банков, сотовых и торговых корпораций)[14].

А что Москва? Существующие рейтинги городов по масштабам слежки учитывают два параметра — количество камер и распространенность системы распознавания лиц (например, рейтинг портала Comparitech). Но, как видно на примере российской столицы, «Умный город» и его темная сторона «Большой брат» накапливают не только фотографии граждан, но и информацию об их реальном месте жительства, передвижениях по городу, платежах, родственниках и даже о том, участвуют ли они в выборах. По состоянию на середину 2024 года у мэрии Москвы есть в распоряжении почти 200 различных систем для сбора и анализа персональных данных граждан и управления городом, она по-прежнему имеет неограниченный доступ к информации из баз других органов власти и закупает геоаналитическую статистику у сотовых операторов.

В конце 2010-х столичное правительство начало разработку системы для мониторинга того, что горожане делают в интернете. У мэрии в собственности — самый популярный московский сайт, через который граждане получают основные государственные услуги (50 миллионов ежемесячных визитов на конец 2024 года), в этот же котел добавили данные от оператора бесплатного Wi-Fi в метро и на улицах столицы. Причем в формате «кликстрима» (буквально «поток кликов») — то есть отчета обо всех действиях пользователя на сайтах. На основе всех этих источников получается социально-демографический портрет юзеров — пол, возраст, доход, семейное положение. Система также умеет находить связь между пользователями внутри группы — например, объединять вместе мужа, жену и детей.

С такой системой мониторинга сети мэрия выступает как локальный Google или Facebook, составляя профили жителей на основе их поведения в сети. «Самой опасной штукой на самом деле стали не камеры, а вот этот анализ сети», — уверен один из разработчиков московской системы «Умного города». Он вообще убежден, что такого объема данных, как у мэрии, «нет ни в одном городе мира». «А Китай?» — скептически спрашиваю. «То, что реализовано в Китае, знает только Китай. Все наши поездки туда заканчивались тем, что заводили косу за камень. Как оно реально устроено, вам могут рассказать, только если вы член компартии», — отвечает мой собеседник. Я все равно отношусь к его оценке с сомнением, но согласен, что Москва действительно близко подобралась к китайской модели. Тем более что столичные власти внимательно смотрели на опыт КНР: например, в 2019 году делегация московских чиновников посетила несколько китайских городов и изучила их системы обработки записей с уличных камер.

Собранную информацию о конкретном гражданине мэрия использует для двух целей. Первый — обезличенная аналитика, в которой государству интересно поведение индивида в числе ему подобных: например, где предпочитают проводить выходные жители определенного района. Второй — репрессии против конкретного гражданина. Данные не собраны в одном котле, но между массивами проведены шлюзы. Это позволяет сравнивать информацию и сводить ее в итоговую табличку, если есть такой запрос. А они бывают — например, приходят от силовиков и сотрудников администрации президента. «Упрощенно говоря, достаточно вбить фамилию — и система выплевывает Excel-файл со всем, что есть на гражданина», — рассказывает экс-чиновник мэрии.

Он, один из создателей этой системы, теперь живет не в России и клянет себя за то, что научил Собянина опираться на big data, дав столичным властям такой мощный инструмент контроля. «Изначально Собянин не понимал силу данных, но постепенно увидел, что они дают реальную картину происходящего. Например, ответственный за здравоохранение докладывает, что у нас все замечательно, очередей нет. А мы показываем — вытаскиваем всю правду наружу про очереди с опорой на информационные системы», — вспоминает он. С середины 2010-х «А что говорят данные?» стал одним из самых частых вопросов, который подчиненные слышали от «Начальника» на оперативных совещаниях.

«Это был айтишный максимализм» — так экс-чиновник описывает себя времен работы в мэрии. До прихода на госслужбу он занимался IT-бизнесом и тут получил почти неограниченное поле для экспериментов. Лазейки в законах позволяли брать любые данные, московский бюджет никак не ограничивал в средствах, контроль со стороны гражданского общества и СМИ почти отсутствовал. Работающие в столице независимые медиа в основном концентрировались на федеральной повестке, а большая часть локальных изданий прямо или косвенно контролировалась мэрией. Журналисты — и в том числе я — начали делать расследования о собянинском «Умном городе» лишь в конце 2010-х, когда с помощью системы распознавания лиц стали наказывать оппозиционеров. К этому времени все составляющие «цифрового ГУЛАГа» уже были спроектированы и работали.

Гражданское общество тоже пыталось бороться — насколько это возможно было в России к началу второго десятилетия правления Путина. Основания для легального сопротивления, казалось бы, присутствовали. Московские власти и сами не всегда уверены в легальности своих проектов. В середине 2019 года мэрия, уже вовсю внедряя систему распознавания лиц, решила выяснить, насколько она соответствует законам. И заключила контракт на подготовку юридической справки о том, как законодательство трактует согласие гражданина на использование его изображения при видеонаблюдении. Но когда в том же году представители оппозиции пытались запретить распознавание человека без его ведома, то проиграли во всех судебных инстанциях. Аргументы звучали парадоксально: система лишь сравнивает данные с камер с фотографией, а чтобы установить личность, нужны и другие параметры — например, рост и вес.

Для сравнения: в Лондоне к началу 2024 года власти трех районов запретили городской полиции использовать систему распознавания лиц на своих улицах. И это притом, что она работает не постоянно, как в Москве или Китае, а время от времени, когда по кварталам разъезжают полицейские фургоны с камерами на крышах. А на столбах силовики развешивают таблички с предупреждением: используется технология распознавания, ваши биометрические данные могут попасть в базу. О системе постоянно пишут медиа, вспоминая роман Оруэлла «1984», а общественная организация Big Brother Watch («Большой брат смотрит на тебя») собирает деньги на кампанию по запрету таких технологий в Британии.

«Цифровая революция — это, конечно, очень удобно. Но делать ее стоит только там, где общество может сделать выбор между удобством и свободой. В России запускать такое было нельзя, потому что это ведет к еще большему порабощению. В Москве власть в определенный момент потеряла страх», — философски размышляет один из создателей этой системы порабощения в разговоре со мной. Он не единственный из создателей московского «цифрового ГУЛАГа», кто теперь, после начала войны с Украиной, дистанцируется от российских властей. По крайней мере — на словах.

«Вопрос про приватность в целом бессмысленный. Смартфоны уже собирают о вас крайне большое число данных. И вопрос здесь только в том, у кого есть к ним доступ. И в целом я не понимаю, что опасного будет в том, если камеры в подъезде будут определять, нажал ли человек на кнопку лифта — это разве секретная информация, которая нарушает право на приватность? Мне кажется, нет», — рассуждал весной 2020 года один из создателей компании NtechLab Александр Кабаков[15]. NtechLab — разработчик одного из алгоритмов (FindFace), используемых мэрией для распознавания лиц, сам Кабаков в прошлом — околокремлевский пиарщик, а говорил он это в самый разгар коронавирусного карантина.

Спустя три года, давая комментарии международному агентству Reuters, он и его партнер Артем Кухаренко заявили, что якобы начали подумывать о выходе из проекта еще после отравления Навального в августе 2020 года, а после начала войны с Украиной ушли из своей компании[16]. «Стало ясно, что страна движется к катастрофе, хотя никто не мог себе представить, что Россия начнет войну», — сказал Кухаренко. Эти декларации, возможно, помогли создателям FindFace: спустя несколько месяцев ЕС наложил санкции только на компанию — разработчика алгоритма, но не на них самих.

Их следы исчезли из капитала кипрской материнской компании NtechLab спустя несколько месяцев после выхода материала Reuters, но трудно быть уверенным, что они больше не связаны с компанией: часть акций записана на анонимные офшорные структуры, и проверить их реальных владельцев без инсайдера невозможно. При этом алгоритм от NtechLab — пусть теперь официально он и связан с госкорпорацией «Ростех» — по-прежнему используется для поиска преступников и оппозиционеров на улицах Москвы. И, в соответствии с логикой русского киберпанка, доступ к возможностям этого и других алгоритмов имеют не только силовики и чиновники, но и журналисты, и преступники, и кто угодно.

Карантин в телефоне

Еще в первые годы цифровизации Москвы снегоуборочные машины и трактора оснастили спутниковыми навигаторами. Благодаря им Собянин и его подчиненные могли отслеживать работу техники в режиме онлайн. И вдруг система показала в одном из районов Москвы аномалию: техника вроде ездит, а количество жалоб на неубранный снег — растет. Два дня сотрудники департамента информационных технологий изучали записи с камер уличного видеонаблюдения и наконец увидели, в чем причина аномалии: в тот момент, когда, по данным спутника, должна проехать машина, проезжает дворник на велосипеде. Оказалось, что коммунальщики решили обмануть систему — вырвали датчики из уборочной техники, поставили их на велосипеды и даже рассчитали нужную скорость, чтобы все выглядело достоверно. Снегоуборочные машины в это время простаивали, водители отдыхали и зарабатывали на продаже топлива налево.

В другом случае созданная мэрией информационная система сбоила не из-за обмана, а из-за кривых рук. В апреле 2020 года, в самый разгар пандемии, заболевшие коронавирусом москвичи должны были устанавливать на смартфоне приложение «Социальный мониторинг». Разработчик — один из подрядчиков мэрии, задача — контролировать соблюдение карантина и штрафовать за его нарушение. Контроль велся двумя способами: приложение определяло местоположение человека и периодически просило его сделать селфи. Тут же пошел вал штрафов за несоблюдение режима самоизоляции: к середине июня мэрия на основе данных «Социального мониторинга» выписала их около 50 тысячам человек — каждому десятому пользователю приложения. В денежном выражении это составляло почти полмиллиарда рублей (около 7 миллионов долларов)[17].

Но оштрафованные москвичи рассказывали, что дисциплинированно сидели дома во время болезни, а вот приложение работало ужасно — по несколько дней не могло завершить регистрацию, ошибалось в геопозиции пользователя и зависало. Его явно делали в спешке и должным образом не протестировали. «После первого запуска программа немного поработала, потом зависла. При попытке переустановить — "невозможно войти в приложение, попробуйте позже"», — рассказывал в конце апреля житель столицы. Между тем отсутствие данных от «Социального мониторинга» (селфи и геопозиция больного) трактовалось чиновниками как нарушение. К концу мая 2020 года в московские суды начали массово, по нескольку сотен в день, поступать иски о незаконно начисленном штрафе за несоблюдение карантина, к середине лета их накопилось почти 40 тысяч[18]. Кому-то в конце концов даже удалось отменить наказание через суд, часть штрафов отозвала сама мэрия.

«Все данные "Социального мониторинга" будут уничтожены. Их использование возможно только в чрезвычайных ситуациях. В нормальной жизни это может расцениваться и, по сути, является нарушением прав граждан», — заявлял Сергей Собянин в июне 2020 года. Тогда же он обещал уничтожить и информацию о цифровых пропусках — еще одной системе времен коронавирусного карантина. Их ввели в начале апреля 2020 года, чтобы москвичи могли передвигаться по городу. Оформлять такое удостоверение нужно было через сайт мэрии, указав солидное количество персональных данных, помимо стандартных имени и фамилии: телефон, e-mail, номер машины или номер проездного на общественный транспорт, маршрут поездки (откуда и куда) и даже ее цель. «Ходить пешком пока можно без пропусков», — великодушно разрешил Собянин в своем блоге.

Цифровые пропуска во время карантина использовались, например, в Китае (через QR-код подгружалась информация от сотового оператора) или во Франции (добровольное заполнение электронной декларации), а уже спустя год QR-код стал повсеместным способом подтверждения вакцинации.

Но в России эксперты сразу стали предупреждать, что данные столичных цифровых пропусков могут оказаться на рынке, как когда-то информация обо всех доходах москвичей, их адресах или имуществе. «Персональные данные утекут — к гадалке ходить не надо, потому что система делается в спешке», — говорил, например, журналистам глава «Общества защиты интернета» Михаил Климарев[19].

Так и вышло: к началу 2021 года база пропусков уже появилась в агрегаторах с персональными данными, а журналисты использовали ее в расследованиях. Так, из нее следовало, что жена начальника столичной Росгвардии во время карантина ездила за продуктами из своего дома в элитном коттеджном поселке под Москвой. Такое жилье стоило два миллиона долларов, но репортеры The Insider не нашли ни у нее, ни у ее мужа подходящих по размеру источников дохода — кроме коррупционных[20]. В момент публикации подчиненные начальника Росгвардии разгоняли в Москве митинги в поддержку Навального, а коллеги из полиции — наказывали протестующих с помощью системы распознавания лиц.

Это не единственный случай, когда собранные мэрией данные оказались в агрегаторах утечек. Например, в декабре 2022 года украинские хакеры выложили в публичный доступ базу «Московской электронной школы» — портала, на котором родители могут следить за успеваемостью учеников, отслеживать посещаемость, смотреть, что их дети ели на обед. Я нашел в базе себя и свою дочь, информацию о детях своих друзей и публичных персон вроде главы Сбербанка Германа Грефа. Спустя год на рынке появилась база тех, кто получал в Москве государственные медицинские услуги — с актуальными телефонами, электронной почтой и адресами.

Данные из системы распознавания лиц тоже быстро стали доступны на рынке пробива: мэрия еще только тестировала новинку (конец 2019 года), а полицейские уже приторговывали возможностью проверить по ней любого человека. Отдав пробивщику фотографию искомого человека и 10 тысяч рублей (около 160 долларов), можно было получить PDF-файл со снимками и адресами камер, где был замечен объект. По состоянию на осень 2024 года услуга подорожала до 40 тысяч (400 долларов), но по-прежнему доступна, заверил меня пробивщик с ником «Департамент пробива». «Глубина [информации] — месяц», — деловито добавил он. При таком масштабе утечек можно ждать, что на нелегальном рынке появятся данные и из последней громкой инновации мэрии — приложения для мигрантов, аналогичного «Социальному мониторингу». Оно появилось на волне антимигрантской риторики со стороны властей, с осени 2025 года его должны ставить на телефон все, кто приехал из стран бывшего СССР на заработки. Приложение будет постоянно сообщать полиции реальное местоположение человека, и если вдруг сигнал пропадет на срок более трех дней, то мигранта начнут искать[21].

Когда в октябре 2021 года я заметил за собой организованную слежку, то я уже знал о глубоких возможностях московского «Умного города». Это только усилило мой страх: если силовики, и так имея доступ к информации о моих перемещениях и реальном месте жительства, приставляют ко мне целую бригаду топтунов, значит, происходит что-то серьезное. Уже впоследствии я прочитал, что оперативники из наружки считают камеры и геоданные сотовых телефонов лишь вспомогательными инструментами[22]. А тогда я просто сильно испугался, тем более что незадолго до этого через одного бывшего коллегу мне пришло то ли предупреждение, то ли угроза из ФСБ: мол, если я не прекращу свое расследование про бизнес чекистов, то мне будут шить «госизмену». К тому же как раз в начале октября российские власти назвали меня «иностранным агентом» — тогда, до войны с Украиной, этот дискриминирующий ярлык присваивали в основном оппозиционным журналистам, и с ним в мою жизнь пришло множество неприятных ограничений вроде обязанности ставить во всех постах в соцсетях уродливый дисклеймер.

Уже впоследствии, сопоставляя факты, я пришел к гипотезе, что поводом для слежки могло стать совместное расследование с моими британскими коллегами из Би-би-си. Мы изучали, как живут российские хакеры из группировки Evil Corp — на Западе они считались одними из самых опасных мировых киберпреступников. Работая над материалом, я еще не знал, что у Evil Corp есть государственная «крыша» в лице ФСБ, которая охраняет своих подопечных, например фабрикуя против их противников уголовные дела за госизмену. Например, за месяц до того, как я заметил за собой «хвост», в Москве арестовали киберпредпринимателя Илью Сачкова, одна из возможных причин его преследования — то, что он публично, в присутствии премьера России Михаила Мишустина, потребовал наказать хакеров из Evil Corp[23].

Возможно, в отношении меня готовилось что-то похожее, тем более что Сачков тоже замечал за собой слежку. Когда 29 октября 2021 года я по московским пробкам ехал в аэропорт, чтобы спешно покинуть Россию, и я, и мое начальство в Би-би-си опасались, что меня задержат при попытке вылета. Но в итоге никаких вопросов ко мне не возникло — то ли окончательного решения по мне еще не было, то ли запугивание и выдавливание из страны и было целью всей этой операции.

Глава 5.
Аватары спецслужб

На юго-западе Москвы, на Раменском бульваре, среди массивных спальных домов стоит пятиэтажное офисное здание, больше напоминающее средневековый форт. Неподалеку на том же проспекте есть и полноценная крепость — массивный комплекс зданий академии ФСБ. Форт и крепость связаны не только географически, но и символически: первый — это офис компании «Цитадель», главного поставщика оборудования для прослушки и слежки за гражданами. Над крыльцом здания даже висит герб по мотивам эмблемы ФСБ — щит с силуэтом башни внутри.

22 июля 2023 года через это крыльцо в офис зашел руководитель и глава «Цитадели» Антон Черепенников — 40-летний мужчина с аккуратно стриженной бородкой и плотно сбитой фигурой спортсмена-борца. Ближе к ночи он позвонил в московскую медицинскую компанию и заказал довольно специфичную услугу — сеанс ксенонотерапии. Во время этой процедуры пациент дышит смесью кислорода и ксенона — инертного газа, используемого для наркоза. Смесь вызывает ощущения эйфории и расслабления: эффект сродни легким наркотикам, но при этом сама процедура вполне легальна.

В пустой офис к Черепенникову приехал врач с баллоном и трубками для ингаляции. За главой «Цитадели», помимо медика, наблюдал и телохранитель. Однако, когда Черепенников начал задыхаться, никто из них не смог ему помочь. Не помогла и скорая помощь — бизнесмен умер от остановки сердца[1]. С учетом специфики деятельности «Цитадели» — поставки прослушивающего оборудования для ФСБ — тут же появились конспирологические теории, что Черепенникова могли убить: например, на это намекал британский таблоид Daily Mirror[2].

Скорее всего, всесильные чекисты тут были ни при чем: Черепенников — не единственная жертва ксенонотерапии среди российских «випов». В начале 2020-х эта процедура стала настолько популярной в столичной светской тусовке, что о ней даже написал журнал Tatler[3]. «Тело постепенно накрывает большой теплой волной, по нему начинают бегать приятные мурашки, а плохие мысли улетучиваются. Кто-то погружается в дрему, у кого-то, наоборот, резко проясняется разум и приходят озарения. Неудивительно, что среди адептов ксенонотерапии лидируют "форбсы" [миллиардеры из списка Forbes] и топ-менеджеры корпораций», — сообщало издание в 2021 году. Процедура была одновременно легальной и опасной — например, смертельный исход возможен из-за ошибки в дозировке. В списке жертв — замгендиректора оборонного холдинга «Высокоточные комплексы» (лето 2022 года), сын столичного девелопера (начало 2023 года) и Антон Черепенников[4].

Смерть руководителя и владельца «Цитадели» не повлияла на работу компании: она продолжает поставлять чекистам системы прослушки и слежки. По сути, Черепенников всегда был просто «аватаром» других людей — близкого к Кремлю миллиардера Алишера Усманова и, возможно, первого замдиректора ФСБ Сергея Королева.

Коллега с Лубянки

— Алло, Петя, там прервалось чего-то. Не надо никому звонить и орать матом. Ты просто сократи с ними контакты.

— Ну, понятно.

— У них задача сейчас какая? Спровоцировать тебя на какую-нибудь хуйню, чтобы ты на них наехал и так далее. Ну, можно на них забить хуй, да и все.

— Понятно.

Это отрывок из прослушки телефонных разговоров из далекого 2009 года. «Петя» — предприниматель Петр Офицеров, владелец компании по торговле лесом из Кировской области. Его собеседник — молодой политик Алексей Навальный, которого либеральный губернатор Кировской области Никита Белых пригласил поработать своим советником. В этой должности Навальный тогда разбирался с неэффективной работой государственного предприятия «Кировлес», а Офицеров как раз продавал лес, заготовленный этой госкомпанией.

В 2011 году Навальный стал фигурантом уголовного дела о хищении госимущества, в итоге он и Офицеров получили условные сроки. Дело сразу выглядело политическим, что спустя три года признал Европейский суд по правам человека, удивившись, что российские судьи увидели в обычной предпринимательской деятельности признаки хищения. Это самое хищение, по мнению обвинения, подтверждалось в том числе и телефонными разговорами между Навальным и Офицеровым. Записи публично включили на суде в Кирове в мае 2013 года, подставив микрофон к обычным настольным колонкам. «Ну че, сейчас мы там втроем, я, Белых, [неразборчиво] ебали, блин, этих чуваков. Там, конечно, Арзамасцев сопротивлялся: они притащили эту пизду из "Кирвлеса", Ларису Геннадьевну, и этого аудитора паршивого, тупорылую бабу, блин», — звучал из колонок голос Навального, грубо матерившего местных чиновников[5]. В тот же день записи появились в анонимном аккаунте на YouTube — судя по качеству, там звучали исходные файлы прослушки, а значит, к публикации были причастны сами силовики.

Сотрудники ФСБ получили доступ к телефону Навального с помощью «системы технических средств для обеспечения функций оперативно-разыскных мероприятий» (сокращенно — СОРМ). В переводе с бюрократического это означает оборудование, которое устанавливалось на сетях городской телефонной связи, а потом — сотовых компаний и интернет-провайдеров. Силовики начали внедрять СОРМ еще во времена Бориса Ельцина, а при Путине попытались охватить ими все современные средства связи.

Прослушка, конечно, не была новейшим изобретением. В советское время в КГБ существовал специальный отдел под номером 12: в его ведении находились пункты прослушивания в Москве[6]. Они работали при автоматических телефонных станциях и представляли собой комнаты с записывающим оборудованием. Писалось все на магнитофонные ленты, тут же сидели «контролеры» — как правило, женщины в звании прапорщика или младшего лейтенанта. При необходимости они должны были слушать определенные разговоры и тут же их стенографировать. Советские чекисты завидовали своим коллегам из ГДР: там существовала централизованная система, позволявшая проконтролировать любой телефонный разговор в стране.

СОРМ как централизованную систему прослушки телефонных разговоров начали разрабатывать еще в КГБ, а закончили — в ФСБ в середине 1990-х. Чекистам больше не нужно держать десятки контролеров на автоматических телефонных станциях. Там установили оборудование по перехвату разговоров, на профессиональном жаргоне связистов — blackbox (от английского «черный ящик»): операторы связи не знают, что внутри, монтажом и обслуживанием занимаются сторонние компании. Через коробки сигнал идет в пульты управления СОРМом в ФСБ. Таким образом, операторы связи не знают, какие номера в настоящее время находятся под оперативным контролем. Формально чекисты должны получать на прослушку ордер в суде, но доступ к пульту есть только у них. Так что проверить, когда сотрудники ФСБ пошли в суд — и пошли ли вообще, — некому. Прослушка ограничена только мощностью оборудования — не более определенного количества поставленных на контроль номеров[7].

В конце 1990-х главная спецслужба страны решила поставить на прослушку и интернет, аудитория которого тогда начала стремительно расти. Внедрение обновленной системы (СОРМ-2) началось, когда Владимир Путин возглавил ФСБ, а закончилось, когда он уже стал президентом России. Информация с «черных ящиков» у интернет-провайдеров также пошла на пульты ФСБ, но первоначально — в виде примитивных файлов с адресами сайтов, посещенных пользователем. Впрочем, даже и в таком формате система не функционировала полноценно: до 2007 года была «довольно редким явлением» и медленно внедрялась даже у государственного интернет-оператора[8].

Философия тотального контроля, заложенная в СОРМ, — плоть от плоти советского КГБ с его желанием пресекать любую крамолу в самом начале. Но запускали СОРМ уже не в капиталистические времена, и к идеологической составляющей добавилась и финансовая. Крупнейшими производителями оборудования СОРМ стали предприятия, дружественные ФСБ. Ведь ставить и обслуживать «черные ящики» операторы связи должны за свой счет, но с привлечением определенных подрядчиков, у которых есть лицензия от спецслужбы. Как это происходило на практике в начале 2010-х, мне рассказывал бывший главный инженер одной региональной интернет-компании.

«Сначала ты должен сделать проект. Конечно, ты можешь сам попробовать его подготовить, мы даже пытались пойти по этому пути. Но ты в жизни не согласуешь этот проект в ФСБ, потому что в нем постоянно будут ошибки. Ты связываешься со своим куратором ФСБ — а у всех операторов связи есть свой куратор, — и он говорит, к какой компании обратиться за проектом. Ты или свой им приносишь, или им заказываешь — неважно, в итоге этот проект принимают», — объяснял он. Еще на стадии проектирования мой собеседник с коллегами мониторили рынок оборудования СОРМ, пытаясь разобраться, какое лучше. В какой-то момент они обратились с этим вопросом к проектировщику, а тот посоветовал спросить куратора. «У нас это был подполковник или полковник, уже не помню. Я ему звоню: "Что вы нам посоветуете, товарищ?"». Чекист охотно назвал нужного поставщика — "Норси-Транс"».

Эта компания — показательный пример. Установку систем слежки ФСБ доверяет в буквальном смысле своим: с момента основания в середине 1990-х фирмой управляют ветераны КГБ. Изначально «Норси-Транс» занималась продажей нефтепродуктов с государственного нефтеперерабатывающего завода в Нижегородской области, имела сеть заправок в ряде регионов и была связана с Калининградской портовой нефтебазой. Вот как ее совладелец, сам бывший офицер КГБ, описывал в мемуарах приход в компанию еще одного выходца из госбезопасности в начале нулевых: «Директором [филиала] назначен коллега с Лубянки»[9].

Тогда же, не позднее середины 2000-х, «Норси-Транс» начинает поставлять комплексы СОРМ. «Изначальный капитал [мы заработали] на производстве и поставках нефтепродуктов. Появились какие-то деньги, и мы искали, куда их вложить. А эта область [оборудования СОРМ] была мне знакома, потому что я полжизни прослужил в Комитете госбезопасности», — глядя в стол и явно чувствуя себя неуютно, говорил в 2018 году в эфире кабельного канала о бизнесе бессменный глава «Норси-Транса» Сергей Овчинников[10]. Без хороших связей с бывшими коллегами построить такой специфический бизнес сложно[11]. «Оборудование, которое нам ставил подрядчик, никаких вопросов у сотрудников ФСБ не вызвало, мы согласовывали с ними заранее, что покупать», — признавалась, например, директор телеком-оператор из Курской области в 2024 году[12].

У «Норси-Транс» не было проблем с поддержкой от «конторы»: за пять лет, с 2003 по 2008 год, выручка компании выросла с 85 до 300 миллионов рублей (с 3 до 10 миллионов долларов). Спустя десять лет эта цифра стала выше в десять раз — прежде всего благодаря тому, что главная спецслужба страны продавила необходимость внедрения очередной версии СОРМ, самой масштабной и в финансовом, и в техническом смысле.

Дочь подполковника

13 мая 2016 года депутат от провластной «Единой России» Ирина Яровая строгим и монотонным голосом бывшего прокурора представляла пакет репрессивных законов, названных впоследствии ее именем. Выступая с трибуны Госдумы в черном пиджаке, эффектно дополненным жемчужными бусами, Яровая позиционировала пакет как «антитеррористический». В нем действительно содержались новые статьи Уголовного кодекса с пугающим словом «терроризм», но за этим фасадом скрывалось главное: «пакет Яровой» стал ключевым элементом третьего поколения СОРМ. С его помощью ФСБ собиралась заставить связистов записывать телефонные разговоры и трафик всех россиян, а потом еще и хранить весь этот гигантский массив данных в течение полугода.

Скрыть реальных авторов закона не удалось: газета «Ведомости» довольно быстро выяснила, что его нормы писали в близком к чекистам Совете безопасности РФ[13]. К тому же это не единственный пример, когда через Ирину Яровую Кремль и спецслужбы вносили в Госдуму резонансные законопроекты: например, она же выступала «хедлайнером» закона об иноагентах в 2012 году — репрессивной нормы, позволившей признавать «иностранными агентами» сначала неугодные НКО, а потом и политиков, журналистов, писателей и музыкантов[14]. В прошлом депутат Камчатского парламента от либеральной партии «Яблоко», Яровая только на первый взгляд казалась кем-то чужим для силовиков: сама она начинала карьеру следователем в прокуратуре, ее отец закончил службу в угрозыске Петропавловска-Камчатского в звании подполковника, а ее брат стал чекистом и — явно не без помощи влиятельной сестры — в 2021 году получил должность замначальника УФСБ по Орловской области.

Представленный Яровой в Госдуме в 2016 году закон вешал на операторов связи многомиллиардные траты. «Авторы должны были знать, что создание подобной системы тотальной слежки за населением стоит порядка полутора триллиона рублей [около 20 миллиардов долларов], то есть это превышает заработки всех сотовых операторов, всех этих компаний, причем годовые заработки, в несколько раз. Вы понимаете, что вот такими законами вы просто уничтожаете бизнес?» — риторически спрашивал единственный оппозиционный депутат Госдумы Дмитрий Гудков. «В России никто никогда не будет так нарушать права человека, в России ценят и уважают права человека, в том числе дорожат и интересами любого законного бизнеса», — уходила от ответа Яровая[15].

Оценка потенциальных расходов, приведенная Гудковым во время перепалки с Яровой, еще была умеренной. Рабочая группа при правительстве РФ накануне заседания парламента представила свои подсчеты — более пяти триллионов рублей (около 65 миллиардов долларов, или треть федерального бюджета страны в 2016 году)[16]. Эту оценку в теории можно заподозрить в предвзятости, ведь в рабочую группу входили сами операторы связи и интернет-провайдеры. Но весной 2017 года, уже после подписания закона Путиным, ФСБ официально заявила свои, не менее впечатляющие расчеты: три триллиона рублей. Эти колоссальные цифры в два-три раза превышали совокупный доход всех компаний отрасли.

Основные деньги предстояло потратить не столько на закупку оборудования СОРМ, сколько на кратное увеличение мощностей по хранению данных. В этих условиях операторы развернули лоббистскую и публичную работу по торпедированию «закона Яровой», пытаясь, во-первых, максимально отсрочить его вступление в силу, а во-вторых, сократить перечень информации, обязательной к хранению. Первоочередным и очевидным решением выглядело исключение самого тяжелого контента — видео (60% всего трафика в те годы). Гражданские чиновники поддерживали отрасль, но их аппаратных возможностей противостоять требованиям чекистов хватило только на компромиссный вариант: закон стал обязательным к исполнению с 2018 года, полгода нужно хранить только телефонные разговоры и сообщения в мессенджерах, самый тяжелый интернет-трафик — лишь месяц. Итоговые суммы не выглядели такими страшными, как первоначальные прогнозы: по несколько десятков миллиардов рублей на каждого крупного мобильного оператора.

Тем не менее для средних или уж тем более небольших интернет-провайдеров расходы на оборудование СОРМ оказались огромным ударом[17]. «Сумма, которую нам озвучивают за реализацию "закона Яровой", очень велика, она практически равна годовому обороту одной из наших компаний», — жаловалась, например, в 2024 году руководитель регионального оператора «Курсктелеком». Операторы искали хитрые способы, как избежать лишних трат. Например, заключали с ФСБ договор о взаимодействии, но в реальности никакого оборудования не ставили. Их штрафовали, но платить штрафы оказывалось выгоднее, чем выполнять требования чекистов. «К сожалению, на сегодняшний день темпы реализации "закона Яровой" остаются крайне низкими», — констатировал представитель ФСБ в конце 2023 года. Связисты, мол, «используют различные методы ухода от ответственности», «отказываются от действующих лицензий с получением новых», «меняют юрлица»[18]. Чтобы приструнить бизнес, с 2024 года начали действовать повышенные штрафы, привязанные к тому, сколько компания зарабатывает.

Пока операторы связи добивались у чиновников уступок или просто по-хитрому убегали от исполнения «закона Яровой», на рынок СОРМ на запах больших денег пришел новый могущественный игрок со связями в ФСБ.

Куча информационного мусора

Осенью 2015 года — за полгода до внесения в Госдуму «закона Яровой» — владелец киберспортивного клуба и сам профессиональный киберспортсмен Антон Черепенников зарегистрировал в Москве компанию «Цитадель». Она начала агрессивно скупать производителей СОРМ: к концу 2018 года, когда операторы приступили к исполнению нового закона, «Цитадель» занимала, по разным оценкам, от 60 до 80% рынка. Остальные заказы приходились на «Норси-Транс» во главе с ветераном КГБ Овчинниковым, но и к нему Черепенников приходил с предложением продать бизнес (получил отказ)[19].

«Мы, конечно, выделялись на фоне конкурентов рынка СОРМ — тогда это были преимущественно выходцы из НИИ или спецслужб», — вспоминал сам Черепенников о временах поглощения конкурентов.

Чекист в отставке Овчинников чурался публичности и в одном из немногих публичных интервью смотрел в стол. Черепенников позировал журналу Tatler в своем офисе на фоне нарисованной на стене клавиатуры. Увлекшись в юности стрелялками Quake и Counter Strike, он в начале 2010-х стал заниматься киберспортом как бизнесом. На этой почве он познакомился с миллиардером Алишером Усмановым — богатейшим человеком в России в 2012 году, владельцем одного из крупнейших мировых производителей железорудной продукции, двух популярных российских соцсетей, почтового сервиса Mail.Ru и сотового оператора «Мегафон». В 2015 году Усманов публично дал Черепенникову на развитие киберспортивного бизнеса 100 миллионов долларов. Но на этом их деловое сотрудничество не закончилось.

«До знакомства [с Усмановым] я уже занимался СОРМ, правда, у меня была только одна компания, да и то лишь ее часть. Наверное, без знакомства я бы докупил остальную часть, может, что-то еще, но масштабы были бы в 10 раз меньше», — признавался потом Черепенников. Юридически структуры миллиардера сначала не имели отношения к «Цитадели», но именно Усманов дал денег Черепенникову на покупку крупного производителя оборудования для слежки в 2017 году[20], и именно Усманов официально приобрел все IT-активы Черепенникова в 2020-м (правда, через год продал обратно). Эксперты и игроки рынка считали бывшего киберспортсмена «аватаром» или «зиц-председателем» Усманова в бизнесе по поставкам систем прослушки и слежки[21]. Но в такой крупной индустрии, напрямую зависимой от благосклонности ФСБ, не может не быть людей, связанных со спецслужбой.

Параллельно со всеми поглощениями, в середине 2017 года, у Черепенникова в «Цитадели» появился новый партнер по имени Валерий Битаев — седой мужчина с черными усами, участник гражданской войны в Анголе в составе советского контингента (СССР и страны соцлагеря поддерживали прокоммунистические вооруженные отряды, им противостояли антимарксистские группы, финансировавшиеся ЮАР). Внешне многое связывает Битаева с Усмановым — тот даже официально работал в структурах олигарха, — так что ветерана ангольской войны легко можно было принять за еще одного номинала, действующего в «Цитадели» в пользу теневого владельца холдинга. Но в 2023 году издание «Важные истории» со ссылкой на свои источники сообщило, что на самом деле Битаев представлял интересы первого заместителя ФСБ Сергея Королева[22].

Невысокий и неприметный Королев начинал в петербургском управлении ФСБ и сделал карьеру благодаря громким антикоррупционным и политическим делам. Например, он курировал уголовное преследование губернатора Кировской области Никиты Белых — того самого либерала, позвавшего в свою команду Алексея Навального, а потом задержанного при получении взятки (сам Белых говорил, что деньги предназначались на социальные нужды в неформальный городской фонд). Поначалу я скептически отнесся к материалу «Важных историй» про Королева, но потом вспомнил про одно свое расследование 2019 года. Тогда я обнаружил, что молодой сын Сергея Королева —

недавний выпускник технического университета имени Баумана Борис Королев — запустил IT-стартап по поиску уязвимостей в системах киберзащиты компаний. В капитал проекта буквально сразу же вошла «Цитадель».

В холдинге тогда говорили, что Антон Черепенников как бывший студент Бауманки просто следит за перспективными проектами выходцев из своей альма-матер, так стартап Королева-младшего и попал в поле его зрения. Чтобы получить комментарий самого перспективного стартапера, я залез в базы данных, нашел там адрес Королева-младшего и написал ему письмо. Жил он в элитном жилом комплексе в центре Москвы. Почтовых ящиков в доме не оказалось, и пришлось передавать письмо через охранника. Тот продемонстрировал неплохое знание жильцов и сообщил, что Королева нет дома.

— А он бывает здесь? — спросил я.

— Бывает, — последовал ответ.

— А старший или младший?

— Вы много вопросов задаете.

На момент публикации моего материала эта квартира в 200 квадратных метров стоила около 100 миллионов рублей (полтора миллиона долларов)[23]. При этом ни у кого из семьи Королевых — ни у кадрового офицера ФСБ Сергея, ни у студента Бориса — не было легальных источников дохода, которые позволяли бы приобрести такое жилье. Зато — если верить источникам «Важных историй» — у них был «кошелек» в лице ветерана ангольской войны Валерия

Битаева с его разномастными бизнес-активами. А Битаев взамен всегда мог приехать на Лубянку и решить деловые вопросы по той же «Цитадели». Его шикарный «майбах» с блатными номерами даже несколько раз фотографировали на парковке недалеко от штаб-квартиры ФСБ (специальные сервисы агрегируют такие снимки из соцсетей).

В «Цитадели» хватало и других выходцев из главной спецслужбы страны, способных в любой момент позвонить своим бывшим сослуживцам. На работу в холдинг, например, устроились экс-начальник центра специальной техники ФСБ генерал Сергей Ефремов и бывший руководитель управления информационной безопасности ФСБ, тоже генерал Борис Мирошников[24]. Ефремов как минимум с начала 2000-х курировал в спецслужбе вопросы внедрения СОРМ[25], а подразделение Мирошникова использовало системы слежки в своей оперативной работе. Уже в должности вице-президента «Цитадели» Мирошников позволял себе философские размышления:

«Мне представляется, что основной цивилизационный конфликт сегодня состоит в противоречии между Временем и Информацией. Человек-то за последние два тысячелетия не изменился. И Время тоже не изменилось: те же 24 часа в сутках, те же 365 дней в году. А что с Информацией? Человек бездумно производит так называемый контент в огромном количестве, измеряемом петабайтами. Процесс идет постоянно. Пока мы с вами разговариваем, объем информации на планете вырос еще на огромную величину. А как обработать этот растущий океан информации, а на самом деле эту огромную кучу информационного мусора? Надо ли вообще его обрабатывать? Что же с этим делать?»[26]

«Закон Яровой» дал ответ на эти вопросы: обрабатывать надо, а чтобы обработать — записать и сохранить. «Цитадель» же оказалась отличной синекурой для отставных генералов ФСБ. Вот показатели чистой прибыли холдинга: 2017 год — 185 миллионов рублей, 2018-й — 2,5 миллиарда, 2020-й — 9,2 миллиарда. В 2023 году, когда Антон Черепенников умер после неудачной процедуры ксенонотерапии, «Цитадель» получила рекордную прибыль в 13 миллиардов (130 миллионов долларов).

Кому досталась мажоритарная доля Черепенников, проверить невозможно. В начале 2023 года холдинг вместе с «Норси-Трансом» попал под санкции США. По российским законам, после этого компания вправе не раскрывать своих владельцев. Но из публичных сообщений следует, что контроль над активами Черепенникова отошел его экс-партнерам[27]. Если это правда, то у сына первого замдиректора ФСБ Сергея Королева теперь есть официальная доля в крупнейшем производителе СОРМ в стране. Кроме того, он еще и работает в головном холдинге, куда входит «Цитадель», — и на нерядовой должности: по данным на конец 2024 года, он занимал там пост замдиректора по информационной безопасности.

Черный ящик

Если попасть в коридор в спецчасти здания Мосгорсуда, там регулярно можно обнаружить очередь. Стоят в ней оперативники с папочками в руках — ждут, пока их позовет в свой кабинет судья. Доступ в спецчасть закрыт для простых смертных: тут хранятся дела, содержащие в себе государственную тайну, — например, об измене родине. И здесь же судьи выдают санкции на оперативно-разыскные мероприятия, в том числе — с применением спецтехники:

по закону информация о таких мероприятиях тоже считается государственной тайной. Открывается металлическая дверь — и очередной опер ныряет за санкцией. 99,99% из них выходят с положительным решением.

С 2016 по 2024 год российские суды санкционировали прослушку по телефону и чтение электронной переписки почти семь миллионов раз. В среднем каждый год выносится по 800–850 тысяч таких решений[28]. Это не равно количеству граждан по ряду юридических причин: например, срок действия разрешения ограничен полугодом, и каждый раз при необходимости его нужно продлевать. Но если для простоты сравнить эти цифры с населением страны, то речь идет может идти почти о 5% жителей России.

Однако СОРМ — это «черный ящик» в буквальном смысле, и судебная статистика отражает лишь ту часть содержимого, которую силовики посчитали нужным показать. Сотрудники ФСБ через пульты управления СОРМ имеют круглосуточный доступ к переписке и разговорам кого угодно, и на практике проверить, стали ли они вас слушать или читать до разрешения суда или после, невозможно. Операторы связи не контролируют, кто из их клиентов вдруг заинтересовал чекистов. В этих условиях получение судебной санкции превратилось в абсолютно формальную процедуру.

Так, в 2023 году силовики более полумиллиона раз обратились в суд, чтобы им официально разрешили прослушку и чтение электронных сообщений гражданина в рамках оперативно-разыскных мероприятий. И лишь в 272 случаях — это число настолько показательное, что я даже не хочу его округлять, — спецслужбы получили отказ.

0,00005%, или пять десятитысячных процента. «Я думаю, что отказали по формальным причинам, из-за ошибок в оформлении», — предполагает адвокат Евгений Смирнов. Его специализация — самые тяжелые дела о госизмене, и он часто бывает в спецчасти, чтобы знакомиться с их материалами. «Я наблюдал там за операми, приходившими за санкциями. Меня самого на входе в спецчасть часто принимали за их коллегу. Постановление они готовили сами, оставалось заполнить несколько граф — фамилия гражданина, фамилия судьи», — вспоминает юрист. В теории судьи должны запрашивать дополнительные материалы в поддержку ходатайств и разбираться, можно ли давать добро на лишение гражданина его конституционных прав, но в реальности этого никто не делает. В том же Мосгорсуде опера проводят у судьи пять, максимум пятнадцать минут — и санкция получена. «Все подписывается без проблем, мотивированные отказы суды не выносят точно», — вспоминал в разговоре со мной бывший офицер одного из региональных управлений ФСБ, неоднократно получавший санкции на прослушку граждан.

Все эти разрешения защищены гостайной. Таким образом, реальная возможность узнать, что твой телефон слушали, а переписку — читали, появляется в тот момент, когда возбуждается уголовное дело и данные ОРМ рассекречиваются (и то — не все, а только фрагменты, нужные силовикам). Однако даже такие, секретные судебные санкции — еще более формальные, чем кажутся.

На практике силовики могут согласовывать негласный контроль задним числом. «Это постоянная практика. Сами опера рассказывают, что они сначала слушают, а потом уже заморачиваются с бюрократией и идут в суд. Например, если уже есть перспектива уголовного дела», — говорит Евгений Смирнов. Такой подход силовики используют с начала внедрения СОРМ: так, 18 июля 2003 года один из судов Петербурга санкционировал прослушку гражданина в период с 11 апреля по 11 октября того же года[29]. Вольное обращение оперативников с судебными разрешениями вылезает наружу уже при рассмотрении уголовного дела. Например, санкция, представленная следствием на процессе против Навального по делу «Кировлеса», истекла в январе 2010 года. При этом в материалах дела был и разговор политика с предпринимателем Петром Офицеровым от февраля того же года — настолько важный для властей, что его даже перепечатала правительственная «Российская газета», чтобы убедить читателей в нечистоплотности политика[30]. Оспорить использование этих стенограмм адвокаты Навального не смогли.

В уголовных делах иногда всплывают такие состряпанные на коленке или даже сфальсифицированные разрешения. Например, в начале 2010-х в Геленджике под репрессии попали местные активисты, боровшиеся против незаконной застройки. Их арестовали по обвинению в мошенничестве, и уже на следствии выяснилось, что ФСБ слушала их разговоры. После процедуры рассекречивания прокурор запросил у чекистов оригинал санкции, но в присланных копиях не было ни имени судьи, ни подписи суда — только печать управления ФСБ[31]. Неукоснительно соблюдается процедура разве что в отношении контроля за иностранными посольствами в Москве: каждые полгода Мосгорсуд санкционирует их прослушку одним секретным решением — притом что мало кто удивился бы, если бы в этом случае контрразведчики обходились без судебных санкций.

В качестве обоснования чекисты могут написать что угодно. В 2016 году ФСБ получила разрешение сочинского суда на контроль за разговорами и перепиской главреда издания «БлогСочи». В санкции честно указывалось, что слежка установлена по политическим причинам: журналист-де «неоднократно принимал участие в протестных акциях», в преддверии международных мероприятий в Сочи «активизирует размещение на своем оппозиционном интернет-ресурсе тенденциозной информации», а эта информация направлена на «негативное восприятие общественностью внутриполитической ситуации в государстве»[32]. Постановление, как и в других случаях, стало публичным только после рассекречивания в рамках уголовного дела. Если оперативное дело заведено в отношении неопределенного круга лиц, то в санкцию на прослушку, по словам экс-сотрудника одного из региональных управлений ФСБ, можно «запихать кого угодно».

Подобные истории с середины 2000-х скрупулезно собирал петербургский журналист Роман Захаров. Он пожаловался в суд на своих мобильных операторов: мол, установленное у них оборудование СОРМ дает возможность чекистам свободно слушать звонки — в нарушение конституционного права на тайну переписки и разговоров. Проиграв в районном суде, Захаров пошел в вышестоящие инстанции, расширяя иск за счет реальных случаев несанкционированной слежки. В конце концов он вместе с группой юристов и общественных организаций обратился в Европейский суд по правам человека. В иске рассказывалось и про доступ чекистов к переписке и разговорам любого человека через пульт управления СОРМ, и про случаи согласования слежки задним числом. В 2015 году ЕСПЧ постановил:

существующая в России система технической слежки не защищает граждан от произвола силовиков и нарушает право на неприкосновенность частной жизни[33].

Российский судья ЕСПЧ с этим решением, разумеется, не согласился, а в своем особом мнении несколько раз упомянул Эдварда Сноудена и его разоблачения американских спецслужб. Это не его риторическая новация: власти РФ постоянно вспоминают про США и другие страны Запада, отвечая на критику в адрес СОРМа и неограниченных возможностей чекистов. «Система тотальной слежки существует в США, в России никто никогда не предлагал и не будет предлагать подобные подходы. Сегодня АНБ [Агентство национальной безопасности США] обязывает корпорации хранить на своих ресурсах информацию и имеет возможность в нарушение всех процедур ее истребовать — в России никто никогда не будет так нарушать права человека», — чеканила в Госдуме Ирина Яровая в мае 2016 года при рассмотрении законопроекта ее имени.

Раскрытая бывшим агентом Агентства национальной безопасности США Эдвардом Сноуденом система слежки и прослушки по своему принципу похожа на российскую: она дает спецслужбам право копаться в переписке и личной информации без санкции суда, втайне от операторов. В 2013 году Сноуден передал западным медиа материалы о системе PRISM — американского аналога СОРМа. Через PRISM американские спецслужбы могли подключаться к серверам главных IT-компаний мира — Microsoft, Apple, Google, Facebook, других — и выгружать оттуда сообщения, фотографии и историю посещений. А специальный суд по делам разведки обязал крупнейшего сотового оператора страны передавать государству метаданные обо всех звонках в стране (возможно, такие решения были и по другим операторам). Среди других разоблачений Сноудена — прослушка телефона канцлера Германии Ангелы Меркель и тогдашнего президента России Дмитрия Медведева.

Разница, однако, в деталях и особенно в последствиях. После того как Сноуден предал огласке действия американских силовиков, суд в США запретил использование PRISM, был принят «Акт о свободе», ограничивший спецслужбы в сборе информации об американцах, а в обществе и медиа начались долгие дебаты о балансе между безопасностью и приватностью. ФБР и АНБ по-прежнему получают нужную информацию о гражданах от IT-компаний и сотовых операторов, но теперь для этого им нужно написать запрос[34]. А если речь идет об особенно чувствительной информации — запрос должен быть судебным. Похожие системы со своими особенностями действуют, например, в Германии и Франции.

Некоторые системы слежки, раскрытые Сноуденом, возможно, еще работают. Так, в переданных им материалах упоминалась Tempora — система перехвата телефонных разговоров и интернет-трафика в Великобритании. По сути, британские спецслужбы вклинивались в кабели, проходящие по территории страны, и массово собирали информацию без каких-либо судебных санкций. В публичных источниках нет данных о том, какой была дальнейшая судьба программы[35]. Сами спецслужбы без сильного давления вряд ли будут ее сворачивать, их логика во всем мире одинакова: они всегда стремились и будут стремиться получать любые сведения о гражданах без ограничений. Но реакция на разоблачения Сноудена в США показывает, что сильное гражданское общество может противодействовать их неуемным оперативно-разыскным аппетитам.

Когда ЕСПЧ в 2015 году решил, что СОРМ ведет к злоупотреблениям, Россия признавала юрисдикцию этого суда. Министерство юстиции подготовило изменения в закон, чтобы гражданин мог оспорить в суде решение о прослушке. Поправки были, по сути, бессмысленными, поскольку узнать о постановке гаджетов на контроль гражданин все равно никак не мог. Но и их не приняли. А журналист Роман Захаров спустя год после победы в ЕСПЧ покинул Россию, получив ряд недвусмысленных сигналов от ФСБ: на него нападали якобы с целью ограбления, сотрудники спецслужбы заговаривали с ним в кафе и настоятельно просили прекратить «антироссийскую деятельность»[36]. В обратном направлении — с Запада в Россию — отправился Эдвард Сноуден: на родине ему грозит серьезный тюремный срок за раскрытие секретной информации, и по иронии судьбы политическое убежище вместе с гражданством ему дала страна, где уже давно и успешно действует свой PRISM.

Правда, в его эффективности есть некоторые сомнения.

«Мы плохо делали»

В 2022 году в Екатеринбурге закончился суд над руководителями местного управления Росгвардии. Следствие обвинило их в том, что они закрыли контракты на ремонт казарм для ОМОНа до окончания работ, выплатив подрядчику деньги. Одним из доказательств их вины стали материалы прослушки телефонных разговоров, где звучали такие фразы: «сейчас встает вопрос, что оплачены работы, которых нет», «то, что вы закрыли, — это ужас какой-то», «мы плохо делали и плохо принимали».

Это один из примеров, когда контроль за телефонными разговорами действительно помог найти и изобличить преступника, а не сфабриковать политическое дело против политика или журналиста. «Прослушку сейчас санкционируют в любых делах. Для оперов и следователей это мутная вода: хоть что-нибудь да вытащим. Подозревают одного человека, а слушают еще десять — родственников, знакомых, коллег», — объясняет адвокат Евгений Смирнов. Как показывают судебные материалы, прослушивают всех: продавцов контрафактного алкоголя в Брянске, браконьеров в Астраханской области, наркодилеров в Коми, телефонных мошенников в Курганской области.

При этом в использовании СОРМ для полевой оперативно-разыскной работы есть несколько особенностей. Первая: пульты управления системой находятся в ведении ФСБ, у других силовых ведомств их нет. Иначе говоря, создав гигантскую машину слежки за миллиарды рублей, ФСБ ревностно охраняет ее от других российских силовиков. Чтобы поставить кого-то на прослушку, полицейским нужно писать мотивированные запросы по линии бюро специальных технических мероприятий (БСТМ)[37] — это подразделение внутри МВД, родственное ФСБ и даже отчасти подконтрольное чекистам через прикомандированных сотрудников[38].

Вторая особенность СОРМ: система пишет весь интернет-трафик россиян, но мало что может из него извлечь. В 2023 году более 80% всех сайтов в мире использовали протокол https, то есть шифровали действия посетителей. В таком случае СОРМ показывает, какие страницы посетил гражданин, но не видит, что он там делал. «Сайты, имеющие протокол https, недоступны для отслеживания системы СОРМ-3, в связи с чем появляется возможность осуществления преступной деятельности в обход данной системы, что создает угрозу безопасности личности, общества и государства», — констатировали исследователи петербургского университета МВД в 2024 году[39].

Обойти эту, казалось бы, непреодолимую техническую преграду в ФСБ решили прямолинейно: в «закон Яровой» включили требование к владельцам мессенджеров, соцсетей, поисковиков и других IT-сервисов передавать чекистам «ключи шифрования» — то есть отмычки, чтобы залезть внутрь сейфа с электронной перепиской и трафиком. Хотя в некоторых случаях это просто невозможно технически: например, если мессенджер использует сквозное шифрование, когда все ключи находятся только на устройствах собеседников и не доступны администраторам. Так работает WhatsApp — самый популярный мессенджер России до блокировки звонков в конце лета 2025 года[40]. «По WhatsApp точно могу сказать: факт использования мессенджера [с помощью СОРМа] установить можно, получить расшифровку данных — нет», — уверял меня экс-чекист.

Формально «ключи шифрования» должны сдавать в ФСБ все ресурсы из специального списка с бюрократическим названием «реестр организаторов распространения информации». Ведет его главный надзорный орган в сфере интернета — Роскомнадзор. Он включает IT-компании в реестр как по их собственному заявлению, так и помимо их воли. Всего в списке свыше 450 сервисов, но из-за добровольно-принудительного принципа пополнения непонятно, дала ли конкретная компания ключи ФСБ или нет. Там, например, есть сервис анонимной почты Startmail, заблокированный в России за отказ сотрудничать с чекистами, и швейцарский защищенный мессенджер Threema, оштрафованный по тем же причинам. Однако большая часть списка — это российские сервисы: поисковик и экосистема IT-услуг «Яндекса», соцсети «ВКонтакте» и «Одноклассники», почтовый сервис Mail.Ru. Все они либо принадлежат близким к власти людям, либо должны передавать ФСБ все нужные данные под угрозой штрафов и закрытия.

К данным пользователей «ВКонтакте» — главной соцсети в России — у чекистов может быть более глубокий доступ, нежели дает СОРМ. Несколько лет назад мне потребовалось узнать, кто стоит за одним фейковым аккаунтом в этой соцсети. С него приходили странные сообщения, и у меня были основания думать, что их пишет кто-то из «фабрики троллей» Евгения Пригожина — неформальной структуры из пары сотен человек, которые за деньги комментировали посты оппозиционных политиков в соцсетях с прокремлевских позиций. Я спросил знакомого в ФСБ, может ли он проверить владельца аккаунта, и вскоре он предоставил мне IP-адрес — ровно с него писали свои платные комментарии в соцсетях сотрудники «фабрики». О том, что у чекистов, по сути, есть «зеркало» ВКонтакте, мне рассказывал и собеседник, знакомый с методами работы спецслужбы. «Они могут зайти фактически в любой аккаунт без пароля и просто смотреть, что происходит, от лица пользователя», — утверждал он, добавляя, что такой доступ есть не у всех сотрудников ФСБ — только определенного уровня, а список сервисов не ограничивается «ВКонтакте». Но больше всего подобных разговоров ходит именно вокруг этой соцсети[41]. Что неудивительно, ведь ее контролируют две семьи из путинского Политбюро: руководитель — сын первого зама кремлевской администрации Владимир Кириенко, бенефициар — банкир Юрий Ковальчук, которого медиа за близость к президенту заслуженно называют «вторым человеком в стране»[42].

Все эти истории про возможные бэкдоры показывают, что запись и хранение интернет-трафика не дали чекистам полной картины происходящего в сети — о чем, вероятно, мечтали идеологи «закона Яровой» из Совета безопасности. «За все годы внедрения и эксплуатации СОРМ нет ни одного официального заявления о том, что именно использование технических возможностей СОРМ способствовало раскрытию резонансного преступления или розыску и задержанию особо опасного преступника. Можно предположить, что данная ситуация обоснована повышенной степенью секретности проводимых мероприятий, однако с учетом того, что на это оборудование тратятся миллиарды рублей, было бы вполне логично предусмотреть определенную систему отчетности», — сетовали в 2020 году исследователи с кафедры криминалистики Пермского института Федеральной службы исполнения наказаний[43].

Реальные возможности СОРМ могут оценить только в ФСБ. Знакомый чекист из одного региона рассказывал мне, как в конце 2010-х с его помощью пытался вычислить потенциальных наркоторговцев: у него уже имелся список людей, которые, возможно, занимались продажей психотропных веществ в сети, дальше он проверил в СОРМе, кто из них пользуется сервисами анонимизации трафика — например, специальным браузером Tor, который пускает запрос пользователя к конечному сайту через цепочку серверов. Что именно они там делали, он не видел, но сам факт захода в сеть через анонимайзер действительно мог сузить список потенциальных дилеров. В те годы такими сервисами пользовались в основном журналисты-расследователи, политические активисты, люди с повышенными критериями цифровой безопасности и те самые искомые интернет-преступники.

Оперативники и следователи других силовых ведомств получают информацию об активности граждан в интернете прежде всего через запросы: во «ВКонтакте» — о том, кому принадлежит страница, в Mail.Ru — с просьбой выгрузить всю электронную почту подозреваемого, в «Яндекс.Такси» — о выдаче списка поездок клиента и так далее. А чтобы наказывать за крамолу в социальных сетях, используют всевозможные системы мониторинга, не имеющие никакого отношения к СОРМ: эти программные комплексы автоматически отслеживают, что граждане пишут в интернете на публичных, открытых страницах. С помощью одной такой программы, например, Роскомнадзор несколько раз оштрафовал меня за несоблюдение закона об иноагентах, а эти штрафы дали Следственному комитету основание возбудить уголовное дело и объявить меня в розыск. На мониторинг интернета брошен и искусственный интеллект: суперкомпьютер Московского государственного университета — возможно, один из самых мощных суперкомпьютеров в мире — задействован для проекта «новостной коллайдер» и учится искать в сети «информационные угрозы», выявлять пропаганду и постправду — точнее, то, что ими считают российские власти (коллайдер — термин из физики, так называются установки для экспериментов по ускорению частиц)[44]. Занимается этим специальный Институт искусственного интеллекта, которым руководила и, скорее всего, по-прежнему руководит Катерина Тихонова — дочь Путина от официального брака[45].

Системы мониторинга, помогающие штамповать подобные штрафы, способствуют самоцензуре: россияне боятся писать то, что власти считают незаконным. За непосредственную цензуру в сети отвечают другие технологии, позволяющие блокировать сайты и замедлять трафик любого непослушного сервиса или соцсети. На них, как и на СОРМ, тратятся миллиарды рублей — и зарабатывают на их поставках те же люди, что и на СОРМе.

Глава 6.

«Чебурнет»

В начале декабря 2024 года в нескольких республиках Северного Кавказа отключился интернет. Целые сутки жители Дагестана, Ингушетии и Чечни не могли зайти на популярные сайты или пообщаться в мессенджере. «Вотсап потух», «стим тоже умер», «в телеге подохли все сервисы», «у меня не открывалось ничего, даже "Яндекс"», «отдохните от интернета, вернитесь в реальность», «я давно предлагаю запускать людей в интернет по талонам» — такими сообщениями обменивались во внутреннем чате дагестанские айтишники, перечисляя неработающие сервисы (мессенджеры WhatsApp и Telegram, игровая платформа Steam и самый популярный российский поисковик Yandex соответственно). «Какие же мудаки у нас у руля, я просто охреневаю!» — эмоционально резюмировал один из собеседников.

Несколько миллионов человек остались без интернета не по вине природного катаклизма и не из-за технических проблем. От современных средств коммуникации их вполне осознанно отрезали российские власти: на территории трех республик прошли учения Роскомнадзора под присмотром ФСБ. Военное слово «учения» — не моя выдумка, а официальный термин из лексикона самого ведомства. И если военные на учениях оценивают боеспособность армии, то Роскомнадзор проверял последствия отключения России от зарубежного сегмента интернета. «Подопытных кроликов» — жителей трех российских регионов — заранее извещать о предстоящих учениях не стали, ограничившись служебными предупреждениями, разосланными по госструктурам[1].

Учения показали, что при отключении международного интернета российские сервисы тоже перестают работать. В пунктах выдачи не выдавали заказанные по интернету товары, через приложение не получалось вызвать такси, не проходили транзакции при оплате картой, даже государственные сайты перестали загружаться. Оставалось шутить: «Как будет называться российский Anydesk [программа для удаленного доступа к компьютеру]?» — «Чебурдеск».

Мемом «Чебурнет» принято обозначать попытки российских властей построить автономную от остального мира компьютерную сеть. Происходит это слово от Чебурашки — придуманного детским писателем Эдуардом Успенским лопоухого зверька, который случайно приехал в Советский Союз, подружился в нем с крокодилом из зоопарка, и они вместе стали помогать пионерам строить социализм. Книги и мультфильмы про Чебурашку очень популярны — про него существует цикл анекдотов, а вышедший уже во время войны с Украиной полнометражный фильм про Чебурашку по состоянию на 2025 год остается самым популярным фильмом в истории всего российского проката: его посмотрели больше людей, чем, например, «Аватар» или «Мстители».

Весной 2014 года, вскоре после аннексии Россией Крыма и начала открытого противостояния Кремля с Западом, сенатор от Липецкой области Максим Кавджарадзе предложил создать закрытый российский интернет. «[Нам нужно] уйти из-под крыла США, иначе будут продолжаться утечки информации. Все сейчас стали в социальных сетях сидеть и рассказывать, где они были и куда ходят. А ведь кто-то на серверах копит эту информацию... Как мы назовем эту информационную систему — неважно: "Крокодил Гена" или "Чебурашка". Последнее даже предпочтительнее, поскольку "Чебурашки" ни у кого нет», — сказал он в стенах Совета Федерации на заседании одного из комитетов[2]. В соцсетях его предложение довольно быстро превратили в сокращенный вариант «Чебурнет».

В советском мультфильме Чебурашка — это странное, в чем-то нелепое, но доброе и милое существо. «Чебурнет» тоже сначала казался нелепой попыткой ограничить свободу распространения информации в России, но в итоге оказался эффективным орудием сетевой цензуры, пусть и отрубающим иногда от интернета отдельные регионы или даже всю страну[3]. И если Чебурашка — оригинальная выдумка Успенского, то в «Чебурнете» своего мало: он построен по китайскому образцу и на базе западных технологий — с небольшой поправкой на российскую специфику вроде крепкой и взаимовыгодной связки чекистов и бизнеса.

Цветы от разведчика

Летом 2007 года президент Владимир Путин приехал в гости к Александру Солженицыну в его подмосковный дом — писателя, некогда высланного из Советского Союза и лишенного гражданства, наградили госпремией «за выдающиеся достижения в области гуманитарной деятельности». Кремлевский оператор снимал, как Путин трясет руку автору «Архипелага ГУЛАГа», а к ним через сыновей писателя спешно протискивается худощавый мужчина с букетом цветов для лауреата. Это глава службы протокола президента Игорь Щеголев. В этой должности он попадал в объектив камеры совсем нечасто, но вскоре этот неприметный чиновник с холодным и резким взглядом станет одним из идеологов «Чебурнета», или, как эту систему называют сами власти, «суверенного интернета».

На первый взгляд Щеголев — человек сугубо штатский, бывший журналист. Получив филологическое образование сначала в Москве, а потом в дружественной ГДР, он в 1988 году отправился в Париж собкором государственного агентства ТАСС. Однако именно такие должности Первое главное управление КГБ (разведка) часто использовало, чтобы трудоустраивать своих секретных сотрудников. Этого факта, конечно, недостаточно, чтобы утверждать что-либо серьезно, но российское издание «Эксперт» писало, что Щеголев работал именно разведчиком под прикрытием. Сам он эту информацию не комментировал[4].

Из Европы Щеголев регулярно присылал новостные корреспонденции — иногда суховатые, иногда и немного эмоциональные. «Старые разноцветные фасады через "солнечные очки" створчатых ставен смотрят на усыпанную яхтами лазурную бухту. За толстыми стенами цитадели XVI века прячутся роскошные южные сады и городская мэрия» (текст о юбилее города Вильфранш-сюр-Мер на Лазурном берегу, где в царское время русский флот имел небольшую базу; написано это в октябре 1995 года). «Говоря о своих впечатлениях от знакомства с секретными архивами КГБ, М. Ростропович сказал, что узнал из них о причине, по которой болгарский хор вдруг сфальшивил во время записи с ним в Париже "Пиковой дамы", — "давление со стороны КГБ"» (обзор интервью российского музыканта Мстислава Ростроповича газете «Фигаро» в 1994 году). «Книга воспоминаний покойного французского президента Франсуа Миттерана стала ключом к разгадке одной из самых мрачных тайн недавней боснийской войны. Впрочем, даже не разгадкой, а прямым разоблачением мусульманских спецслужб Боснии, которые с целью втягивания Запада в военные действия против боснийских сербов убили 66 и ранили свыше сотни собственных граждан» (май 1996-го, специально для газеты Минобороны «Красная звезда»).

Вернувшись в Россию в конце 1990-х, Щеголев быстро попадает на госслужбу в правительство и становится пресс-секретарем премьера. «Как вам дался переход из прессы в ряды, скажем, антипрессы?» — спрашивали его тогда. «Ни в коем случае не воспринимаю его как побег, измену. Это скорее логическое продолжение», — заявлял Щеголев, одновременно советуя журналистам правительственного пула не пользоваться «подслушанной и подсмотренной» информацией[5]. При Путине он перешел в администрацию президента, и в этом карьерном прыжке можно видеть исключительно профессиональные причины. Но они могут оказаться не единственными.

Путин много лет проработал в Первом главном управлении КГБ — тут можно было бы добавить слово «тоже», но сотрудничество со спецслужбами Щеголева остается лишь предположительным. Зато точно известно, что они в одно время находились в ГДР: Щеголев учился в университете Лейпцига, а Путин — трудился в резидентуре КГБ в Дрездене и периодически приезжал в Лейпциг (консульство СССР в этом городе отвечало и за дрезденский округ): в одном ресторане этого города долгое время даже висела табличка о том, что в нем якобы любил пить пиво нынешний президент России[6]. Советские чекисты в дружественной ГДР присматривали за своими гражданами, в том числе — за студентами лейпцигского университета[7]. Однокурсник Щеголева по немецкому вузу в разговоре со мной высказал сомнение, что его однокашник мог познакомиться с чекистом Путиным в те годы. Так или иначе, на рубеже веков в биографии Щеголева нашлось достаточно эпизодов, чтобы Путин принял его за своего человека и сделал руководителем своего протокола.

Служба кремлевского протокола занимается скучной и незаметной работой по организации встреч и поездок президента. Например, его сотрудники составляют меню официальных обедов, выбирают подарки для гостей от имени президента, ведут арифметические подсчеты, чтобы иностранного визитера сопровождало нужное число мотоциклистов, и инспектируют зарубежные отели, где будет жить руководитель России[8]. Работа совсем не творческая и максимально далека от журналистики, но Щеголев прослужил в этой должности два первых срока Путина.

В 2008 году в Кремле должен был смениться хозяин: в российской Конституции прописан запрет занимать пост президента России больше двух сроков подряд. Власти придумали хитрый ход: главой государства четыре года побудет Дмитрий Медведев — давний друг Путина и недавний глава его администрации, а сам Путин пока поработает премьером правительства. Верный Щеголев получил в новом правительстве пост министра связи, что выглядело логично: в ведении министерства, кроме прочего, находится сфера медиа. Через несколько лет, когда путинская политическая система столкнулась с масштабными протестами, которые координировали с помощью соцсетей, Щеголев принес своему начальнику план, как искоренить вольницу в интернете.

Абсолютный гуманитарий

В конце 2016 года знакомый предприниматель позвал меня на заседание закрытого московского клуба православных бизнесменов. Клуб собирался в историческом особняке в нескольких шагах от Кремля: под мероприятие арендовали зал в музее художника Ильи Глазунова на Волхонке. Буквально перед самым началом в зал тихо зашел худощавый мужчина, сел в углу и просидел весь вечер с непроницаемым лицом, слушая размышления о том, как совместить христианские ценности и капиталистическое стремление к наживе. Этим молчаливым гостем был Игорь Щеголев. А организовал салон предприниматель Константин Малофеев: корпулентный мужчина с окладистой бородой, он вальяжно расположился в первом ряду и вел себя как настоящий русский барин. Именно эти два человека и стояли у истоков введения цензуры в рунете.

Как и у Путина, у Щеголева были близкие люди, которые следовали за ним по кабинетам и ведомствам. Один из них — его бывший коллега по европейской редакции ТАСС Арсений Миронов: Щеголев сначала подтянул его к себе в службу протокола, а потом и в минсвязи. Параллельно с госслужбой, в середине 2000-х, Миронов занялся проектом православной гимназии в Подмосковье вместе со своим другом детства, инвестбанкиром Константином Малофеевым. Так бизнесмен познакомился со Щеголевым — руководитель кремлевского протокола даже участвовал в обсуждении концепции гимназии[9]. Чиновник и бизнесмен быстро сблизились на почве интереса к религии и консервативным идеям. До этого знакомства Малофеев был малоизвестным финансистом, практикующим довольно агрессивные методы поглощения активов с использованием мутных схем и судебных исков. Теперь предприниматель получил возможность залезать в крупные государственные IT-проекты, пользуясь поддержкой министра Щеголева (Малофеева на рынке связи в шутку называли «замминистра»).

При Щеголеве в руководство госкомпаний в сфере связи забрались сразу несколько близких к Малофееву людей, а в 2010 году инвестбанкир вообще стал миноритарным акционером Ростелекома — государственного телефонного и интернет-оператора, одного из крупнейших в стране. В 2013 году Малофеев продал свой пакет за 25 миллиардов рублей (почти миллиард долларов), и хотя большая часть суммы — около 80% — пошла на погашение долгов, итоговая прибыль все равно составила около пяти миллиардов[10]. Что-то из заработанного он потратил не только на себя и свой бизнес, но и на гибридные операции в интересах ФСБ за рубежом. Так, весной 2014 года Малофеев снарядил вооруженный отряд под руководством полковника ФСБ Игоря Стрелкова: около полусотни человек, россиян и украинцев, скрытно зашли с территории России в Украину, и именно их действия стали катализатором начала полноценных боевых действий в Донбассе. Периодически Малофеева и Щеголева и сейчас можно увидеть вместе на публичных мероприятиях, посвященных традиционным ценностям и противостоянию коварному «коллективному Западу» — например, на заседаниях Всемирного русского народного собора[11].

«Я думаю, что идею "суверенного интернета" Щеголеву подсказала и рассказала команда Константина Малофеева, и он с очень большим рвением за нее взялся, — рассказывал мне бывший подчиненный Щеголева. — Но его точно нельзя назвать архитектором этой идеи. Для того, чтобы быть архитектором, нужно хоть немного понимать, как устроен интернет. А Щеголев, хотя и трудился министром, никогда в технические вопросы не погружался. Он абсолютнейший гуманитарий. Крайне образованный, воспитанный, сильно развитый человек, но не в IT и связи. По сути, он собирал команду тех, кто разбирался в предмете, а сам выступал в качестве фронтенда (разработчик, отвечающий за внешнюю, пользовательскую часть сервиса или сайта. — Прим. авт.)».

Сам Щеголев однажды описывал свои взгляды в области компьютерных сетей так: «До сих пор интернет остается сетью, в первую очередь используемой в целях национальной безопасности США. Отдельные ключевые элементы, необходимые для функционирования интернета, расположены на военных базах армии США. <...> Google, Facebook, Twitter, Microsoft, Apple — это американские компании. Фактически информационная среда во всем мире монополизирована ими»[12]. Эта точка зрения совпадает с восприятием Путина («интернет возник как спецпроект ЦРУ США, так и развивается»)[13]. В такой картине мира между рунетом и остальным интернетом должна быть стена — ее строительством и занялся Щеголев и его единомышленники. В 2011 году он вместе с начальником центра информационной безопасности ФСБ возглавил попечительский совет Лиги безопасного интернета. Все учредительные документы этой общественной организации готовил Малофеев.

Лига появилась в политически напряженное время. В сентябре произошла «рокировка»: Путин заявил, что готов еще раз баллотироваться в президенты, а местоблюститель Медведев без сопротивления поприветствовал это решение. В декабре прошли выборы в Госдуму с большими нарушениями в пользу правящей партии, и массовые фальсификации подтолкнули граждан к протестам. 4 февраля 2012 года в Москве состоялся один из самых массовых митингов в новейшей истории России: несмотря на сильный мороз, в центре столицы собралось свыше 100 тысяч оппозиционно настроенных граждан. Помимо прошедших выборов на марше говорили и о предстоящих: через месяц россиянам предстояло решить, согласны ли они с тем, что Владимир Путин станет президентом в третий раз. Реалии очередного срока вырисовывались в те же дни: 7 февраля, в такой же сильный мороз, Игорь Щеголев с гордостью представил на заседании Лиги безопасного интернета в Москве законопроект о реестре «запрещенных сайтов»[14]. Вчитавшись в эти предложения, российские борцы с цензурой в сети довольно быстро прозвали новую прокремлевскую затею «Лигой без интернета».

Законопроект преподнесли публике в хитрой оболочке. Во главу угла ставилась защита детей от негативного контента — например, информации о том, как совершить суицид или самостоятельно изготовить наркотик. Вне закона оказывались и сайты с бесспорно неприемлемым содержанием — детской порнографией. Но параллельно государство вводило новый, внесудебный способ блокировки интернет-ресурсов посредством включения их в специальный черный список. Щеголев и Малофеев надеялись, что поиском сайтов с противоправным контентом и внесением их в список будет как раз заниматься их Лига безопасного интернета[15]. Однако в итоге эту работу передали Роскомнадзору. Так Роскомнадзор из второстепенного правительственного ведомства, отвечавшего за лицензирование медиа и раздачу радиочастот операторам, превратился в главный цензурный орган в России. Его всегда возглавляли люди Щеголева — вроде его бывшего зама в министерстве и медицинского журналиста Александра Жарова, который сел в кресло руководителя надзорного ведомства в мае 2012 года, когда в Москве бушевала очередная волна протестов.

Накануне инаугурации Путина на пост президента на Болотной площади состоялся «Марш миллионов» против его возвращения в Кремль. Марш закончился жесткими столкновениями полицейских с протестующими, которые вылились в десятки уголовных дел против участников митингов. Закон о внесудебной блокировке сайтов стал одной из первых репрессивных норм новой путинской шестилетки: депутаты от «Единой России» внесли его в Госдуму через месяц после побоища на Болотной. Щеголев к тому времени вернулся в Кремль, став помощником президента по вопросам связи.

Впоследствии власти последовательно расширяли формальные основания для цензуры. Спустя два года у Роскомнадзора появилось право блокировать любые сайты с призывами к «несанкционированным акциям» и «осуществлению экстремистской деятельности» — так под ударом оказался любой неугодный политический проект. Дальше ограничения росли как снежный ком: блокировка за хранение персональных данных россиян за пределами страны (2014 год), блокировка за отказ передать «ключи шифрования» ФСБ (2016), блокировка за «явное неуважение» к власти в материалах сайта (2019), за «пропаганду ЛГБТ» и за «дискредитацию вооруженных сил» (2022). Отдельно с 2023 года запрещено рассказывать о способах обхода блокировок, то есть прежде всего VPN — при его использовании весь трафик идет через сторонний сервер в другой стране, и запрещенные Роскомнадзором ресурсы прекрасно грузятся (от английского virtual private network — «виртуальная частная сеть»). Наконец, в дополнение к этим бесконечным ограничениям в 2024 году Путин получил право лично ограничивать почти любую информацию в интернете — «в целях защиты основ конституционного строя, нравственности, обеспечения обороны страны и безопасности государства». Соответствующие распоряжения президента должны оставаться тайными.

Технически за блокировку отвечает Роскомнадзор — именно он вносит адрес сайта в черный список, а операторы должны постоянно сверяться с этим реестром и ограничивать доступ к признанному «незаконным» контенту. В некоторых случаях у владельца сайта или сервиса есть от одного до трех дней на удаление информации, в других — например, при наличии призывов к «несанкционированным протестам» — блокировка следует незамедлительно после обращения прокуратуры. Всего с момента появления черных списков операторы по требованию цензуры ограничили доступ примерно к двум миллионам ресурсов; впрочем, более чем в половине случае блокировку в итоге сняли: или сайт перестал работать, или владелец удалил запрещенный контент, или адрес попал под ограничение по ошибке регулятора.

Сначала сотни сотрудников Роскомнадзора искали крамолу в сети практически вручную, потом в ведомстве появились автоматические системы поиска запрещенной информации с яркими названиями: «Симона» (производное от «Система мониторинга нарушений»)[16], «Чистый интернет» (поиск преимущественно текстового контента с помощью нейросетей) и «Окулус» (анализ изображений и видео; от латинского oculus — глаз)[17]. В одной утечке журналисты нашли внутренний документ Роскомнадзора с примерами оскорблений президента Путина[18]. Системы мониторинга интернета круглосуточно проверяют, не используется ли хоть одно из них вместе с именем главы государства и его фото. «Коррупция, санкции, царь, КГБ, бандит, денег нет <…>, архипиздрит, басран, бздение, бздеть, бздех <…>, серун, серька, сика, сикать, сикель, сирать, сырывать, скурвиться, скуреха, скурея, скуряга <…>, еблантий, fuck, fucker, fucking, хуев, хуй, хуя, хуе, хуй, хую, zaeb, zaebal, zaebali, zaebat» — всего в списке около 700 подобных слов.

Одной из первых громких блокировок стало ограничение доступа к блогу Алексея Навального в «Живом Журнале», где политик в начале 2010-х публиковал свои первые расследования. Роскомнадзор внес блог Навального в реестр запрещенной информации весной 2014 года — за призывы к несанкционированным акциям. Политик действительно призывал подписчиков поучаствовать в «Марше мира» против агрессивной политики Кремля в Украине, но на эти акции организаторы получили разрешения. Юристы Навального пытались отменить блокировку через суд и потребовали указать, какая именно информация нарушает закон — несмотря на то что конкретных ссылок надзорное ведомство так и не представило, суды заняли сторону государства[19].

Однако механизм блокировки оказался довольно примитивным: Роскомнадзор вносил в реестр IP-адреса сайтов. Программист Руслан Левиев, помогавший Навальному, предложил создавать копии заблокированного блога («зеркала») и прописывать в настройках IP-адреса других страниц, чтобы цензоры по ошибке блокировали их. Шутка сработала: под раздачу попал прокремлевский новостной ресурс, портал «Единой России», а потом и вовсе официальный сайт Роскомнадзора с реестром запрещенных сайтов. Оппозиционный программист открыто смеялся над цензорами: он наловчился вычислять их IP-адреса и, когда они заходили на «зеркала» блога Навального, показывал им рыжего котенка[20]. «Это попытка нарушить работоспособность государственных ресурсов. <…> Надо подумать, как привлечь Левиева [к ответственности]», — жаловался один из руководителей Роскомнадзора в Кремль[21].

Главным же испытанием для системы интернет-цензуры стала блокировка не просто блога, а целого популярного мессенджера Telegram.

Ковровые бомбардировки

13 апреля 2018 года журналисты президентского пула получили приглашение присоединиться к конференц-коллу с Дмитрием Песковым — бессменным пресс-секретарем президента. Хотя это должен был быть рутинный разговор

с вопросами и ответами по текущей политической ситуации, какие проводились ежедневно, сам факт такого приглашения стал новостью в медиа: как и обычно, звонок запланировали в мессенджере Telegram, а как раз в то утро московский суд постановил немедленно заблокировать платформу в России[22]. И пока Роскомнадзор готовился к техническому исполнению этого решения, Песков рассказывал журналистам на уже запрещенной площадке, что «Кремль перейдет на другой мессенджер, как только Telegram перестанет работать».

Telegram стал первым по-настоящему популярным сервисом, попавшим под тотальную блокировку: весной 2018 года его ежемесячная аудитория составляла почти 12 миллионов человек. До него Роскомнадзор тренировался на соцсети для поиска сотрудников LinkedIn, но это была именно разминка: в России ею мало кто пользовался. Когда летом 2016 года надзорное ведомство подало в суд заявление об ограничении работы LinkedIn, заседание первой инстанции представители американской платформы попросту пропустили[23]. В итоге заблокировали сеть за то, что она хранила персональные данные россиян за рубежом: после возвращения Путина в Кремль в 2012 году это запретили.

По логике закона, следующими в очереди стояли те же Facebook или Google, потому что они тоже не спешили арендовать серверы в России. Но блокировка популярных сервисов в России всегда зависела не от юридических оснований, а от политической воли. Новой жертвой стал мессенджер Telegram, и этот выбор выглядел несколько странно. В своей риторике чиновники вроде Щеголева атаковали прежде всего западные соцсети и платформы, в то время как основатель Telegram и официальный бенефициар — уроженец Петербурга и создатель «ВКонтакте» Павел Дуров, а среди активных пользователей его мессенджера были крупные бизнесмены и чиновники, включая министров и пресс-секретаря Путина.

По одной из версий, главным аппаратным лоббистом выступала ФСБ, используя послушный Роскомнадзор[24]. ФСБ публично потребовала от основателя сервиса Дурова передать «ключи шифрования». Без них спецслужба не могли бы расшифровать в СОРМе переписку граждан в Telegram, хотя часть сообщений — в секретных чатах — у нее не получилось бы прочитать даже в условиях лояльности Дурова: там пресловутые ключи остаются только на устройствах собеседников и не доступны владельцу мессенджера. Чтобы обосновать требование в глазах общественности, власти указывали, что Telegram пользовались террористы, совершившие взрыв в петербургском метро весной 2017 года.

Дуров отказался от сотрудничества с ФСБ и опубликовал издевательский ответ директору спецслужбы: письменное заявление о готовности исполнить требование чекистов с приложением фотографии связки обыкновенных, металлических ключей. В апреле 2018 года после решения суда Роскомнадзор приступил к невиданной до этого задаче — заблокировать не отдельный сайт или малопопулярную соцсеть, а крупный мессенджер с миллионной аудиторией. Система оставалась той же, что использовалась в случае с Навальным: в реестр вносились IP-адреса, используемые неугодным ресурсом. Дуров сдаваться не хотел и стал арендовать у Amazon и Google IP-адреса миллионами, а надзорное ведомство исправно запихивало эти миллионы в реестр запрещенных сайтов. В итоге ко второму дню блокировки, 17 апреля 2018 года, Роскомнадзор внес в черный список около 20 миллионов адресов[25].

Из-за этого лихого конфликта страдали не только пользователи Telegram в России, но и сторонние сервисы, использовавшие ту же сетевую инфраструктуру, что и мессенджер. Сбоили образовательные и игровые порталы, онлайн-магазины, мессенджер Viber и популярная среди пенсионеров соцсеть «Одноклассники». Действия Роскомнадзора в медиа называли «ковровыми бомбардировками», некоторые жертвы открыто жаловались в правительство и даже впоследствии безуспешно пытались судиться. В конце апреля в Москве прошел митинг против блокировки, на нем выступал Алексей Навальный, а участники соревновались в креативности лозунгов: «Не хотим телевизор, хотим Telegram», «Настолько плохо, что даже интроверты здесь» и, наконец, популярный призыв к Роскомнадзору «заблокировать себе анус».

Собственным действиям удивлялись даже внутри Роскомнадзора. «Я не понимаю, зачем мы это делаем», — признавался мне тогда высокопоставленный сотрудник ведомства. В итоге он и его коллеги постепенно ослабили хватку, а к концу года по факту не вели уже никакой борьбы с мессенджером — тем более его популярность в России от «ковровой бомбардировки» только выросла. Старый способ блокировки по IP, выставивший Роскомнадзор посмешищем, тоже признали неэффективным и начала тестировать новый — на основе технологии DPI (от английского deep packet inspection, «глубокий анализ пакета»). DPI анализирует весь проходящий трафик и выделяет специфические пакеты, свойственные конкретным сайтам или приложениям. Если конкретные пакеты принадлежат запрещенному сервису, то его трафик отсекается или, в качестве меры принуждения, замедляется: администратор DPI-фильтра может искусственно снизить скорость загрузки трафика опального ресурса.

Эта технология не была для властей совсем новинкой. Еще когда Щеголев и Малофеев только продвигали законопроект о «черном реестре» сайтов в 2012 году, то предлагали как раз задействовать DPI. В их проекте мелькали разные варианты — и предложение, чтобы операторы поставили себе комплексы DPI за свой счет, и идея, чтобы он стоял только у государственного Ростелекома, а остальные компании закупали бы у него очищенный трафик[26]. Идеология соседствовала с бизнесом: тогда еще Малофеев владел долей в Ростелекоме.

В итоге к идее массового внедрения DPI власти вернулись после публичной неудачи с Telegram. Летом-осенью 2018 года комиссия, состоящая из представителей ФСБ, Роскомнадзора и минсвязи, тестировала разные разработки глубокого анализа трафика в регионах, а к концу года в Кремле уже лежал план по повсеместному внедрению новой технологии блокировки[27].

«Золотой щит»

Летом 2020 года на встречу к Путину пришел новый глава Роскомнадзора Андрей Липов. Внешне он чем-то даже похож на Игоря Щеголева, под началом которого много лет трудился сначала в министерстве, а потом в администрации президента: такое же непроницаемое, холодное лицо и общая бюрократическая неприметность. Схожи и их взгляды на развитие интернета. «Начиная с 2012 года, когда впервые было принято наше законодательство по удалению запрещенного контента из сети интернет, уже удалено более полутора миллиона материалов», — рассказывал Липов президенту[28]. Именно Липов и Щеголев считаются одними из главных авторов закона «о суверенном интернете» — юридического фундамента для нового подхода к цифровой цензуре[29].

В 2014 году, когда Россия вступила в открытое геополитическое противостояние с Западом, в Кремле задумались о том, что будет, если страну на пике этой борьбы вдруг отключат от глобального интернета. Впечатление на чиновников произвел инцидент в Сирии в 2012 году, где в разгар войны на два дня пропала сеть: бывший сотрудник АНБ Эдвард Сноуден потом рассказывал, что это якобы произошло из-за вредоносной программы, внедренной американскими спецслужбами в маршрутизатор главного сирийского провайдера. «Что мешает тем же политикам потребовать отключить Россию от интернета?» — спрашивал журналиста Щеголев осенью 2014-го. Тогда на государственном уровне прошли первые учения, имитирующие такое отключение, Щеголев осторожно говорил, что они «подтвердили недостаточную устойчивость рунета»[30].

И хотя даже участники учений сомневались, что Россию можно технически отключить от мировой сети[31], «православные связисты» продолжали говорить про эту опасность. «Угроза не гипотетическая, она практическая. Пересмотрите фильм "Сноуден", если хотите понять, как это делается», — комментировал подобные сомнения помощник президента Щеголев в 2017 году, имея в виду, скорее всего, художественный фильм Оливера Стоуна про беглого агента[32]. Спустя два года в Госдуму внесли пакет нормативных нововведений, сразу названный журналистами законом «о суверенном интернете». Это же наименование стали использовать и власти. «Свободный интернет и суверенный интернет — эти понятия не противоречат друг другу», — заверял журналистов Путин в конце того же года[33]. Терминология неслучайная: еще в середине 2000-х в Кремле придумали словосочетание «суверенная демократия» для оправдания авторитарных практик под предлогом особого и уникального («суверенного») пути России. Путин настолько полюбит оправдывать свои действия этим словом, что в 2024 году пришел к формуле «суверенитет должен быть в сердце».

На свободный интернет предлагаемая «суверенная» система мало походила. После принятия закона у операторов начали ставить «технические средства противодействия угрозам» (ТСПУ) — так на российском бюрократическом сленге назвали аппараты со встроенным DPI. Новая технология блокировки постепенно покрыла все линии связи, ведущие из-за рубежа внутрь страны, а для управления ею создали специальный центр внутри Роскомнадзора. Возглавил его выпускник академии ракетных войск[34], а располагается этот «рубильник рунета» в современном безликом бизнес-центре на северо-востоке Москвы. На этот же центр повесили задачу разобраться в том, как устроен трафик в России, чтобы в случае гипотетического отключения страны от мировой сети критически важные сервисы продолжили работать. Учения стали регулярными и более заметными: именно из-за них в декабре 2024 года в трех республиках Северного Кавказа не работали не только зарубежные, но и внутренние ресурсы.

Российские охранители не были бы сами собой, если бы, заботясь о безопасности государства, не подумали о выгоде близких им компаний. В середине ноября 2018 года — за месяц до внесения в Госдуму закона «о суверенном интернете» — налоговая служба по Москве зарегистрировала акционерное общество «Данные — центр обработки и автоматизации («ДЦОА»). Ее владельцы скрыты, но именно она без какого-либо конкурса получила право поставить на всех узлах связи оборудование для блокировки по DPI. Только если в случае с контрактами на СОРМ все оплачивали операторы связи, то здесь траты взяло на себя государство: в Кремле спешили поскорее развернуть новую систему цензуры. Изначально бюджет «суверенного интернета» оценивался в 20 миллиардов рублей, в 2024 году его ключевой элемент — те самые ТСПУ — решили поэтапно модернизировать за 60 миллиардов рублей (около 600 миллионов долларов)[35].

К концу 2010-х курирование интернета в Кремле постепенно взял в свои руки первый заместитель администрации президента Сергей Кириенко — хитрый технократ, который по должности занимался окончательной зачисткой российского политического поля эпохи консервативного поворота. Неприметного и сухого Щеголева в итоге оттерли от влияния, и Путин отправил его на должность полпреда в Центральном федеральном округе. Но идеи защиты рунета от «коварного Запада» остались приоритетом Кремля[36]. Сын Кириенко в конце 2018 года трудился вице-президентом государственного Ростелекома: один из моих источников рассказывал мне, что часто видел его на совещаниях по «суверенному интернету». Именно Ростелекому, судя по косвенным признакам, достался контрольный пакет в «ДЦОА» — компании, ответственной за установку DPI у операторов. Еще одним бенефициаром одно время числился холдинг «Цитадель» — тот самый основной поставщик оборудования для прослушки с отставными генералами ФСБ в руководстве.

Массовое внедрение аппаратов от «ДЦОА» на сетях связи велось в 2019–2020 годах. Первое крупное испытание DPI прошло весной 2021-го, вскоре после массовых протестов против ареста Алексея Навального. Как и случае с LinkedIn, в качестве пробной жертвы цензоры выбрали не самую популярную соцсеть, на этот раз — Twitter с аудиторией в 11 миллионов человек в месяц, что тогда было в десять раз меньше, чем у YouTube в России. Но удар должен был стать болезненным: Twitter активно пользовались люди из оппозиционной среды во главе с самим Навальным.

Формальным поводом стал отказ удалять контент по требованию Роскомнадзора, а вот способ воздействия на неугодную соцсеть выбрали новый. Twitter в России не стали полностью блокировать, его трафик в России просто замедлили: текст твитов грузился, а прикрепленные фотографии и видео уже не у всех[37]. «Полная блокировка — это слишком радикальный способ. Если в качестве одной из мер будет признано возможным и целесообразным замедление трафика, то это, может быть, отрезвит мировых гигантов, которые не спешат исполнять решения российских властей», — еще до наступления государства на Twitter объяснял политический смысл замедления Игорь Щеголев[38]. Именно DPI дал Роскомнадзору техническую возможность ухудшать работу неугодных западных ресурсов без их полного запрета.

Показав возможности новой системы, российские власти одновременно усилили и судебное давление на иностранные сервисы. К концу 2021 года Роскомнадзор подал к Google,

Meta (владеет Facebook и Instagram), Twitter и TikTok исков на 2 миллиона долларов за «неудаление» контента, большая часть претензий касалась протестных акций в поддержку Навального[39]. «Раньше была лишь линейная схема, когда единственное, что можно сделать, если тебя не послушали, — это прекратить работу сервиса на территории страны. Этот механизм не очень эффективен. В целом же ресурс может быть удобен и полезен для пользователей. Мы ввели повышенные штрафы <…> это очень мотивирует площадки»[40], — рассказывал глава Роскомнадзора Липов об этой новой тактике: бывший подчиненный Щеголева сохранил пост главного цензора страны даже после ссылки его патрона на пост полпреда.

Оценить успешность этой тактики уже не получится: после начала войны с Украиной в феврале 2022 года власти от сложных игр с западными сервисами перешли к ковровым бомбардировкам — благо формальных оснований для этого накопилось предостаточно. Довольно быстро, в начале марта, добили и полностью заблокировали Twitter, потом наступила очередь Facebook и первой по-настоящему популярной соцсети — Instagram (ежемесячная аудитория в России в феврале 2022-го — 67 миллионов человек). Их материнскую компанию Meta ни много ни мало признали «экстремистской организацией» — за то, что после начала войны она смягчила правила модерации и разрешила призывы к насилию в отношении российских военных в ряде стран. Машина по начислению штрафов продолжила работать, но репрессии быстро стали отдавать абсурдом: к началу 2025 года долг ушедшего из России Google перевалил за 2 дуодециллиона рублей (единица с 39 нулями), потом арбитражный суд смилостивился и ограничил предельный размер неустойки

90 квинтиллионами рублей (единица с 18 нулями) — безумная цифра, превышающая все мировое богатство[41].

Механизм блокировки с помощью DPI — пусть и на западном оборудовании — оказался эффективным инструментом цензуры. Хотя иногда при его перенастройке Роскомнадзор может устроить в рунете краткосрочный блэкаут, как в январе 2025 года, когда около получаса не работали ни российские, ни западные сервисы и сайты[42]. «Это раньше можно было жить надеждой, что чиновники технически необразованные и мы все обойдем их ограничения. В систему сейчас вбуханы огромные средства, наняты профессиональные сотрудники, а само оборудование прокачалось», — честно констатировал в разговоре со мной глава общественной организации «Роскомсвобода» Артем Козлюк. А иногда и DPI не нужен: с весны 2025 года, в ответ на постоянные атаки украинских дронов, власти стали просто отключать мобильный интернет в отдельных регионах на несколько часов или даже несколько дней. Это помогает только в том случае, если в дрон вставлена сим-карта, которая подключается к сети и корректирует курс, но есть дроны и с автономным наведением, и им мобильный интернет не нужен. Несмотря на это, чиновникам и военным понравился этот способ снизить ущерб от атак — пусть из-за такого примитивного подхода граждане не могут вызвать такси, не работают банкоматы и пункты выдачи онлайн-заказов[43]. В июле 2025 года проект «На связи» зафиксировал более двух тысяч шатдаунов (от английского shut down — «отключение»), причем не только в прифронтовых регионах, но и в тысяче километров от зоны боевых действий[44]. А власти стали разрабатывать «белые списки» — реестр сервисов, без которых жизнь современного человека просто останавливается (госуслуги, банки, агрегаторы такси):

предполагается, что только они и будут работать во время шатдаунов[45].

«Суверенный интернет» принято сравнивать с тем, как устроена сеть в Китае: там работает система фильтрации и блокировок «Золотой щит», неофициально прозванная «Великим китайским файрволом». Но есть существенная разница: компартия КНР начала строить «Золотой щит» еще на заре интернет-эры, сразу решив поставить новое средство коммуникации под контроль. «У нас сначала развивался свободный рынок, тысячи операторов, куча независимых от государства трансграничных переходов трафика. И только потом все стало ухудшаться, государство принялось за централизацию сети», — объясняет Козлюк. По этой причине, по его мнению, полностью повторить китайскую модель российские власти не могут, но отдельные элементы, безусловно, копируют.

Некоторые российские практики блокировок переняли и на Западе: например, власти Евросоюза в начале марта 2022 года постановили заблокировать сайты RT и российского государственного агентства Sputnik — за поддержку российской агрессии в отношении Украины. «Доступ к сайту ограничен», — читаю я надпись на болгарском при попытке захода на сайт Sputnik у себя в Болгарии и вспоминаю, как впервые читал подобные «приветы от Роскомнадзора» в России десять лет назад. В ряде стран Европы недоступны еще и российские соцсети[46]. А в Британии на правительственном уровне обсуждают случаи преследования людей за твиты с языком вражды — совсем как в России, где репрессии за слова в интернете стали надежным фундаментом для массовой самоцензуры[47].

Христос с сигаретой

«Откройте, полиция!» — так началось утро 8 мая 2018 года для Марии Мотузной, молодой сибирячки из Барнаула. Ворвавшихся к ней в квартиру оперативников интересовали прежде всего носители информации, вроде компьютера и телефона — даже капсулу внутри флакона духов они сначала приняли за флешку. В чем ее подозревают, Мотузная поначалу толком не разобралась — то ли от волнения, то ли из-за того, что постановление на обыск ей, по ее словам, «сунули под нос на 30 секунд»[48]. Она успела понять, что уголовное дело связано с ее старым аккаунтом во «ВКонтакте». «Ничего, что страница удалена?» — удивилась она. «Думаешь, страницу удалила, ответственности никакой?» — ответили ей и повезли на допрос[49]. Там Мотузная узнала, что якобы нарушила закон, публикуя мемы с критикой религии: в уголовном деле, например, упоминалась фотография участников крестного хода с подписью «Две главные беды России» и рисунок Иисуса Христа с сигаретой. Допрос по классической схеме вели хороший и плохой опер: один пугал реальным тюремным сроком, другой предлагал попить водички. В итоге Мотузная в состоянии сильного стресса призналась, что этими мемами разжигала ненависть, подписала протокол, и ее отпустили.

Силовики выбрали ее в качестве жертвы явно неслучайно. Барнаул — столица Алтайского края и небольшой по российским меркам город в Сибири (чуть более полумиллиона жителей), все активные участники оппозиционного движения здесь были на виду. Мотузная посещала митинги, волонтерила в штабе Навального и ходила на встречу с политиком, когда он приехал в город в рамках своего предвыборного турне по стране весной 2017 года. Перед той встречей неизвестный облил оппозиционера зеленкой, испортив ему зрение; Навальный подозревал, что акцию организовали местные власти: машину, на которой скрылся провокатор, потом заметили у здания краевой администрации. Мотузная нечасто ходила в штаб политика, но активно писала про оппозицию на той самой странице «ВКонтакте» на аудиторию в две тысячи подписчиков — приличное количество для Барнаула. В свои публичные альбомы Мотузная добавляла все подряд: антирелигиозные мемы шли там вперемешку с легкой эротикой и снимками уличных граффити, например надписи «Ебись, веселись» на фасаде унылого дома в спальном районе.

Мотузную обвинили по двум статьям — об оскорблении чувств верующих и о недопустимости возбуждения ненависти. Последняя норма давно существовала в Уголовном кодексе России, но в конце 2013 года Путин распространил ее действие и на интернет. Это была еще одна реакция властей на протесты 2011–2012 годов, только если в случае с черным списком наказывали интернет-ресурс, то за пост на запрещенную тему — конкретного человека. Штамповать подобные дела оказалось проще простого: достаточно одного мема, экспертизы с подтверждением, что картинка с текстом разжигает вражду, и испуганного гражданина, которого вытащили из кровати с утра пораньше и доставили к следователю. Важно также доказать, что за аватаркой и сетевым именем скрывается конкретный гражданин, поэтому чаще всего дела заводятся за публикации в российских соцсетях, выдающих любые данные о своих пользователях, и прежде всего — во «ВКонтакте». «Правоохранительные органы стали возбуждать дела за любые суждения, репосты, комментарии», — констатировали впоследствии исследователи из научного института одного из силовых ведомств[50].

Именно по этой схеме первоначально и развивалось дело Мотузной. Следствие попросило оценить содержание мемов дружественную организацию: она давно готовила такие экспертизы для алтайской полиции и всегда находила требуемую крамолу, а одна из эксперток по делу Мотузной числилась в краевой государственной комиссии по противодействию экстремизму[51]. Результат экспертизы оказался предсказуемым: мемы с курящим Иисусом и крестным ходом оскорбляют чувства верующих, а шуточные картинки с чернокожими (на мой взгляд, довольно неудачные) содержат лингвистические признаки «пропаганды превосходства европеоидной расы над негроидной» и тем самым возбуждают ненависть и вражду. Однако к тому моменту, как следствие собрало доказательную базу и передало дело в суд, Мотузная решила отозвать признание вины.

«Всем привет, меня зовут Маша, мне 23 года, и я — экстремистка» — так начала она тред в Twitter в конце июля 2018 года. В нем, щедро подкрепляя повествование обсценной лексикой, она эмоционально рассказала свою историю — про обыск, про допрос и про то, почему сначала подписала признание: «С советами типа "надо было молчать", "ничего не подписывать", "надо было эдак и так, и жопой об косяк" — сразу нахуй. Сейчас и я прекрасно знаю, как надо было, вы не были на моем месте. Одни, испуганные, наедине с этими тварями, не зная тонкостей уголовных, блять, дел». В ее истории было что-то голливудское: девушка из глубинки сталкивается с репрессивной машиной, сначала пугается ее, а потом бросает вызов, понимая, что терять ей нечего. К началу суда Мотузной уже даже заблокировали банковские карты — государство вносит таких, как она, в специальный реестр экстремистов, и банки закрывают доступ к счетам автоматически. «Данное повествование мне далось не очень легко, я долго это пыталась скрывать, теперь уже незачем, прошу не судить строго, спасибо за внимание», — заключила Мотузная[52].

Ее пост разошелся широко: его ретвитнул Навальный, о деле Мотузной стали писать федеральные и мировые медиа. 6 августа 2018 году Мотузная пришла на первое судебное заседание в бордовом обтягивающем платье и заявила, что не признает вину. Вместо государственного адвоката, по-дружески болтавшего со следователем на допросе, ей теперь помогали защитники из международной правозащитной группы «Агора». В итоге высокая девушка с загадочным взглядом стала символом борьбы против жестоких уголовных наказаний за слова в интернете. В комментарии к ее треду пришел ее земляк, студент колледжа искусств Даниил Маркин. Его тоже судили за атеистические мемы, среди них было изображение героя «Игры престолов» Джона Сноу с нимбом с подписью «Джон Сноу воскрес! Воистину воскрес!» Их истории оказались похожи: участие в оппозиционных митингах в Барнауле, жесткие обыски, заблокированные карты и даже одни и те же жалобщики — и на Мотузную, и на Маркина написали заявление две подружки с юридического факультета местного университета. Заявления требовались силовикам как формальный повод для возбуждения дела, и выглядело так, что будущих юристок кто-то попросил поставить свою подпись под требованиями привлечь Мотузную и Маркина к ответственности[53].

Их страницы могли попасть под оперативную разработку не только из-за участия в акциях оппозиции в Барнауле. Силовики, как и Роскомнадзор, используют системы мониторинга интернета для поиска запрещенного контента. Полиция, например, освоила разработку физика из Перми: его программа «Сеуслаб» прежде всего заточена под «ВКонтакте» и помогает полицейским искать по ключевым словам («дворец Путина», «Жыве Беларусь» и так далее)[54]. То, что не нашел «Сеуслаб», подсветит Роскомнадзор: цензоры скидывают силовикам посты с нарушением закона через специальную систему «Кабинет оперативного взаимодействия», а те вправе возбуждать дела в отношении пользователей[55]. Наконец, разветвленное репрессивное законодательство возродило старую советскую традицию доносительства: жалобы в Роскомнадзор пишут как конкретные граждане вроде завхоза вуза из Тольятти Руслана Охлопкова (по его заявлениям в России блокировали популярные порноресурсы)[56], так и целые организации. Например, на поток отправку доносов поставила Лига безопасности интернета Константина Малофеева, за что была прозвана «империей киберстукачества»[57]. Ее глава, демоническая блондинка Екатерина Мизулина, дочь соавтора закона о реестре запрещенных сайтов, с помощью доносов пытается контролировать не только интернет, но даже русский рэп и стендап-комиков.

Преследование Мотузной запустило качественно иную дискуссию о таких делах. Вскоре после начала суда над ней руководство «ВКонтакте» публично обратилось в Госдуму, Верховный суд и в Минюст с радикальным предложением амнистировать всех осужденных за «возбуждение ненависти и вражды» и «оскорбление чувств верующих»[58]. Мотузная не скрывала радости и удивления. «Я как-то уже свыклась с мыслью, что я нехороший человек, заслуживающий наказания. Я начала верить, что заслуживаю этого. [Теперь] гораздо легче, когда знаешь, что все за тебя. У меня появилась надежда — такая огласка, что даже "ВКонтакте" уже начинают писать оправдания. Я представить не могла, что я, девочка из Барнаула, могу вызвать такой фурор», — говорила она журналистам[59].

Идеализировать «ВКонтакте» не стоит. Во-первых, имиджево скандалы с уголовными делами серьезно ударяли по соцсети. По статистике, на нее приходится около 80% административных протоколов и почти половина уголовных дел за слова в интернете[60]. Дело не только в популярности, но и в том, насколько легко силовикам получить личную информацию пользователя: та же Мотузная к моменту возбуждения дела уже удалила свою страницу, но платформа предоставила полиции всю внутреннюю информацию. Во-вторых, осторожно критиковать практику по осуждению людей за слова в 2018 году было безопасно — ведь ранее это уже сделал сам президент Владимир Путин. Весной он в очередной раз победил на выборах, заранее устранив любую серьезную конкуренцию (Навального, собравшего необходимое количество подписей за выдвижение его кандидатуры, просто не зарегистрировали). А в июне провел «Прямую линию» — ежегодный ритуал по общению с общественностью и народом с заранее согласованными вопросами. На ней депутат Госдумы и писатель Сергей Шаргунов рассказал главе государства про случаи наказания за экстремизм в соцсетях, и Путин призвал «не доводить все до маразма и абсурда». В таком же духе уже после треда Мотузной высказывался и его пресс-секретарь Песков[61].

В начале октября Путин внес в Госдуму законопроект о частичной декриминализации статьи о возбуждении ненависти, предложив заводить уголовные дела только в том случае, если в текущем году гражданина уже штрафовали за это правонарушение. Те, кто еще недавно преследовал Мотузную, взяли под козырек. Суд вернул ее дело в прокуратуру на пересмотр, и там спустя несколько месяцев не только решили прекратить следствие, но даже официально извинились перед девушкой[62]. Но вся эта история нелучшим образом сказалась на психологическом состоянии Мотузной. Еще на стадии пересмотра дела она уехала из России, явно опасаясь возобновления кошмара. «Я думаю, что это было сделано с целью успокоить общественность и вернуть все в свое русло. Я уверена, что и дальше будут продолжаться посадки за репосты», — прогнозировала она. И не ошиблась.

Проблем с формальными основаниями для привлечения людей за слова в интернете не возникло: как и в случае с черным списком сайтов, количество репрессивных норм с годами только росло, и частичная декриминализация одной статьи не отменила остальные. Так, еще в 2014–2016 годах на интернет был распространен запрет на публичные призывы к экстремизму и оправдание терроризма: эти нормы сформулированы максимально размыто и позволяют привлечь к уголовной ответственности за любое неосторожное высказывание в адрес власти. Например, силовики находили признаки оправдания терроризма даже в критике чрезмерно суровых приговоров по этой статье, а «экстремистскими» признавали посты против повышения пенсионного возраста[63]. Запрещено также призывать на акции протеста, не разрешенные властями, — норма, с помощью которой в 2021 году штрафовали тех, кто репостил сообщения о митингах против ареста Алексея Навального. С 2022 года, по сути, запрещена любая информация об ЛГБТ, хотя в размытой формулировке «пропаганда ЛГБТ-отношений среди несовершеннолетних» она существовала и ранее. Наконец, в 2025 году власти перешли важную черту: появились штрафы за поиск и чтение экстремистского контента — если до этого людей наказывали за публикацию неугодного контента, то теперь криминализировано его потребление[64].

Еще две серьезные репрессивные нормы — «неуважение к власти» (2018 год) и «дискредитация армии» (2022). По первой чаще всего наказывают за высказывания в адрес Путина вроде меметичной фразы «Путин — сказочный долбоеб»[65]. Вторая норма появилась вскоре после начала войны с Украиной как часть системы военной цензуры. По ней силовики и составляли административные протоколы просто за пост с черным квадратом в первый день вторжения (дело актрисы Кристины Асмус) и отправляли людей в колонию за последовательное осуждение российской агрессии в соцсетях (восемь лет заочно за пост в Instagram медиаменеджеру Илье Красильщику)[66].

Каждый публичный случай наказания людей за слова в интернете имеет «охлаждающий эффект»: зная о рисках штрафа или реального срока, граждане боятся выражать свое мнение в сети, и власти достигают приемлемого уровня самоцензуры без массовых посадок[67]. Статистика по публичным судебным решениям выглядит так: всего с начала 2010-х силовики наказали за посты и репосты не менее 30 тысяч человек, причем только в тысяче случаев речь шла об уголовной ответственности, остальные дела — административные[68]. Цензура усилилась с начала войны: более трети дел возбуждены после февраля 2022 года.

В эти цифры входят и примеры действительно людоедских высказываний, но лично я против любого государственного наказания людей за слова в интернете: достаточно удаления ксенофобских постов самой платформой.

Хотя у силовиков хватало оснований, чтобы наказывать людей, они явно помнили про незначительную уступку гражданскому обществу после дела Мотузной. В начале 2025 года правительство инициировало возвращение к старой системе преследования за посты с «возбуждением ненависти или вражды» в интернете: сразу уголовное дело, без промежуточной стадии в виде штрафа. «Поиграли в декриминализацию — и хватит. Вообще, если честно, не могу описать свои эмоции от этой новости. Обыск, допросы, судебные заседания, давление на моих адвокатов, угрозы, угробленная психика и жизнь, которая разделилась на до и после, — все зря. Раньше я хотя бы ощущала, что это того стоило. Теперь ощущаю себя какой-то шуткой», — прокомментировала эту новость сама Мария Мотузная.

К 2025 году власти потратили сотни миллиардов рублей на системы цифровой слежки и контроля — на московский «Умный город», чекистский СОРМ и «Чебурнет». При этом все это время у них под боком развивался и процветал нелегальный рынок данных. Им всегда пользовались не только журналисты вроде Христо Грозева, но и мошенники всех мастей, выманивая у граждан все накопления. И Роскомнадзор, и другие ведомства годами не могли защитить граждан от реальной, а не выдуманной угрозы — или просто не хотели.

Часть 3. Преступники

Глава 7.

Глаз Бога

«Вышла статья на New York Times о том, что слово "пробив" теперь является популярным словом [в мире] в связи с последними событиями, в связи с людьми, которых нельзя называть», — говорит в камеру накачанный, почти квадратный молодой человек с аккуратно подстриженной черной бородкой и целой выставкой татуировок на руках. Он косноязычен и от волнения немного путается: статья The New York Times, опубликованная в феврале 2021 года, рассказывает не о популярности слова «пробив» в мире, а о том, как этот рынок используют Христо Грозев и некоторые российские журналисты[1]. «Последние события» — это выход целого ряда громких расследований, включая разоблачение отравителей Навального («люди, которых нельзя называть»).

Качок — программист и создатель бота по пробиву «Глаз Бога» Евгений Антипов. Его косноязычие в этом видеоинтервью, записанном в апреле 2021 года, легко объяснить тем, что буквально накануне у него прошли обыски. Потом он много часов провел на допросах, но неожиданно для многих оказался по итогу не в СИЗО, а на свободе. «Тот факт, что слово "пробив" стало известно в том числе и на Западе, — это ваша заслуга?» — спрашивает его журналист. «Может быть, в малой степени. В какой-нибудь там малой-малой», — отвечает Антипов[2]. В его словах нет лукавства: на момент интервью его бот «Глаз Бога» — новинка даже для российских журналистов, не говоря уже об авторе статьи в New York Times. Но вскоре станет понятно, что Антипов и его партнеры совершили революцию на нелегальном рынке данных: собрали утечки, которыми ранее мог пользоваться лишь ограниченный круг людей, — и сделали их доступными для всех, в один клик и по смешной цене.

Происходила эта революция, судя по всему, с согласия силовиков. Хотя они должны были бороться с ней.

«Кронос» из КГБ

Антипов и другие создатели «Глаза Бога» — не первые, кто собрал в одном месте многочисленные базы с персональными данными россиян. Подобные агрегаторы существовали в России и ранее, а символом этого рынка всегда была система «Кронос». Под этой оболочкой работали базы, которые выдал мне благосклонный Василий с московского радиорынка, скрины из нее публиковал в своих материалах Навальный в 2010-е, ее дистрибутив можно было встретить на компьютерах у силовиков, безопасников из банков и, конечно же, мошенников.

«Кронос» — вполне легальная разработка, предназначенная для систематизации больших массивов данных. У ее истоков стояли бывшие сотрудники КГБ: на самом излете советского периода они занимались внутри спецслужбы запуском аналогичной системы «Персей», а потом, в начале 1990-х, сделали на ее основе коммерческую программу с родственным названием «Кронос» (Персей в древнегреческой мифологии — внук бога Кроноса)[3]. Ее стали использовать правоохранительные органы, администрация президента, банки и страховые. Каждая организация загружала в оболочку имеющиеся у нее базы данных и строила взаимосвязи между физлицами, юрлицами и объектами недвижимости. Например, милиция Ленинградской области так проверяла, какими компаниями владеют представители определенной преступной группировки (МВД до сих пор использует «Кронос», несмотря на довольно допотопный интерфейс)[4].

Потом кто-то из сотрудников продавал эти базы, и вскоре они уже лежали на лотках на радиорынке. Иногда круговорот утечек принимал почти комедийный характер. «Мы не имели доступ в базу УБОПа (управление по борьбе с организованной преступностью в составе МВД. — Прим. авт.), а она иногда нужна была для работы. В итоге я купил диск с ней и пиратским "Кроносом"», — рассказывал мне бывший офицер милиции, работавший в органах в конце 1990-х — начале 2000-х. Компания «Кронос» периодически жаловалась в правоохранительные органы, что пираты используют их платформу, но победить их не смогла[5].

В 2000-е и особенно в 2010-е рынок агрегаторов бурно рос. Их бизнес-модель заключается в том, чтобы собрать как можно больше баз — в том числе ворованных, — а затем продавать справки на граждан и юрлица. Эксклюзивный доступ к закрытым государственным реестрам такие агрегаторы получают благодаря связям с силовиками. Некоторые даже не скрывают этого: по свидетельству очевидцев, кабинет создателя одной системы увешан вымпелами и грамотами от правоохранительных ведомств, что можно было бы принять за стремление пустить пыль в глаза, если бы не наличие в его продукте регулярных обновлений из одной из самых ценных баз МВД. Собственно, и компания «Кронос» агрегировала нелегальные утечки и продавала доступ к сквозному поиску по ним, а ее официальным партнером в этой части бизнеса одно время числился петербургский фонд поддержки ветеранов ФСБ и внешней разведки.

Полиция и сама использует в своей работе агрегаторы персональных данных — например, разработку компании «Норси-Транс», ветерана поставок оборудования СОРМ. К наименованию своей системы в «Норси-Транс» добавили модное слово OSINT, ставшее популярным после расследований Христо Грозева и Bellingcat («Виток-OSINT»), сфокусировались на анализе соцсетей, но подгрузили к онлайн-массивам еще и утечки. «Виток-OSINT» собирает данные об аккаунтах гражданина и одновременно — знает из баз, где он может жить, какой у него есть автомобиль и каким телефоном он пользуется. Систему на закрытых тендерах закупает полиция и Главный центр спецсвязи, а в университете МВД ее рекомендуют как инструмент, освобождающий силовиков от «длительной рутинной работы»[6].

В целом подобные агрегаторы — не какое-то уникально российское явление. В США существует целая отрасль брокеров данных (data brokers). Такие компании собирают открытые данные граждан из всевозможных реестров и соцсетей, а также покупают базы у сотовых компаний, маркетплейсов и других коммерческих структур. Чего у них точно нет, так это нелегальных утечек: наоборот, собранные ими массивы периодически попадают к хакерам[7]. Основные клиенты таких брокеров — бизнес: компании интересует не конкретный человек, а обезличенная группа с конкретными интересами и другими потребительскими характеристиками (возраст, пол, доход), чтобы таргетировать на нее свою рекламу. Но приходит к ним за информацией и государство: в 2020 году, например, в США разразился скандал, когда выяснилось, что один из брокеров покупал у разработчиков приложений для смартфонов информацию о местоположениях американцев, а потом продавал ее ФБР, и те могли отслеживать людей без судебных ордеров[8]. В американском обществе вообще уже давно идет дискуссия о правовом ужесточении этой сферы по примеру Европы, где подобные брокеры сильно ограничены кодексом GDPR (General Data Protection Regulation — законодательство в области защиты персональных данных, принятое в конце 2010-х).

Американских брокеров с российскими коллегами объединяет закрытость: и в США, и в России простой гражданин не может воспользоваться этими системами, они предназначены для компаний и госструктур, а потенциальных клиентов там принято проверять — благо для этого есть все возможности[9]. Когда я попробовал заказать на пробу платформу «Виток-OSINT», меня в ответном электронном письме сразу попросили рассказать, какая компания будет пользоваться сервисом и по какому физическому адресу, а также описать суть «проекта».

Для использования «Глаза Бога» от Евгения Антипова не нужно ничего, кроме телефона с установленным на нем

Telegram и пары долларов. «Я съел их рынок, — говорил потом сам Антипов про предыдущее поколение агрегаторов. — Они продавали за 300 тысяч рублей пробив одного человека. А у меня то же самое есть за 200 рублей»[10].

Дитя даркнета

В течение 2020 года пробивщик Руслан с ником Redadmin — тот самый поставщик данных для Христо Грозева — замечал на форумах в даркнете необычные объявления от пользователя DaVinci. «Ищутся базы данных по всей РФ и СНГ. Разного плана. Пишите в личку, отправлю на общение с менеджером», — гласило одно из них. Тогда же в Telegram появился бот «Глаз Бога»: запускаешь его, платишь небольшие деньги, кидаешь номер телефона, машины, адрес электронной почты или имя-фамилию человека — и тебе выдают все, что есть по этим данным в утечках с начала 2000-х. DaVinci рекламировал новый сервис со старта: пробивщик Руслан в какой-то момент заметил ссылку на «Глаз Бога» в постах от имени пользователя в даркнете. «Ну, тут я связал одно с другим — объявления о покупке баз и эту рекламу», — вспоминал он в разговоре со мной. Связь заметил не только Redadmin — версия, что DaVinci как-то связан с новым ботом, стала основной на рынке[11]: кто-то считал DaVinci создателем «Глаза Бога», другие — лишь коммерческим партнером.

DaVinci был крупным пробивщиком с оптовыми оборотами — тот же Руслан по сравнению с ним выглядел как небольшой семейный магазинчик рядом с сетевым супермаркетом. Имелся даже стильный сайт в доменной зоне Великобритании с картинами Леонардо да Винчи в качестве иллюстраций. Несмотря на абсолютно незаконные услуги вроде продажи данных о пересечении границы или геолокации граждан по сотовым вышкам, в 2018 году DaVinci удалось заказать нативную рекламу в деловом журнале Forbes — на нейтральную тему о проверке криптовалютных проектов перед инвестициями[12]. «DaVinci — хороший маркетолог, он удачно раскрутил свой бренд. Он находил исполнителей с низкими ценами, потом перепродавал их услуги втридорога, а разницу забирал себе в карман», — рассказывал мне собеседник на рынке данных. Пробивщик и его команда также администрировали несколько форумов в даркнете, где можно было купить фальшивые документы, обналичить деньги или найти свежую утечку с персональными данными. Контроль над одним из таких форумов под названием Dark Money он получил, как заправский рейдер. Кто-то слил в медиа реальные имена предыдущих администраторов, и те, испугавшись последствий, перестали заниматься проектом. За деанононом, скорее всего, стояли бенефициары скандала — новыми администраторами стали DaVinci и связанные с ним люди[13].

Создание собственного бота по пробиву выглядело логичным продолжением экспансии DaVinci. Тем более идея лежала на поверхности: в Telegram уже действовал бот, выдававший данные из утечек на владельцев авто. Я впервые протестировал «Глаз Бога» осенью 2020 года, увидев ссылку на новинку в одном чате об инструментах OSINT. Как раз тогда я делал расследование про бывшую любовницу Путина Светлану Кривоногих. Я ввел в боте ее данные и примерно за доллар получил справку с данными из утечек: какие-то базы я узнал, они хранились на диске от Василия, но, например, массива с доходами петербуржцев за 2017 год у меня не оказалось. Справка помогла мне в работе — и в то же время создала внутреннее напряжение.

Вся эксклюзивность диска с утечками улетучилась в момент: зачем хранить их с риском для себя, если то же самое и даже больше есть в Telegram-боте? Чуть позже в бот добавили возможность кинуть ссылку на страницу в соцсетях (например, «ВК») и узнать, что есть на человека в базах: вручную такая работа занимала гораздо больше времени.

К началу 2021 года бот набрал такую популярность, что о нем стала писать центральная деловая пресса[14]. «Пользователи и администраторы ботов, конечно, совершают преступление, если в их работе используются слитые базы данных. Но эта область юридически попадает в серую зону», — говорил в феврале депутат Госдумы Антон Горелкин, соавтор многих законов по цензуре и ограничениям в рунете. Спустя несколько недель на борьбу с «Глазом Бога» вышел Роскомнадзор: ведомство потребовало от Telegram заблокировать бот за нарушение закона о персональных данных и обратилось в правоохранительные органы с требованием найти его владельцев[15].

Последнее выглядело технически несложным: тот же «Глаз Бога» принимал рубли через вполне официальные платежные сервисы. Вскоре в одном Telegram-канале о серых финансовых схемах появилась публикация, из которой следовало, что платежи за пробив шли на счет московского программиста Евгения Антипова. В начале апреля к Антипову пришли с обысками, что по всем правилам предвещало скорую смерть бота под колесами правоохранительной системы. Силовики с автоматами взломали дверь в московскую квартиру Антипова и повезли на допрос. Более суток его адвокат не мог ничего узнать о своем подзащитном — известно было только, что уголовное дело ведут Следственный комитет и ФСБ.

На практике это обычно означает арест, но Антипов неожиданно оказался на свободе[16]. Впоследствии он повторял, что обыски вообще не имели никакого отношения к «Глазу Бога», а дело касалось нелегального форума Dark Money и DaVinci. За несколько дней до обыска у Антипова силовики действительно пришли по тому же делу за командой DaVinci — их всех по итогу арестовали за незаконный сбор персональных данных, компьютерные взломы и даже вымогательство.

Антипов не отрицал, что сотрудничал с DaVinci — например, сделал для них тот самый красивый сайт с картинами Леонардо и обсуждал с ними создание защищенного мессенджера. Однако пробивщик утверждал, что «Глаз Бога» разработал самостоятельно, а рекламу его проекта DaVinci якобы размещали совершенно бесплатно[17]. Верится в такое бескорыстие с трудом, но Антипов действительно выглядит человеком из другого мира по сравнению с DaVinci. За этим ником, судя по всему, скрывался москвич Всеволод Евграфов. В середине 2010-х он, еще будучи студентом, организовал у себя дома целую лабораторию по изготовлению фальшивых паспортов: через знакомую в Сбербанке узнавал, у кого есть большие вклады, а потом оформлял от их имени карты и снимал деньги. Утекшие базы данных помогали ему и его подельникам узнавать личную информацию вкладчиков.

Антипов — по крайней мере, судя по видимой части его биографии — не имел никакого отношения к рынку данных до появления «Глаза Бога». По его собственным словам, он еще в школе писал компьютерные вирусы для развлечения, потом учился в московском вузе, но бросил и стал зарабатывать программированием, берясь за любые проекты — от игр до мутных криптовалютных платформ. Антипов совершенно не прятался: в середине 2010-х одно время он развлекался тем, что отправлял популярным игровым стримерам большие донаты в несколько десятков тысяч рублей, чтобы в эфире прозвучал его ник в инстаграме. Кто-то подозревал, что это была рекламная кампания криптовалютной пирамиды, на которую работал Антипов, сам он говорил, что тратил деньги на донаты от скуки во время жизни в Португалии, просадив за полгода три-четыре миллиона рублей[18]. В инстаграме он хвастался красивой жизнью успешного и накаченного программиста — море, девушки, красивые машины.

На рынке данных считается, что Антипов не просто так оказался на свободе после обысков, в то время как DaVinci и связанных с ним людей в итоге осудили по целому букету уголовных статей. Он стал помогать силовикам в расследовании преступлений, хотя само существование его бота — точно такое же преступление.

ВИП-опер

«Актуальные вопросы использования негосударственной информационной системы Eye of God Bot оперативными подразделениями МВД России и ФСИН России» — так называется небольшое исследование, опубликованное в 2023 году преподавателями ведомственных силовых вузов. Его авторы провели опрос оперативных сотрудников в нескольких регионах России, и он показал, что 41 из 50 полицейских использовал «Глаз Бога» в работе[19].

Сам Антипов не раз хвастался своими близкими отношениями с силовиками. «После обысков я всем в здании Следственного комитета раздавал подписки. Когда разговор завязывался, спрашивали: "А что, правда ищет хорошо? Дай посмотреть". Я и показывал. Я и так делюсь с органами: когда они мне пишут со своей служебной почты [с такой просьбой], мы предоставляем [бесплатный доступ]», — рассказывал он. В 2021 году алгоритм сотрудничества с полицией, по словам Антипова, выглядел так: сначала бесплатный доступ на месяц, потом продление, в котором «Глаз Бога» не отказывает, но просит дать грамоту от МВД о помощи следствию[20]. Еще одна форма сотрудничества с силовиками — предоставление им информации о том, кто пробивал определенных людей в боте, например отравителей Навального[21].

Бот с криминальными корнями оказался удобнее для оперативной работы МВД, чем ведомственные информационные системы. Ведь в «Глазе Бога» есть данные не только из государственных реестров, но и из баз маркетплейсов и банков, и система постоянно пополняется свежими утечками. Официально такую информацию полицейские могут получить только по запросу, и то не сразу, а через несколько дней, объяснял мне бывший оперативник. «Нафиг эти наши базы, пока сделаешь запрос, пока другой сотрудник соизволит поднять свой зад и переместить его к компьютеру, а вдруг он вообще не на смене», — говорил он. Агрегатор «Виток-OSINT» менее удобен, хотя там тоже есть утечки: его МВД закупает официально, и поэтому там количество рабочих мест с доступом ограничено. «Обычному оперу до этого "Витка" бежать и бежать», — говорит мой собеседник на рынке данных.

Информация из «Глаза Бога» приобщается к делам оперативного учета и иногда попадает в судебные материалы. Так, в 2022 году жителя одного из южных регионов привлекли к административной ответственности по статье о «дискредитации армии» за комментарий в публичном чате в Telegram. Чтобы его деанонимизировать, полицейские использовали «Глаз Бога»: вбили туда ник в Telegram и получили телефон с адресом из утечек. В поступивших в суд материалах есть скрин из бота, а прокурор на суде рассказывала о сервисе так, будто это легальная и законная платформа. «Оснований признавать указанный документ недопустимым доказательством у суда не имеется», — говорится в постановлении о назначении штрафа.

В полиции настолько оценили силу бота, что стали обращаться не только к «Глазу Бога». В 2020–2021 годах нехитрую и нелегальную бизнес-модель «собирай в одном месте все утечки и продавай дешевые справки на людей» повторили еще несколько проектов. В двух из них мне подтвердили, что тоже идут навстречу силовикам. Так, на конец 2024 года у 3000 отделов полиции по всей России имелся доступ к боту под названием «Химера»[22]. В отличие от «Глаза Бога» с публичной фигурой Антипова во главе, «Химера» всегда оставалась анонимной, и только слухи связывали этот бот с выходцами из крупной российской компании в сфере кибербезопасности. «Мы сотрудничали без личного общения [с силовиками], про нас никто не знает. Говоря по-вашему, чистый киберпанк. Они обращались к нам в поддержку, мы просили прислать запрос на бланке с гербовой печатью», — уверял меня сооснователь «Химеры». В его представлении, такое сотрудничество давало шаткую гарантию, что проект не будут преследовать за нелегальную продажу данных.

Парадоксальность ситуации в том, что, пока одни представители власти запрашивали бесплатный доступ к таким ботам, другие пытались их закрыть: летом 2021 года Роскомнадзор через суд обязал Telegram удалить «Глаз Бога», а потом прокуратура потребовала заблокировать и сайт проекта. Вместо заблокированного сайта открылись новые, а с удалением бота модераторами мессенджера Антипов решил бороться так: любой человек может сделать свою копию бота и пользоваться ей, оплатив подписку. Например, полицейские из южного региона, вычислившие с помощью «Глаза Бога» автора антивоенного комментария в Telegram, работали с клоном под ироничным названием VipOper.

В итоге, несмотря на претензии Роскомнадзора, бизнес работал и приносил деньги, в том числе — от контрактов с банками, которые используют бот для проверки сотрудников или поиска мошенников. В конце 2024 года годовая неограниченная подписка на «Глаз Бога» стоила около 5000 рублей (50 долларов), разовая дневная — чуть более 100 рублей. Часть доходов проекта публична, часть известна со слов самого Антипова, но, например, в том же 2024 году чистая прибыль могла составить около 70 миллионов рублей (700 тысяч долларов). Руководитель бота продолжал вести блог в инстаграме со стандартными картинками яркой жизни: дорогие машины, девушки, отдых на море и спортзал). В 2022 году он купил себе внедорожник Mercedes Geländewagen, известный в народе как «гелик».

По состоянию на конец 2024 года у бота насчитывалось почти 27,4 миллиона активных пользователей, рассказал мне сам программист. Активным считается тот, кто хоть раз оплачивал пробив, делал минимум десять запросов и находился в сети в течение последних двух недель. Таким образом, если цифры Антипова верны, каждый пятый взрослый житель России хоть раз пробивал кого-то в «Глазе Бога». И многие — с сомнительными целями, ведь подобными сервисами пользуются не только журналисты-расследователи, но и, например, мошенники, авторы доносов на оппозиционных граждан и сталкеры, преследующие своих бывших.

Глава 8.
Пробив предателей

В середине декабря 2023 года депутат Госдумы Андрей Луговой опубликовал у себя в телеграм-канале телефон и домашний адрес научной журналистки Аси Казанцевой. В те дни она должна была презентовать в столичном книжном магазине свою книгу, но накануне провластные блогеры вспомнили, что Казанцева выходила на акции протеста против войны в Украине в начале вторжения, и стали закидывать организаторов доносами и угрозами. Презентацию в итоге отменили, однако атака на Казанцеву на этом не закончилась: в анонимном канале, дружественном Луговому, появились скрины из «Глаза Бога» с адресами и контактными данными журналистки. «Для тех, кто лично хочет довести до Аси, что предательство своей страны — самый страшный грех», — пояснили админы, призывая к продолжению травли. Этот пост и разместил у себя Луговой[1].

Андрей Луговой — не просто депутат Госдумы, он еще и первый заместитель парламентского комитета по безопасности, в ведение которого, помимо прочего, входят вопросы защиты граждан и общества «от преступных посягательств»[2]. Тот факт, что Лугового избрали на этот пост, изначально выглядел немного иронично, ведь этот экс-сотрудник 9-го управления КГБ (подразделение, которое занималось государственной охраной) — один из подозреваемых в убийстве экс-чекиста Александра Литвиненко. Подполковник ФСБ Литвиненко в конце 1990-х публично обвинил собственных работодателей в планировании заказных убийств, в результате чего оказался сначала в московской тюрьме, а затем в эмиграции в Великобритании: там он продолжал критиковать российские власти и сотрудничал с разведками других стран. В конце 2006 года ему предложил встретиться в Лондоне его бывший коллега Андрей Луговой. Британский суд считает, что на этой встрече Луговой или его спутники добавили в чай Литвиненко радиоактивный полоний. Беглый чекист вскоре умер мучительной смертью, а Луговой, которого британские власти требовали экстрадировать, через год стал депутатом, что выглядело как награда за успешную операцию по ликвидации «предателя»[3].

В репосте Лугового Асю Казанцеву тоже публично называли «предателем», но в этом случае, в отличие от убийства Литвиненко, бывший чекист нарушил закон совершенно открыто и на глазах у всех: депутат обнародовал персональные данные гражданина без его ведома и разрешения, к тому же — купленные в телеграм-боте с сомнительным правовым статусом. В итоге Луговой удалил публикацию, но оппозиционный активист из Петербурга успел пожаловаться на него в комиссию Госдумы по этике. Комиссия предсказуемо не нашла нарушений, сославшись на то, что, в соответствии с Конституцией РФ, каждый гражданин имеет право «свободно искать, получать, передавать, производить и распространять информацию любым законным способом». Вскоре после вынесения этого вердикта члены этической комиссии проголосовали за ужесточение ответственности за продажу данных из утечек через боты по типу «Глаза Бога», а Ася Казанцева эмигрировала из России под угрозой репрессий[4]. Накануне отъезда она вместе с маленькой дочерью месяц жила не дома: журналистка действительно испугалась за себя и за ребенка.

Зампред комиссии Госдумы по безопасности, одной рукой голосующий за суровые наказания за утечки, а другой публикующий скрины с этими утечками у себя в канале, ярко иллюстрирует то, как в стране с московским «цифровым ГУЛАГом», «Чебурнетом» и неограниченной прослушкой одновременно свободно существует и развивается нелегальный рынок персональных данных. В начале 2020-х громкие журналистские расследования популяризировали пробив и агрегаторы на манер «Глаза Бога». Журналисты задействовали этот рынок во благо общественного интереса, но своими материалами показывали всем, где и как можно искать информацию. В том числе — людям, в чьих руках утечки и пробив становились опасным оружием.

Пригожин против зятя

В апреле 2020 года сотрудник офиса «Билайна» из подмосковного Королева залез в рабочий компьютер, чтобы выполнить заказ с рынка пробива. К своим 26 годам Анатолий Суслов уже имел судимость по «народной» статье о хранении наркотиков и долги по кредитам. Финансовое положение он решил поправить за счет продажи данных об абонентах одного из крупнейших сотовых операторов России. Номер, присланный Суслову анонимным пробивщиком, на первый взгляд не принадлежал человеку со связями и вообще выглядел как обычный корпоративный сотовый, который компании выдают своим сотрудникам: его владельцем числилось юрлицо ООО «Марафон Групп». На беду Суслова, это была не обычная фирма, а инвестхолдинг с многомиллиардными активами: на пробив ему прислали номер президента «Марафона» Александра Винокурова — зятя бессменного министра иностранных дел России Сергея Лаврова.

За свои услуги Суслов получил жалкие 1300 рублей (около 20 долларов) — скорее всего, он даже не догадывался, кто реально пользуется этим сотовым, иначе запросил бы доплату за риск. Суслов выкачал детализацию соединений Винокурова и сгенерировал временный пароль от его личного кабинета. Далее эта информация пошла по цепочке через несколько пробивщиков — такое иногда бывает, когда они размещают заказы друг у друга через внутренние чаты. Наверху этой цепочки находился человек с ником Sherlock_Probiv — за ним скрывался 29-летний Александр Бесараб. Жил он в украинском Луганске — к тому моменту город стал столицей самопровозглашенной «Луганской народной республики» и представлял собой абсолютную серую зону с точки зрения законности. Иными словами, это было почти идеальное место для ведения подобного бизнеса: в разговорах со знакомыми Бесараб заявлял, что, мол, в случае чего российским силовикам будет трудно его достать.

Доступ к личному кабинету Винокурова пробивщикам потребовался для того, чтобы настроить переадресацию на «левый» номер и получать служебные звонки и эсэмэски для взлома аккаунтов. Заказчиков всей этой операции особенно интересовал WhatsApp зятя министра иностранных дел: они знали, что именно там у руководства «Марафона» рабочие чаты. Один из пробивщиков ввел в стартовом окне мессенджера номер Винокурова, на «левый» телефон пришел входящий вызов от техслужбы WhatsApp с кодом для регистрации на новом устройстве — и Бесараб смог закачать архив переписки себе на компьютер (более пяти гигабайт). Его он и переслал заказчику за 25 тысяч рублей (более 300 долларов), что в двадцать раз больше вознаграждения сотрудника «Билайна» Суслова, стоявшего на низшей ступени этой цепочки пробива[5].

Взлом мессенджеров и электронных почтовых ящиков — одна из типичных услуг рынка пробива: если восстановление пароля к аккаунту привязано только к телефону, то купленная у сотрудника сотовой компании информация поможет проникнуть в переписку. В случае с Винокуровым отмычкой стал пароль к личному кабинету. Еще один распространенный вариант, доступный на пробиве, — выпуск дубликата сим-карты. В этом случае мошенники изготавливают фальшивую доверенность с реальными паспортными данными жертвы и приходят с этим документом в салон связи, где работает «свой» сотрудник: если жертва пожалуется оператору, то сотрудник сошлется на то, что принял документы за настоящие[6]. Чуть дороже и дольше — заплатить денег полицейскому, который отправит запрос в «Яндекс» или «ВК» на полную копию аккаунта, пользуясь неограниченными возможностями закона об оперативно-разыскной деятельности. «Это дорого и долго. Зато 100% архива получить можно», — рассказывал мне один пробивщик.

Бывают и более лихие схемы. В конце 2010-х в Москве работало детективное агентство Lex-Gard с офисом на Лубянке — буквально в соседнем здании с приемной ФСБ. Его сотрудник, экс-полицейский Александр Зеленцов организовал конвейер по получению биллингов и содержимого электронных почтовых ящиков. Вместе с помощниками они подделывали судебные санкции на чтение переписки и отправляли их в соответствующие департаменты сотовых или интернет-компаний — например, «Мегафона» и Mail.Ru. Там настолько привыкли к подобным запросам российских силовиков, что без лишней проверки или отдавали информацию на диске, или вообще отправляли ее в электронном виде. Основными клиентами агентства были ревнивые мужья и конкуренты по бизнесу, но именно через Зеленцова и его команду пробивщики Руслан и Александр из поволжского города покупали биллинги на отравителей Навального из ФСБ — то, чего не мог добыть самарский полицейский Кирилл Чупров (см. главу 3). После публикации расследования Bellingcat и The Insider силовики быстро задержали создателей Lex-Gard, хотя в целом схема работала безотказно: жертвы не узнавали о взломе, так как их переписку и биллинги сливали их собственные провайдеры и держали это в секрете в соответствии с требованиями законодательства об оперативно-разыскной деятельности.

Случай Винокурова был иным: он и его команда быстро поняли по уведомлениям на смартфоне, что произошло, но не сразу смогли попасть в личный кабинет из-за настроек безопасности. В это время Бесараб из Луганска писал в WhatsApp коллегам Винокурова по «Марафону» от его имени и просил скопировать рабочие чаты из списка (прилагался скрин из взломанного аккаунта). Двое — личная помощница и пиарщица — выполнили указание фальшивого шефа и тем самым увеличили информационный ущерб от атаки. Но праздновали успех пробивщики недолго.

Это был тот случай, когда на их поиск бросили все силы правоохранительных органов: к расследованию взлома телефона зятя министра иностранных дел привлекли технических специалистов Федеральной службы охраны и, конечно, ФСБ.

Пробивщики, как это часто бывает, оставили слишком заметные цифровые следы: сотрудник «Билайна» Суслов получил деньги на свой кошелек в платежной системе Qiwi, Бесараб пользовался почтой от «Яндекса» и засветил свой луганский IP-адрес, а оплату принял на собственный счет в Сбербанке. Еще одного участника взлома вычислили, когда он дома вставил «левую» симку в такой же «левый» телефон, чтобы зайти в Qiwi-кошелек: по данным с сотовых вышек силовики посмотрели, какой телефон в этот момент находился рядом во включенном состоянии — и это оказался его личный номер, зарегистрированный на его имя. Пробивщики не ожидали, что за них так крепко возьмутся, потому что не посмотрели толком, кого пробивали. «Я лично уже только в СИЗО понял, насколько серьезного человека мы взломали», — рассказал мне один из них.

Кому же понадобилась переписка зятя министра иностранных дел и члена Совета безопасности России? Заказ тоже размещался по цепочке, но довольно быстро следствие добралось до верхушки — бывшего сотрудника петербургской милиции Александра Малолетко. В правоохранительных органах особенных успехов Малолетко не достиг, работал в отделе наружного наблюдения[7]. Зато совершил впечатляющую карьеру в структурах предпринимателя Евгения Пригожина. Пригожин в советское время сидел за разбой, а в 1990-х, после выхода из тюрьмы, занялся ресторанным бизнесом, благодаря чему познакомился с Владимиром Путиным: тот, будучи обычным петербургским чиновником, захаживал в одно из его заведений. Когда Путин стал президентом, Пригожин получил эксклюзивные контракты на обслуживание кремлевских банкетов и приемов, но его амбиции оказались выше. С санкции Кремля он сначала создал «фабрику троллей», которая занималась написанием провластных комментариев в соцсетях, а потом и знаменитую ЧВК «Вагнер». В пригожинском холдинге «Конкорд» Малолетко возглавлял службу безопасности и курировал специальные, не всегда легальные операции. Судя по всему, участвовал он и в боевых действиях в составе «Вагнера», за что получил три государственных ордена Мужества и грамоту от президента Центральноафриканской Республики, где воевали бойцы пригожинской ЧВК.

В начале апреля 2020 года Малолетко позвал на встречу в Петербурге сослуживца по «Вагнеру» Андрея Ткаченко и попросил того узнать, как получить доступ к чужому аккаунту в WhatsApp. Знакомые рассказали Ткаченко про рынок пробива, где есть такая услуга, и Малолетко прислал ему номер Винокурова. Ткаченко и его знакомые оказались более подкованными, чем пробивщики: они сначала проверили присланный номер в приложении GetContact, где показывается, как человек записан в смартфонах своих контактов. Ткаченко повторно набрал начальника службы безопасности Пригожина и выразил беспокойство, потому что пробивать вообще-то придется «серьезного человека» — зятя министра иностранных дел. На что Малолетко парировал: ничего страшного, заказчик — тоже высокопоставленный человек со связями[8].

Конечным заказчиком, конечно, выступал сам Пригожин. «У Пригожина с Лавровым были "терки" по Африке, Шеф хотел от министра более активных действий. Думаю, компромат на зятя потребовался, чтобы обменять его на услугу от Лаврова (читай: шантажировать). Или вообще отнести Путину, чтобы показать, что Лавров — враг», — предполагает бывший высокопоставленный сотрудник структур Пригожина. Кроме того, вспоминает он, хозяин «Вагнера» хотел, чтобы министерство помогло освободить из тюрьмы в Ливии политолога Максима Шугалея, работавшего там в интересах Пригожина и арестованного местными властями. Основателю ЧВК компромат на Винокурова обошелся в 300 тысяч рублей (4000 долларов). Малолетко встретился с Ткаченко еще раз в Петербурге и вручил ему деньги в конверте.

И хотя на суде звучали показания о том, что Малолетко не последний заказчик в цепочке, Пригожину взлом телефона зятя министра сошел с рук. Зато с группой его сотрудников сначала обошлись круто — на время следствия и суда их всех отправили в СИЗО. Впрочем, вердикты суда в итоге оказались довольно мягкими: Ткаченко приговорили к двум годам условного срока, Малолетко — к штрафу в 50 тысяч рублей, да и те ему разрешили не платить, зачтя время пребывания под арестом. Пригожин явно вписался за своих подчиненных, пусть они действовали самонадеянно и тоже наследили: например, деньги пробивщику из Луганска Бесарабу они перевели с карты родственницы одного из участников операции.

Спустя пару месяцев после суда Владимир Путин начал вторжение в Украину, и ЧВК «Вагнер» стала одной из самых боеспособных единиц в составе российских войск.

С санкции президента Пригожин начал вопреки всяким законам вербовать в ЧВК заключенных для участия в войне. В конце августа 2022 года в телеграм-канале Пригожина появилось фото с кладбища под Петербургом: основатель «Вагнера» возлагает цветы на могилу погибшего на войне заключенного, а рядом с ним стоит плотный мужчина в футболке с надписью Atlantic Navigation — Александр Малолетко.

«Во-первых, Александр Малолетко осужден не был, а имеет судебный штраф. А во-вторых, если вы внимательно поковыряетесь в материалах его дела, то у вас возникнет много вопросов, но уже не ко мне», — публично защищал своего подчиненного Пригожин, когда журналисты, увидев это фото, спросили его пресс-службу про историю со вскрытой перепиской зятя Лаврова. «Орденов Мужества у Малолетко четыре, — продолжал глава "Вагнера". — Ведь он уже не один десяток лет борется с врагами нашей Родины, и африканских "Крестов воинской доблести" тоже несколько. Надеюсь, теперь у вас сложилась правильная картина происходящего».

Если он и пустил в ход полученные пять гигабайтов компромата, то точно непублично: на сайтах и в телеграм-каналах, связанных с Пригожиным, нет публикаций о зяте Лаврова со ссылкой на утечку. В конце лета 2023 года, после неудавшегося мятежа «Вагнера», Пригожин погиб в результате взрыва самолета над Москвой — скорее всего, его устранили по приказу Владимира Путина. «Не громче, чем передряга», — оценил мятеж своего подковерного оппонента министр иностранных дел Лавров[9].

Сталкер с пробива

— Я буду заказывать распечатки, все, нахуй, буду на тебя делать, блядь, узнавать, где ты находишься. Все, пиздец, теперь ты будешь под тотальным контролем. Если он приблизится к тебе хоть на 500 метров — даже случайно...

— То что?

— То то. Выходи, сука, я тебя прямо при ментах сейчас захуярю.

Угрозы в этом диалоге исходят от молодого человека по имени Иван. С весны 2020 года он преследует свою бывшую девушку Лену после расставания — или, говоря современным языком, занимается сталкингом. От других сталкеров Иван отличается тем, что пользуется широкими возможностями рынка пробива.

Иван и Лена познакомились в Москве на занятиях тайским боксом в 2013 году: он — длинноволосый, плотный, с немного диковатым взглядом, она — спортивная, внешне сдержанная. Завязался серьезный роман, молодые люди в какой-то момент даже съехались. Личные отношения переросли в деловые: они открыли свое рекламное агентство со специализацией на интернет-маркетинге. Иван периодически позволял себе грубость и агрессию, но окончательно перешел все границы во время коронавирусного карантина весной 2020 года. В конце концов Лена потребовала от него съехать с квартиры со словами «отправляйся в свой Киржач» — родной город во Владимирской области. Поначалу они пытались продолжить совместный бизнес, но вскоре стало понятно, что это невозможно: парень не смог спокойно пережить расставание[10].

Сталкинг начался со стандартных попыток проконтролировать, где и с кем находится бывший партнер. Иван доставал девушку звонками, а потом стал подкарауливать возле дома в Москве. Однажды к Лене пришла в гости подруга: они пили чай, как вдруг заметили, что кто-то дергает ручку входной двери. «Я приехал с ружьем и буду стрелять по окнам!» — пугал он их, пока не приехала полиция. В личку он присылал фотографии холодного оружия с подписью: «Как тебе?» Зачем-то вырвал глазок из двери ее квартиры.

— Я не буду сам ничего делать. Я, нахуй, дам какому-нибудь бомжу тысячу рублей и бутылку водки. Скажу: «Закинь ее в мусорку нахуй», — угрожал он Лене в одном из разговоров.

— Как ты будешь с этим жить потом? — спрашивала она его усталым и измученным голосом, не забывая при этом записывать все эти беседы на диктофон.

— Да я вслед за тобой уйду, мне недолго в любом случае осталось.

Преследование девушки продолжалось несколько лет. В те же годы, в конце 2010-х, в российские медиа стали чаще писать про сталкинг как форму насилия — и о том, что нелегальный рынок данных дал таким, как Иван, страшные возможности. Лена заблокировала его во всех мессенджерах и несколько раз меняла номер, но сталкер каждый раз добывал ее новый контакт — то ли в агрегаторах наподобие «Глаза Бога», то ли на рынке пробива. «Нужна вспышка по телефону с определением место нахождения», — спрашивал он у пробивщиков в одном из профильных чатов в конце 2020 года («вспышка» — это геолокация смартфона в момент конкретного вызова). «Нужен клон сим карты Москва мтс», — искал Иван в мае 2021 года способ взломать аккаунты бывшей. Наконец, все на том же пробиве он приобрел выписку из «Розыск-Магистрали» со всеми поездками бывшей. Скрины из выписки он гордо показывал общим знакомым и самой Лене, чтобы продемонстрировать полный контроль над ее жизнью. «Я тебя достану, сука. Единственный твой шанс — это выйти на связь», — подписал скрин Иван. Под прицелом оказались даже ее родители: под днищем автомобиля мамы Лены сталкер установил маячок AirTag от Apple, который позволял удаленно отслеживать перемещения автомобиля.

Летом 2021 года Лена с подругой прилетели в Крым на отдых. Когда садились в арендованную машину, они заметили, как Иван бежит к ним от здания аэропорта. Девушки предпочли не выяснять отношения, а просто дали по газам и уехали в город. Иван не просто преследовал Лену, но и нападал на ее новых партнеров — с одним, например, дрался в аэропорту Домодедово, крича: «Я тебя убью!» Полиция оштрафовала его по статье «Побои», но уголовное дело именно за преследование Лены появилось только после того, как ее история стала публичной: депутат Госдумы написал заявление в Следственный комитет, и лично глава ведомства Александр Бастрыкин поручил наказать сталкера[11].

В основу уголовного дела легли не только многочисленные угрозы избить и убить девушку, но и покупка «Магистрали» и использование AirTag для слежки за мамой. На время следствия Иван находился дома в родном Киржаче под запретом определенных действий — в частности, ему запретили пользоваться интернетом и покидать город регистрации. Несмотря на эти ограничения, он периодически напоминал Лене о себе. В итоге его осудили по двум статьям — нарушение неприкосновенности частной жизни и угроза убийством, но наказание оказалось сверхмягким: 200 тысяч рублей штрафа за моральный ущерб и 600 часов обязательных работ, причем даже трудиться не пришлось, суд зачел ему ограничения, наложенные на него на время следствия. Судя по материалам дела, искать полицейского и пробивщика, продавших данные из «Магистрали», следствие не стало, хотя Иван разоблачил сам себя, отправив выписку из системы девушке вместе с угрозами.

Несмотря на приговор, он продолжил доставать звонками родных Лены и ее нового парня. Девушка в итоге уехала из России из-за страха, что он опять появится в ее жизни. Во все боты с персональными данными, где только можно, она писала заявления на сокрытие информации, хотя понимала, что полностью спрятаться не получится. «Я всех в окружении пробиваю», — похвастался ее бывший как-то в одном чате. Поиску информации он учился, в том числе читая расследования Навального, рассказывала мне потом Лена. 21 декабря 2020 года политик опубликовал видео со своим звонком Кириллу Кудрявцеву — химику из бригады собственных отравителей. Чтобы тот не заподозрил неладное, Навальный использовал функцию подмены номера, и на телефоне у Кудрявцева высветился номер коммутатора ФСБ. Спустя несколько дней Иван пришел в специализированный чат в Telegram с вопросом: «Посоветуйте IP-телефонию для подмены номера». Впоследствии он неоднократно использовал эту технологию для звонков Лене, чтобы она взяла трубку: набирал ее под видом мамы или участкового.

Надо признать, что навыки Ивана были вполне на уровне хорошего журналиста. Я проверял его в GetContact с «левого» номера, но у Ивана в этом приложении была настроена премиальная подписка, выдававшая имена и телефоны тех, кто вас ищет. Я знал об этом, но не беспокоился, так как GetContact атрибутировал мой «левый» номер как принадлежащий «Саше сантехнику». Прокол заключался в том, что с этого же аккаунта я пользовался «Глазом Бога» и, отправляя плату за доступ к боту, один раз указал свой реальный e-mail. Агрегатор привязал телефон «Саши сантехника» к почте Андрея Захарова, что и увидел Иван, когда полез в «Глаз Бога» проверять, кто его пробивает в GetContact. «А еще за мной журналисты следят. Я его рассекретил и вывел на чистую воду», — рассказал он в публичном чате в Telegram для рекламщиков, прикладывая скрины на мои аккаунты.

«Все эти годы я молила судьбу сделать так, чтобы Иван гарантированно исчез из моей жизни», — говорила мне Лена уже после приговора. Ее желание сбылось весной 2025 года, когда силовики задержали ее бывшего рядом с военным аэродромом в Ивановской области — вроде как при попытке заснять территорию с разных сторон. Он действительно в последнее время интересовался дронами, однажды даже писал объяснительную в отделении полиции при одном из московских вокзалов, зачем и куда везет дрон, но в этом случае дело может оказаться совсем серьезным: при обыске у Ивана якобы нашли четыре килограмма взрывчатых веществ, четыре детонатора и самодельное взрывное устройство. На момент, когда я пишу эту главу, непонятно, зачем ему этот арсенал и связался ли он с украинскими спецслужбами или провокаторами от ФСБ, выдававшими себя за украинцев, но пока все выглядит так, что в этот раз Иван окажется в тюрьме надолго. Для российской власти даже намек на попытку выяснить что-то про армию РФ на порядок страшнее, чем многолетнее и агрессивное вторжение в частную жизнь человека.

Информация из утечек, подмена номера и навыки социальной инженерии — три кита фейковых банковских кол-центров, которые начинались как чисто мошеннический проект по вытягиванию денег из доверчивых граждан, а во время войны с Украиной превратились еще и в инструмент для манипулирования людьми в политических целях.

Глава 9.

Звонок

Летом 2022 года программист Никита из Сибири ушел в творческий отпуск: война с Украиной повысила его тревожность, он устал от бесконечного листания страшных новостей и решил просто несколько месяцев пожить на накопления и пересобрать себя[1]. Как-то в начале июля, около полудня, когда он еще валялся в постели, ему вдруг позвонили с незнакомого номера: женщина представилась сотрудницей «Альфа-Банка» и назвала его имя-фамилию. Никита не удивился — в этом банке, одном из крупнейших в стране, у него имелся счет.

— На ваше имя был оформлен кредит, к нему был привязан номер с окончанием на — женщина назвала последние четыре цифры. — Хочу убедиться, что это сделали вы.

— Я ничего не брал, и это не мой номер.

— В таком случае это может означать, что кто-то завладел вашими паспортными данными. Ситуация серьезная, я переведу вас на специалиста по безопасности, ожидайте.

Никита — колоритный парень с широкой, почти толстовской бородой и бритой под ноль головой — окончательно проснулся. Все выглядело как настоящий звонок из банка: музыка, к разговору подключается другая сотрудница и представляется Яной Викторовной Соболевской. Она обещает вернуть деньги и просит сказать код от банка из эсэмэски. Звучит голос робота: «Скажите четыре цифры» — и Никита послушно диктует код из пришедшего на телефон сообщения. Возвращается Соболевская: теперь якобы нужно отвязать номер, на который был оформлен кредит. Опять включается робот, снова приходит СМС, и программист вновь диктует код роботу. Он только что дал полный доступ к своему личному кабинету мошенникам (первое сообщение) и позволил привязать к нему их номер телефона (второе).

Спустя неделю после общения с мошенниками Никита по памяти записал разговор с ними, пытаясь понять, как же так получилось, что он, образованный молодой человек, повелся на манипуляции по телефону. «Периодически их перечитываю, как любимую книжку, в которой по каждой новой строке видишь, как ошибался главный герой, и постоянно находишь новые детали психологических уловок», — рассказывал он мне. Но это было потом — а тогда, в июле 2022 года, Никита послушно внимал «Яне Викторовне Соболевской». Та сообщила ему, что немедленно отправит заявление о незаконно взятом кредите в полицию, и потому их общение переходит «в режим конфиденциальности». Мошенница попросила его прочитать в интернете статью 183 Уголовного кодекса («Разглашение сведений, составляющих банковскую тайну») и убедила, что Никиту привлекут к ответственности, если он расскажет кому-то детали этой истории.

— А если мне захочется поделиться с родными эмоциями, хотя бы самим фактом, без подробностей?

— Сам факт тоже подпадает.

Чтобы он поверил, что следственные действия начнутся немедленно, его вновь отправили в интернет.

— Возьмите ручку и листочек и поищите в интернете «горячая линия МВД». Какой у вас регион?

— Новосибирск.

— Найдите номер из Новосибирска и запишите его на листочек. Какой у вас номер?

— Тут их несколько.

— Какой идет первым по счету по новосибирскому региону? Вот его и запишите. Вам с одного из этих номеров позвонят. Никите действительно вскоре позвонили с записанного номера, так что сомнений, что полиция подключилась к его делу, у него сначала не возникло. Только потом он понял, что на самом деле с ним связались через Telegram: вместо имени пользователя они указали цифры 88002227447 (тот самый контакт горячей линии МВД по Новосибирску), которые и высветились на экране телефона в момент вызова. Фальшивую сотрудницу полиции якобы звали Юлия Владимировна Смирнова: она сказала, что уже занимается его проблемой, и еще раз напомнила о конфиденциальности. «Вы кому-то сообщали о вашей ситуации, кроме меня и Яны Викторовны? Нет? Потому что если сообщали, то есть ответственность, вы в курсе про нее? Да? Ну и хорошо», — похвалила она программиста.

«Яна Викторовна» — та самая фальшивая сотрудница «Альфа-Банка» — тоже перешла с ним на общение в Telegram, где мошенники зарегистрировали аккаунт с символикой банка на аватарке. МВД уже «постановило», что банк должен закрыть кредит, и это обязательно нужно сделать с утра. «Скажите, а как вы сами чувствуете эту ситуацию?» — поинтересовалась она. «Ну, меня это все застало врасплох, и я хотел бы поскорее с этим закончить», — ответил Никита. Его усталость поможет мошенникам на следующий день, когда «Яна Викторовна» и «Юлия Владимировна» будут последовательно звонить ему и вести от дома к банкомату, чтобы он снял со счета 3,5 миллиона рублей. Кредит преступники сами открыли в личном кабинете Никиты, но молодому человеку внушили, что это тот самый заем, который якобы был незаконно оформлен от его имени. Дальше ему следовало положить эти деньги на другой счет («А удаленно это сделать нельзя?» — «Нет, лучше через банкомат»), тем самым «закрыть кредит» и получить около 100 тысяч компенсации за оперативное сотрудничество: это Никиту обрадовало.

Реализации этого плана мог помешать лимит, установленный по карте Никиты: не более 200 тысяч рублей за одно снятие. Когда молодой человек запросил большую сумму в обычном банкомате возле торгового центра, система «Альфа-Банка» посчитала это действие подозрительным и заблокировала карту. «Яна Викторовна», все это время висевшая у него в ухе по телефону, в буквальном смысле скомандовала уйти в сторону и попросила подождать на линии. Десять минут Никита гулял на парковке, а потом «Яна Викторовна» выдала ему фантастическую версию: в тот же момент, когда молодой человек вставил карту в банкомат, несуществующий мошенник — тот самый, якобы оформивший на себя кредит, — зашел в личный кабинет, и сработала автоматическая защита. Никита, по его воспоминанию, к этому моменту уже находился в состоянии «сделаю что угодно, просто давайте завершим все это».

Мошенникам предстояло привести его к настоящим сотрудникам банка, чтобы они сняли блокировку и отменили лимит — и сделать это так, чтобы те не почувствовали ничего подозрительного. На эту сложную задачу отрядили нового сотрудника.

— Здравствуйте, я Мельникова Анна Юрьевна, старший сотрудник отдела безопасности.
«Анна Юрьевна» попросила молодого человека поехать в конкретный офис «Альфа-Банка», но не говорить никому, что с ним действительно случилось.

— Там сидят сотрудники, которые ничего не знают, и им не положено знать. Когда вы будете с ними общаться, не упоминайте, что собираетесь закрыть кредит. Придумайте что-нибудь — например, вы покупаете дом. Если они будут спрашивать подробности, скажите им, что они тратят ваше время и деньги. Когда будете заходить в здание — напишите, я включу видеонаблюдение.

Никакого видеонаблюдения, конечно, она включить не могла при всем желании: эта фраза требовалась для подкрепления веры Никиты в то, что «Анна Юрьевна» — тоже из «Альфы». Молодой человек минут десять собирался с силами и наконец, волнуясь, зашел в банк. Нервничая, не мог разобраться, какие талончики ему брать в терминале электронной очереди, но в итоге оказался перед сотрудником и объяснил свою просьбу. Тот набрал по телефону настоящую службу безопасности и передал ему трубку.

— Это действительно вы недавно взяли кредит?

— Да, это я его взял.

— Вас никто не просил это делать? Никакие мошенники вам не звонили?

— Нет, я сам.

Потом, перечитывая этот диалог, Никита думал, что если бы представительница банка задала чуть больше уточняющих вопросов, то «могла бы его вытащить». Но она ограничилась дежурными вопросами, разрешила снять блокировку со счета и подняла лимит до миллиона. Три с половиной миллиона рублей он снял прямо тут же, в банкомате «Альфа-Банка», в четыре подхода, пряча толстые пачки пятитысячных купюр в сумку. Далее — инструкции от «Анны Юрьевны», вновь вернувшейся в его ухо: закрытие кредита нужно будет сделать через страхового партнера, Сбербанк, для этого на телефон нужно поставить приложение платежной системы Mir Pay. Николай все послушно исполнил, и в чате ему кинули красиво оформленный pdf-файл с реквизитами карты, оформленной на подставное лицо. Смартфон не принял ее, но мошенники оперативно перевыпустили новую, и она — на беду Никиты — заработала.

«Анна Юрьевна» скинула адрес ближайшего банкомата Сбербанка. Молодой программист последовал туда и, приложив смартфон как карту, внес все деньги шестью платежами. «Анна Юрьевна» торжественно поздравила его с закрытием кредита. Никита теперь был должен банку три с половиной миллиона рублей, но пока он об этом не знал. Вымотавшись и физически, и психологически, он отправился домой отдыхать.

Абонент из зоны

Никита — один из сотен тысяч россиян, ставших жертвами телефонных мошенников в 2022 году, а его три с половиной миллиона рублей — копейка в 14 миллиардах, вытянутых преступниками из граждан таким образом (около 200 миллионов долларов)[2]. Это явление давно уже стало массовым, и сам Никита много раз читал о подобных аферах в медиа, удивляясь, как люди могут на такое вестись. Однако статистически именно такие, как он, и попадаются в ловушки аферистов чаще всего: экономически активные граждане в возрасте 25–44 лет с установленным на телефон банковским приложением. Впрочем, от этой беды не застрахован никто: злоумышленники оставляют без денег и молодежь (каждая пятая жертва в 2024 году), и пенсионеров (16%), и людей с высшим образованием (четверть всех обманутых)[3].

Преступники освоили новый способ воровства еще в середине 2000-х, когда мобильный из предмета роскоши превратился в почти обязательный предмет в кармане. «Столицу захватила лавина мошенничеств с сотовыми телефонами», — констатировали журналисты в 2005 году[4]. Тогда популярной схемой обмана было позвонить гражданину и сразу оглушить его: «Ваш сын/дочь попали в ДТП с погибшим». Главным ресурсом для мошенников стали те самые диски с утечками с радиорынков. Сначала звонили просто по всем номерам подряд, иногда окучивая подъезд за подъездом из базы. В десяти случаях люди просто недоуменно вешали трубку, но потом аферисты попадали пальцем в небо и находили жертву — у человека действительно имелся близкий родственник с машиной, и он по каким-то причинам действительно не отвечал на звонки. Дальше мошенники заявляли, что единственный способ избежать уголовного дела — заплатить посреднику, чтобы тот решил вопрос с милицией. Особо продвинутые преступники довольно быстро отказались от этого экстенсивного способа и, словно заправские журналисты-расследователи, искали в базах родственников (например, отца и сына), а потом проверяли в другой базе, у кого из них есть машина. Выходило убедительнее: они называли жертву по имени-отчеству, знали номер и марку автомобиля.

В начале 2004 года преступник позвонил известному скрипачу Юрию Башмету и, представившись сотрудником дорожной полиции, заявил, что его сын в нетрезвом виде сбил пешехода. Замять инцидент можно было за две тысячи долларов, на раздумья гаишник дал пять минут. Башмет набрал сына, но тот спал дома и не взял трубку. Музыкант решил, что его нужно спасать, накупил карточек экспресс-оплаты мобильной связи на требуемую сумму и сообщил коды от них мошеннику[5]. Благодаря статусу жертвы милиция быстро нашла преступника: оказалось, что Башмета развел заключенный колонии во Владимирской области. Это был не какой-то экстраординарный случай: для сидельцев телефонное мошенничество действительно стало распространенным способом заработка. Например, в 2004 году столичный угрозыск задержал троих вымогателей. Двое находились на свободе и забирали выкуп в условленном месте, а главарь сидел в подмосковной колонии за мелкую кражу и обзванивал москвичей прямо из камеры.

На рубеже нулевых и десятых мошенники освоили другую схему: в утечках настраивали фильтр по возрасту и обзванивали пенсионеров, предлагая им дешевые биодобавки под видом дорогих и современных лекарств[6]. Некоторые обхаживали жертв более основательно. Так, в Москве в начале 2010-х орудовала банда, которая начинала охоту за сбережениями жертвы со звонков под видом соцопроса. Узнавая, устраивает ли пенсионера обслуживание в районной поликлинике, преступники попутно выясняли ее точный адрес. Далее они звонили уже от имени конкретного врача и сходу сообщали о смертельном диагнозе. Спасти пенсионера, конечно, мог чудо-препарат по космической цене. Получив требуемую сумму, мошенники продолжали окучивать жертву: следовал новый звонок — уже как бы от полицейского, который рапортовал, что поймал торговцев поддельными лекарствами и жертвам преступной схемы теперь положена компенсация — правда, чтобы получить ее, нужно сначала перечислить деньги в счет страховки[7]. В Ижевске в 2015 году аферисты по похожей методике убедили почетного строителя Удмуртии заплатить почти 800 тысяч рублей за лекарство от рака. Никакого рака у него, конечно, не было[8].

С середины 2010-х, по мере того как распространялся интернет-банкинг, основной схемой стало вытягивание денег под видом сотрудников финансовых организаций — примерно такое же, как в случае с сибирским программистом Никитой.

Масштабы мошенничества росли по экспоненте: в 2017 году аферисты похитили с карт россиян около 1 миллиарда рублей, а в 2020-м — почти 10 миллиардов[9]. В подавляющем большинстве случаев речь шла не про хакерские атаки, а ту самую социальную инженерию, на которую попался Никита: звонок якобы от банка — пугающая информация о взломе или потере всех средств — варианты, как срочно вернуть деньги. Как правило, злоумышленники представлялись сотрудниками службы безопасности банка, но с конца 2020 года участились случаи, когда они звонят от имени полицейских и следователей[10]. В эти же годы телефонное мошенничество расцвело в других странах мира — например, в Грузии, причем оттуда звонили гражданам Европы и Канады[11].

Фундамент успешного мошенничества, помимо умения манипулировать людьми, оставался прежним: заранее знать о жертве как можно больше. В начале 2021 года в Центробанке сопоставили два графика и получили наглядную картину: вслед за появлением на рынке чувствительных утечек следует активизация телефонных аферистов, спешащих монетизировать информацию о гражданах. Иногда злоумышленникам хватало базовой информации о жертве, как в случае с Никитой (имя-фамилия и банк), в других — человека ошарашивали тем, что называли и номер карты, и остаток по счету, и даже сумму последних транзакций (атака на клиентов Сбербанка в начале 2019 года)[12]. Эти данные преступники точечно покупали на пробиве или брали из утечек[13].

Мошеннические кол-центры породили специфический спрос на банковские базы. Главной площадкой для телефонных преступников стал DarkMoney — даркнет-форум, захваченный на рубеже 2020 и 2021 годов группировкой DaVinci, возможными создателями бота «Глаз Бога». Тут продавались и продаются банковские утечки, можно заказать услуги обналички или карту для вывода украденных денег[14]. «DarkMoney — основная русскоязычная площадка, которая обслуживает офисы кол-центров в России, Украине и Казахстане. На сегодняшний день в прямом взаимодействии с администрацией DarkMoney около 40 администраторов из разных регионов России», — рассказывал мне собеседник на этом специфическом рынке в начале 2025 года. По его утверждению, форумом по-прежнему управляют люди, близкие к DaVinci, несмотря на его уголовное преследование.

В конце 2018 года телефонным мошенничеством занимались заключенные из 280 российских колоний и следственных изоляторов — то есть примерно из каждого четвертого подобного учреждения[15]. Официально сидельцам категорически запрещено иметь телефон, но, если есть деньги на взятку, а администрация не лютует, проблем с нужной техникой не возникает. Это же создает и проблемы в борьбе с аферистами из числа зэков: колония — режимный объект, и тем же полицейским для обыска у заключенных нужно получать разрешение начальника, который далеко не всегда торопится его давать.

Но иногда появляются и показательные уголовные дела. Например, в 2020 году кол-центр накрыли в столичном, можно сказать, элитном СИЗО «Матросская тишина»: телефоны, наушники и зарядные устройства подследственные хранили в тайниках в кроватях, столах и даже холодильниках. Сотрудники СИЗО не просто закрывали глаза на этот бизнес, но получали деньги за пронос гаджетов — в сумме нескольких миллионов рублей[16]. Руководство ФСИН оказалось настолько не в состоянии победить эту проблему, что в начале 2020 года придумало довольно оригинальный способ пресечь мошенничество: попросило из бюджета 3 миллиарда рублей на глушилки сотовой связи в тюрьмах[17]. Но к этому времени у колоний появился конкурент в борьбе за звание главного источника мошеннических звонков — Украина.

Расцвет украинских кол-центров (на сленге местных мошенников — «офисы») произошел по нескольким причинам. Первая — культурная и языковая близость, хотя иногда украинских мошенников выдает акцент и характерное произношение определенных звуков, вроде фрикативного «г»[18]. Вторая — относительная безнаказанность, если окучивать россиян и не трогать своих сограждан: в 2014 году, когда Россия начала гибридную войну с Украиной, полиции двух стран прекратили официальное сотрудничество и отозвали из посольств полицейских атташе, отвечавших за взаимодействие между российскими и украинскими силовиками[19]. Третья — развитие и удешевление технологий подмены номера: преступники звонят из Украины, но на экране у россиян высвечивается номер какого-нибудь Сбербанка. Эта же технология помогает и российским аферистам — раньше они обычно использовали левые сим-карты, но по данным с сотовой вышки силовикам легче отследить, где базируется кол-центр.

Для обзвона россиян украинские мошенники используют те же боты по пробиву и утекшие базы, что и их российские коллеги[20]. Например, в одном кол-центр в Киеве в 2021 году опирались на утечку с телефонами клиентов Сбербанка.

«Ты открываешь базу данных, в которой номера тысяч людей, и выбираешь любого из них. Это как на речке, ты можешь забросить удочку в любое место, но не везде клюнет. Ежедневно я делаю около 300 звонков, и всего пять-семь из них клюют. Многое зависит от качества базы контактов. Если база новая и ее никто не прозванивал, то вероятность найти нужного клиента очень большая», — рассказывал один из его сотрудников, студент-социолог, пришедший подзаработать во время летних каникул[21]. Символичная деталь: этот кол-центр располагался по соседству со штаб-квартирой Службы безопасности Украины — главной спецслужбы страны.

Долгое время центром этого специфического бизнеса в Украине считался город Днепр на юго-востоке страны[22]. По подсчетам Сбербанка, в 2020 году тут действовало около тысячи кол-центров, в каждом работали от 10 до 150 человек. Внешне кол-центр напоминает офис службы поддержки коммерческой компании: ряды столов, одинаковые компьютеры, молодые люди в наушниках, перед ними — методички, как начать разговор и как не упустить жертву, если она повелась. Россия — не единственная страна, граждан которой окучивают украинские кол-центры, но самая безопасная с точки зрения возможных последствий.

Когда осенью 2021 года зампред Сбербанка назвал Днепр «столицей телефонного мошенничества», то мэр города парировал через медиа: мол, это странное заявление, ведь подобные кол-центры есть по всей Украине. СБУ и полиция действительно периодически накрывали местных «офисников» как в Днепре[23], так и в других городах страны[24]. Спустя несколько месяцев Россия открыто вторглась на территорию соседа, и кол-центры превратились в гибридное оружие против врага.

Коктейль Молотова

В марте 2023 года пенсионерка Галина из одного из южных городов России зашла в отделение Сбербанка и прошмыгнула в офисный туалет. С собой у нее была бутылка с бензином и тряпка: вылив бензин на пол, она подожгла тряпку и побежала в операционный зал. Там она принялась поливать все вокруг зеленкой с криками: «Департамент ДСУ!» Ее вскоре скрутили и повезли на допрос в ФСБ. Пенсионерка была уверена, что своими действиями выполняет важное поручение полиции по поимке опасных мошенников, но на самом деле она сама оказалась жертвой злоумышленников — возможно, из Украины[25].

Галина недавно похоронила мужа и жила одна с кошками. Мошенники сразу представились ей сотрудниками МВД. Этот прием опирается на страх российского общества перед всесильными правоохранительными органами. После начала войны с Украиной в 2022 году этот страх только усилился, и аферисты стали активно им пользоваться, например угрожая сроками за госизмену за помощь Украине[26]. Галине позвонил «следователь», который якобы ведет дело банковских мошенников, оформивших доверенность на имя пенсионерки для получения кредита. «Следователь» попросил ее о помощи. Нужно было ходить по банкам и пытаться получить заем: если его оформляют, значит, там есть сообщники «мошенников». Женщина с радостью помогала следствию несколько месяцев, общаясь с манипуляторами через WhatsApp. На последней стадии она продала две квартиры (якобы чтобы вычислить преступников из риелторских агентств) и отправилась давать условный сигнал для поимки главаря, засевшего в отделении Сбербанка. Дальше последовали поджог, разбрызганная зеленка и настоящее уголовное дело в отношении самой пенсионерки — только тогда Галина поняла, что ее жестоко обманули.

После начала войны с Украиной в феврале 2022 года — и особенно после объявления мобилизации осенью того же года — некоторые россияне пошли на такое радикальное выражение своего несогласия, как поджог военкоматов и других административных зданий. Всего в 2022 году произошло более 70 таких осознанных атак. Одновременно то тут, то там возникали поджоги, которые внешне походили на политические акции, но по сути таковыми не являлись: гражданами, пришедшими с коктейлями Молотова к военкоматам, управляли телефонные мошенники. В следующем, 2023 году осознанных поджогов стало меньше, зато вверх пошло количество актов вандализма, совершенных под воздействием умелых манипуляторов[27].

Во время выборов президента в марте 2024 года граждане заливали зеленкой урны с бюллетенями, поджигали кабинки для голосования и запускали петарды на избирательных участках — всего, по скрупулезным подсчетам «Медиазоны», случилось почти полсотни таких атак. Украинские медиа подавали эти инциденты как протест против голосования с заранее известным результатом. «Как бы власть ни старалась показать повальную любовь к вождю, на самом деле это далеко не так» — так предваряли рассказ об атаках на телеканале Freedom[28]. Ведущий не упомянул, что на самом деле и этими людьми руководили мошенники. Например, беременную девушку из Северной Осетии начали обрабатывать за несколько дней до выборов — ее заставили набрать кредитов на полмиллиона рублей, а затем перевести эти деньги аферистам (якобы на «безопасный счет»). Она рассказала, что собирается на выборы, и ее убедили, что среди членов избирательной комиссии будут «сторонники Украины». Они, мол, могут оформить на нее кредит, поэтому книгу учета избирателей с паспортными данными нужно обязательно залить зеленкой[29]. В другом случае аферисты врали, что жертва, устроив на участке пожар, поможет правоохранительным органам противостоять махинациям на выборах[30]. Последний момент важен: в судах жертвы подчеркивали, что являются сторонниками, а не противниками власти.

Еще одна крупная волна таких акций прокатилась по стране в декабре 2024 года. В Петербурге пенсионерка пришла в отделение Сбербанка и подожгла банкомат, раздался взрыв[31]. В Москве 70-летняя женщина принесла фейерверк в центр госуслуг в торгово-развлекательном комплексе, от взрывов началась паника, всех эвакуировали[32]. В Екатеринбурге молодой человек на глазах прохожих бросил в здание военкомата коктейли Молотова[33]. Всего — не менее шестидесяти атак за две недели[34]. В Сбербанке уверенно заявили, что за атаками стоят мошенники из Украины, и обрисовали стандартную схему обмана: сначала жертва переводит деньги, а потом ее убеждают, что единственный способ их вернуть — помочь правоохранительным органами и, например, поджечь банкомат[35]. Акт вандализма выдается при этом за тайную и очень важную операцию против преступников, но в итоге иногда заканчивается уголовным преследованием по статье о терроризме.

Российские силовики напрямую связывали эти и другие подобные атаки именно с украинскими, а не российскими кол-центрами. Власти Украины стараются не комментировать такие истории, но после начала полномасштабной войны местные кол-центры стали оправдывать свою деятельность политическими причинами: они обманывают граждан России, напавшей на их родину, и тем самым подрывают ее экономику[36]. На стенах в офисах теперь появились патриотические плакаты «Русский военный корабль, иди нахуй», в вакансиях указывается, что работать предстоит исключительно по «стране-агрессору» и часть дохода иногда направляется украинской армии — по крайней мере, так утверждают сами мошенники[37]. Хотя работа по другим странам и самим украинцам никуда не делась: летом 2022 года, например, какие-то аферисты выманивали деньги от имени главы администрации Николаевской области Виталия Кима[38]. «Мы вычислили номер [с которого звонили мошенники], он в Днепре зарегистрирован, передаю привет офисникам из Днепра. Пацаны, занимайтесь русскими, забирайте у них деньги, не трогайте наших, Европу. Поругаемся», — заявил тогда сам Ким[39].

По оценке местной полиции, на конец 2024 года 90% украинских кол-центров окучивали россиян, но сами силовики объясняли это не патриотизмом мошенников, а стремлением избежать ответственности[40]. «А вы что, за россиян?» — такую претензию якобы получали местные силовики, когда накрывали очередной «офис». Среди покровителей и хозяев кол-центров находили офицера украинской полиции и криминальных авторитетов, объявления о наборе сотрудников часто можно встретить в обычных городских чатах: «офисники» завлекают молодежь возможностью легко заработать большие деньги[41]. Их «коллеги» из России никуда не делись, многие из них тоже работают из обычных офисов, уткнувшись в монитор с базой данных. Более того — иногда российские аферисты специально так заметают следы, чтобы их приняли за украинцев. Например, по словам одного из моих собеседников, банковские счета и привязанные к ним сим-карты оформляются на граждан Украины.

Программист Никита до сих пор не знает, кто обманул его летом 2022 года. Он обратился в полицию и спустя несколько месяцев приехал узнать, что с его заявлением. «У меня таких дел, как ваше, — вон, целая пачка», — показал ему следователь на кипу папок на диване. Сначала он думал, что мошенники звонили из России. «Я сразу представил, что с той стороны со мной общались российские женщины, возможно, с детьми и без мужа, в трудной ситуации. Я даже готов был в глубине души их простить», — вспоминает он. Но когда появились новости про украинские колл-центры, то ему «пришлось мириться» с этой историей заново: «Я не был готов, что есть, оказывается, еще один фронт войны, да еще и с гражданскими в качестве жертв».

Никита много анализировал, почему стал жертвой мошенников. Первое время ему казалось, что проблема в одиночестве: рядом не оказалось никого, кто мог бы остановить его. Однако потом, читая другие аналогичные истории, увидел, что люди отказывались верить даже своим родственникам. «Мошенники скормили мне параллельную реальность, повторяя "безопасный счет", "незаконный кредит", "конфиденциальность". Мне просто повезло, что они не заставили меня, например, поджигать военкомат», —

рассуждает он теперь. Родные поддержали его и стали искать варианты, как выбраться из ямы с наименьшими потерями. Выход нашли следующий. Аферисты оформили еще и денежную страховку на полтора миллиона рублей, Никита потратил эти деньги на выкуп ипотечной квартиры, а потом попросил суд признать себя личным банкротом. Иск удовлетворили, кредит списали, и сибирский программист остался с квартирой и без каких-либо долгов. 17-летний подросток из Петербурга в его ситуации в начале 2025 года выпрыгнул из окна и погиб — из-за 500 тысяч рублей[42]. Так что история Никиты в этом смысле — со счастливым концом.

Часть 4. Корпорации

Глава 10.
Два стула

В апреле 2024 года основатель соцсети «ВКонтакте» и мессенджера Telegram Павел Дуров дал интервью американскому консервативному журналисту Такеру Карлсону. Это был второй россиянин на собственном канале Карлсона после президента Владимира Путина. Путин полчаса читал американцу лекцию об истории российско-украинских отношений из глубины веков, а Дуров всячески противопоставлял свое детище американским IT-корпорациям, где, по его мнению, много «цензуры». «Telegram — это платформа, которая нейтральна к любым мнениям, потому что мы верим, что конкуренция между различными идеями может привести к прогрессу и улучшению мира для всех», — с улыбкой говорил Дуров на хорошем английском[1].

Дуров и Карлсон беседовали в офисе Telegram в Дубае — судя по всему, в кабинете предпринимателя. Россиянин сидел на фоне необычной инсталляции: два стула, из одного торчали деревянные пики, из другого — деревянные пенисы. Зрители из России быстро распознали иллюстрацию популярной юмористической загадки: «Есть два стула. На одном пики точены, на другом хуи дрочены. Куда сам сядешь, куда мать посадишь?»[2] Инсталляция оказалась чьим-то подарком и попала в кадр случайно, но Дуров, по словам его близких, потом веселился: «Смешно получилось, пусть обсуждают».

В киберпанк-антиутопиях, помимо государства, мафии и хакеров-революционеров, действуют и могущественные корпорации — иногда они подменяют собой власть, иногда переплетены с ней. Павел Дуров и его Telegram — наверное, наиболее символичный сюжет этой грани русского киберпанка: в мессенджере можно купить персональные данные в ботах вроде «Глаза Бога» и найти продавца с рынка пробива, там же общаются журналисты-расследователи, чиновники из Роскомнадзора и телефонные мошенники, и все они одновременно подозревают Дурова в том, что он сдает данные спецслужбам различных стран, прежде всего — России. И анекдот про два стула — точная иллюстрация жизненной и деловой стратегии создателя Telegram: свой бизнес он всегда строил так, чтобы не садиться целиком ни на один стул, максимум — на краешке. Только в его вселенной на одном — соблюдение требований властей к IT-платформе с миллиардом пользователей, а на другом — либертарианская идеология свободы слова без ограничений.

30 миллионов уголовников

The Architect («Архитектор») — такой ник использовал молодой Павел Дуров на своем первом более-менее серьезном интернет-проекте Spbu.com. Это был форум для общения студентов и выпускников Петербургского государственного университета — самого престижного во втором городе России, альма-матер президента Владимира Путина и автора этой книги. Свой ник Дуров позаимствовал в своем любимом фильме того времени — «Матрице»: так звали программу — создателя матрицы, куда машины загрузили сознание людей[3]. При этом полноценным Архитектором он не был ни в одном из своих интернет-бизнесов — с технической частью ему всегда помогал его брат, программист Николай.

Братья родились и выросли в Ленинграде-Петербурге в преподавательской семье, оба после школы поступили в СПбГУ: технарь Николай — на математика, гуманитарий Павел — на филолога и переводчика с английского. В юности оба ходили в очках и рано стали лысеть, но в саморепрезентации выбрали разные дороги. Усатый корпулентный Николай всегда походил на гениального программиста, не сильно заботящегося о внешнем виде, а Павел еще в юности начал работать над собой: сменил очки на линзы и стал заниматься спортом. «У него был комплекс по поводу роста. Но в какой-то момент он решил, что если он накачает мышцы, то будет выглядеть сильнее и как бы больше», — вспоминала его близкая знакомая в разговоре со мной.

К идеальной внешности Дуров шел, одновременно продвигаясь на вершину IT-бизнеса. Форум Петербургского госуниверситета Павел Дуров запустил в 2004 году, еще будучи студентом. В том же году в далекой Америке студент Гарварда Марк Цукерберг начал разработку социальной сети, из которой потом получился Facebook. Дуров не знал про эту платформу до лета 2006 году. Тогда его на встречу позвал одноклассник Вячеслав Мирилашвили. Его отец Михаил Мирилашвили — одна из легенд криминального Петербурга 1990-х по прозвищу Миша Кутаисский[4]. Для таких, как он, медиа выработали эвфемизм «авторитетный предприниматель»: в этом словосочетании отражены и занятия бизнесом, и специфический источник первоначального капитала. В 1990-е годы Мирилашвили владел сетью городских казино, а в 2001-м надолго оказался в тюрьме по обвинению в похищении двух человек — они, в свою очередь, ранее похитили его отца. Его сын учился в Израиле и США, но вернулся в Россию и занялся бизнесом — ставил платежные терминалы в игровых залах и торговых центрах отца[5]. Первый проект оказался провальным, и Вячеслав вновь стал искать идею для инвестиций.

Со времен учебы в США у него оставался аккаунт в Facebook. Летом 2006 года Мирилашвили наткнулся на статью о Дурове в «Деловом Петербурге» в рубрике про успехи молодых предпринимателей[6]. Успехи по нынешним временам выглядят скромно (студенческий форум и создание сайтов приносили три тысячи долларов ежемесячно), но Мирилашвили их оказалось достаточно, чтобы показать Дурову американскую соцсеть и предложить сделать что-то подобное на базе университетского форума. В итоге «русский Facebook» решили конструировать с нуля под названием «ВКонтакте»[7]. Основные деньги на старте давала семья Мирилашвили, Дуров получил миноритарную долю и пост директора. За советами он тут же позвонил брату Николаю — тот учился в Германии, — а потом сделал его техническим директором компании[8].

Спустя полтора года после запуска «ВКонтакте» уже входил в десятку самых популярных сайтов рунета вместе с другой соцсетью «Одноклассники»[9]. У «ВКонтакте» быстро появилось ясное конкурентное преимущество. Платформа стала огромным хранилищем музыки и видео — не только русскоязычной, а вообще любой[10]. И самое главное, что за прослушивание или просмотр ничего не нужно было платить. Контент загружали сами пользователи и таким образом делились им со всеми окружающими. В начале 2011 года Торговое представительство США — госагентство, отвечающее за поддержку американской внешней торговли, — включило «ВКонтакте» в список пиратских ресурсов, наносящих вред правообладателям по всему миру. Тогда, по данным торгпредства, ресурс Дурова занимал пятое место по посещаемости в России и 40-е — во всем мире[11].

Соцсеть с бесплатной библиотекой музыки, кино и книг любых жанров и эпох — кульминация пиратской эпохи в истории России, когда любой контент можно было либо скачать из сети, либо купить на диске на радиорынке вместо со свежими базами персональных данных. Терпимость Дурова и его команды к нелегальным музыке и кино объяснялась не только желанием наращивать аудиторию любой ценой. Братья никогда не скрывали своих либертарианских взглядов, а среди представителей этой идеологии право интеллектуальной собственности принято как минимум критиковать, а как максимум — требовать вообще его отменить. «Интеллектуальная собственность подобна дамбе на реке развития или, возможно, очень большим камням, сдерживающим течение» — такое сообщение, например, в 2015 году репостил на своей странице «ВКонтакте» Николай Дуров, где у него всегда стояла аватарка с иконой анархизма Нестором Махно. А его брат годом позже предложил создать в России «информационный офшор» — территорию, где не действовали бы авторские права американских и европейских компаний. Правда, потом он удалил свое предложение: возможно, из-за того, что такой офшор, по его представлению, мог бы появиться в аннексированном Россией Крыму — территории, которая, с точки зрения Запада, и так находится вне закона[12].

«Либертарианство в нем действительно есть. Только он не будет правдорубством заниматься и рисковать собой», — говорила мне близкая знакомая Дурова. Так и получилось с пиратским контентом: постепенно платформа сдавалась требованиям правообладателей. Например, еще в 2008 году государственная телерадиокомпания ВГТРК подала иск с требованием оштрафовать соцсеть за размещение пиратских версий ее фильмов. Сначала суд отказал, заметив, что Дуров и его команда не могут уследить за всем, что публикуют пользователи, но в итоге, в 2010 году, встал на сторону телеканала[13]. Тогда же глава одного из крупнейших производителей контента заявил, что аудитория «ВКонтакте» — это «30 миллионов уголовников»[14]. Вскоре правообладатели получили возможность самостоятельно вычищать нелегальные копии фильмов из построенного Дуровым либертарианского рая[15].

В конце 2011 года в этой рай заглянуло государство. Тогда по всей стране развернулись митинги против фальсификации результатов выборов в Госдуму — тех самых протестов, реакцией на которые стал закон о «черном списке сайтов». 7 декабря 2011 года Дурову пришло официальное письмо из петербургского управления ФСБ с требованием заблокировать несколько групп с информацией, где и когда проходят эти акции. Но вместо того, чтобы подчиниться, основатель «ВКонтакте» выложил это письмо в твиттер, сопроводив пост фотографией собаки с высунутым языком и текстом: «Официальный ответ спецслужбам на запрос о блокировке групп»[16]. За день до назначенных протестов, 9 декабря, ему прислали повестку в городскую прокуратуру, но Дуров и ее проигнорировал[17]. Группы уцелели, и на митинг 10 декабря только в Москве вышли около 50 тысяч человек. На следующий день по петербургскому адресу Дурову заявились силовики: он посмотрел на оперов и омоновцев в глазок двери, но открывать не стал, а те не стали ломиться и вскоре ушли.

Впоследствии в интервью Такеру Карлсону Дуров представил этот эпизод как одну из причин продажи «ВКонтакте» и отъезда из России. В реальности он скорее пытался усидеть на краешках тех самых двух стульев. Столкнувшись с претензиями силовиков, он написал письмо Владиславу Суркову — тогдашнему первому замглавы кремлевской администрации и одному из главных идеологов путинской системы. Его содержание известно только в изложении «Новой газеты»: Дуров якобы признался, что «ВКонтакте» «уже несколько лет» сотрудничает с силовиками, выдавая информацию о «тысячах пользователей», но одновременно заявил, что блокирование оппозиционных пабликов подорвет доверие «пассионарной молодежи», и она просто уйдет в тот же фейсбук[18]. Сам Дуров отрицал, что это его письмо. Но, во-первых, похожие мысли он озвучивал тогда же, в декабре 2011 года, в открытом обращении о ситуации с давлением ФСБ («если мы хотим сохранить отечественную интернет-индустрию, запросы на блокировку оппозиции неприменимы»)[19]. А во-вторых — о письме Суркову упоминается и в главной биографии предпринимателя периода «ВКонтакте», основанной на беседах журналиста Николая В. Кононова с самим Дуровым и его друзьями: высокопоставленный чиновник однажды приходил в офис соцсети, они были знакомы, и окружение Павла убедило его таким образом смягчить остроту политического конфликта.

Имидж борца за свободу слова будет еще не раз вступать в противоречие с реальным Дуровым — скрытным бизнесменом, ведущим закулисные переговоры с властью, «расчетливым и не особо эмпатичным» человеком, как характеризуют его знакомые. Этот образ он поддерживает, периодически публикуя внешне глубокомысленные, но на самом деле тривиальные сентенции про жизнь и технологии, вроде «в большинстве случаев наши проблемы происходят из-за того, что мы слишком много потребляем»[20]. «К 22 годам на моем банковском счете уже был миллион долларов, к 25 — десятки миллионов, в 28 — сотни миллионов. Однако это никогда не делало меня счастливым», — писал он по-английски в 2020 году. И мало кто тогда вспомнил, как Дуров в мае 2012 года бросал пачки денег из окна Дома Зингера на Невском проспекте — исторического здания в центре города, где располагался офис «ВКонтакте». Петербург праздновал день города, центр был полон, и, когда полетели купюры, началась давка, а Дуров с улыбкой наблюдал за реакцией. «Коллеги решили поддержать атмосферу праздника в виде небольшой акции, но пришлось быстро прекратить — народ стал звереть», — прокомментировал он потом. «Бабки и слава ему руки развязали», — описывает эволюцию предпринимателя его знакомая.

Скандал с разбрасыванием денег из окна быстро забылся на фоне корпоративных конфликтов. Еще до протестов к «ВКонтакте» стал присматриваться главный конкурент — компания Mail.Ru, которая владела одноименным поисковиком, почтовым сервисом и соцсетью «Одноклассники».

Бенефициар группы, миллиардер Алишер Усманов сколотил состояние на металлургических заводах, потом прикупил себе одного из главных сотовых операторов и постепенно заходил на рынок интернета — по слухам, по просьбе Кремля, где считали необходимым иметь своих людей в этой перспективной и важной сфере. Летом 2011 года Дуров встречался с Усмановым, на него давили, чтобы он продавал актив, но Павел, как и в случае с ФСБ, опубликовал конфликт и выложил свой снимок с неприличным жестом, сопроводив его подписью: «Официальный ответ трешхолдингу Mail.Ru на его очередные потуги поглотить "ВКонтакте"»[21].

С самим Усмановым у Дурова в итоге наладились нормальные отношения, говорил мне знакомый IT-предпринимателя: Дуров даже одно время с удовольствием пересказывал друзьям байки о российском бизнесе 1990-х годов, услышанные от Усманова на личных встречах. К тому же и у Усманова, и у Дурова вскоре появился более серьезный конкурент за «ВКонтакте» — инвестфонд, за которым маячила фигура Игоря Сечина, директора государственной «Роснефти» и многолетнего помощника Путина. Корпоративная война за соцсеть длилась два года и включала в себя продажу семьей Мирилашвили своей доли, личную ссору основателей «ВКонтакте» и удаление страницы Мирилашвили-младшего, уголовное дело в отношении Дурова за наезд в пробке на сотрудника ГИБДД и временный отъезд бизнесмена из России, поток публичных взаимных претензий, прекращение уголовного дела и наконец — продажу Павлом своих акций в начале 2014 года. Спустя несколько месяцев Усманов стал единоличным собственником платформы. «То, чем вы владеете, рано или поздно начинает владеть вами» — так прокомментировал сам Дуров окончание своей эпохи во «ВКонтакте»[22]. К этому времени он уже несколько месяцев занимался другим проектом — мессенджером Telegram.

Цифровое сопротивление

По канонической версии, Дуров придумал Telegram, когда в декабре 2011 года у него под дверью стоял ОМОН, а он судорожно пытался связаться с братом. «Я понял, что любой способ коммуникации, который я мог бы использовать, был небезопасным, незашифрованным», — рассказывал он в интервью Такеру Карлсону. Созданием протокола шифрования для нового мессенджера занималась команда программистов под руководством Николая Дурова. Разработка появилась летом 2013 года, когда Павел еще руководил «ВКонтакте»: сам он уверял, что тратил на проект личные средства, но новые партнеры в лице сечинского инвестфонда даже судились с ним, полагая, что эта платформа тоже принадлежит «ВКонтакте»[23]. «Конечно, там были задействованы ресурсы соцсети», — уверял меня знакомый Дурова.

Запустив Telegram, Дуров опять вступил в заочное соревнование с Цукербергом, который в 2014 году приобрел мессенджер WhatsApp. Но только если в первом раунде этого противостояния Facebook пришел на российский рынок, когда там уже царил «ВКонтакте», то теперь локтями пришлось работать Дурову. Когда он представил свой проект, российские медиа называли его «полной копией WhatsApp»[24]. Американский мессенджер на долгие годы стал самым популярным в России, и даже признание материнской компании Meta «экстремистской организацией» в 2022 года не повлияло на его распространение в телефонах россиян. Чтобы как-то отличаться от вечного соперника, Дурову нужно было придумать что-то радикально новое. «Фишкой» Telegram стали каналы: эта функция появилась в конце 2015 года, и здесь конкуренты уже шли за Дуровым, а не он за ними (Viber — спустя год, WhatsApp — вообще спустя восемь лет).

Канал, по сути, представляет собой односторонний чат, в который автор сбрасывает посты, фото или видео. Подписчики этого делать не могут, но со временем у них появилась возможность оставлять реакции или комментарии. По сути, Дуровы просто перенесли из «ВКонтакте» концепцию стены на странице пользователя, но идея сработала: теперь в одном приложении у человека есть и личные сообщения, и рабочие чаты, и новости вперемешку с развлекательными пабликами. Автор может не указывать, что ведет канал, сделав его полностью анонимным, и это быстро оценили в странах, где государство полностью или частично подавило свободные медиа. Например, в Иране в 2017 году имелось несколько новостных Telegram-каналов с более чем миллионом подписчиков[25]. В России в то же время самые популярные каналы насчитывали по несколько сотен тысяч подписчиков, среди них — два анонимных с едкими комментариями о происходящем в стране и слухами из Кремля[26].

В блокировке Telegram весной 2018 года легко увидеть политическую причину — например, желание властей и спецслужб прикрыть источник независимых новостей. Но на серьезном уровне ее никто не озвучил ни публично, ни анонимно, а официальным поводом стал отказ Дурова выдать «ключи шифрования» чекистам. Сотрудники самой спецслужбы — сознательно или случайно — допустили утечку иной версии. «Коллеги, да история вообще не про ключи и терроризм <...>. Паша Дуров решил стать новым Мавроди (основатель самой известной в России финансовой пирамиды. — Прим. авт.). Запустив свою крипту, мы в России получим полностью неконтролируемую финансовую систему. И это не биткоин для маргиналов, это будет просто, надежно и бесконтрольно. Это угроза безопасности страны <...>. Вся наркота, обнал, торговля органами пойдет через Пашину крипту», — объяснял сотрудник профильного отдела ФСБ в письме, которое он отправил чиновникам и операторам связи[27].

Речь идет о масштабном криптовалютном проекте TON (Telegram Open Network), запущенном Дуровым как раз в 2018 году. TON выглядел как воплощение либертарианства в блокчейне — то есть системе хранения зашифрованных данных, которая используется во всех криптовалютах. По замыслу Дурова, TON должен был стать децентрализованной компьютерной сетью, участники которой обмениваются сообщениями (собственно, сам мессенджер Telegram), совершают покупки за криптовалюту Gram, скачивают и загружают файлы (TON Storage) и обходят любые блокировки со стороны государства с помощью анонимайзера (TON Proxy). Проект TON чем-то напоминал китайский мессенджер WeChat, где действовала встроенная платежная система, только в мировом масштабе и на криптовалютной базе. На двух инвестраундах Дурова привлек 1,7 миллиарда долларов, среди поверивших в его идею оказалось немало россиян, включая тогдашнего владельца футбольного клуба «Челси» Романа Абрамовича. Мало какой криптопроект того времени по своим масштабам и амбициям мог сравняться с TON — по сути, Дуров хотел построить целую вселенную внутри мессенджера с многомиллионной аудиторией.

«Впервые за 70 лет у мировой финансовой системы появился шанс выйти из-под гегемонии США, которые в свое время навязали всему миру свою национальную валюту в качестве резервной», — по-либертариански оценивал перспективы криптовалют Дуров[28]. Но государство вновь постучалось к нему в дверь, на этот раз — американское: осенью 2019 года, за несколько недель до запуска проекта, Комиссия по ценным бумагам и биржам США потребовала запретить продажу Gram, посчитав, что это не криптовалюта, а ценная бумага, которая выпущена в обход необходимых процедур. А спустя несколько месяцев в Дубай, где теперь постоянно жил Дуров, приехал юрист комиссии и два дня с пристрастием допрашивал россиянина. Выйти из-под гегемонии США не удалось: вскоре американский суд окончательно поставил крест на проекте Gram.

Telegram окружали со всех сторон. С одной стороны — американские власти и очередь из недовольных инвесторов, с другой — родное государство: блокировка в России хоть и ослабла, но официально не была снята. В этот период предпринимателя воспринимали как символ борьбы за свободу слова в интернете — или «цифрового сопротивления», как он сам написал после ограничения доступа к Telegram Роскомнадзором[29]. «Спасибо тебе, Паша Дуров, что назвал это сопротивлением. Потому что сопротивление — это когда ты делаешь что-то, когда ты не молчишь», — кричал в микрофон на митинге в апреле 2018 года Алексей Навальный[30]. Судьба, казалось, сама сделала выбор за Дурова, на какой стул сесть, но он опять попробовал усидеть на краешке обоих: строить одновременно и бизнес, и либертарианский проект.

В начале лета 2020 года Дуров приехал в Россию — впервые с момента блокировки его проекта на родине. Тогда о визите ходили только слухи, но спустя несколько лет его удалось точно доказать с помощью утекшей базы пересечений границы[31]. Примерно в то же время он пишет примирительный пост о том, что Telegram готов удалять экстремистский контент и вообще «борьба с терроризмом и право на тайну личной переписки не исключают друг друга»[32]. Это заявление в контексте дальнейших событий выглядит как заранее согласованный пас: спустя две недели Роскомнадзор прекратил блокировку, «позитивно» оценив «высказанную основателем Telegram готовность противодействовать терроризму и экстремизму»[33]. А уже в начале июля вице-президент Telegram приехал на встречу российских IT-бизнесменов с премьером Михаилом Мишустиным[34].

И хотя необходимость снять ограничения вроде как обсуждалась в Кремле давно, особенно с учетом того, что мессенджером активно пользовались не только граждане, но и органы власти[35], все эти совпадения ставят логичный вопрос: обсуждал ли Дуров разблокировку кулуарно во время своего приезда в Россию, и если да, то пообещал ли что-то взамен. Например, сдачу тех самых «ключей шифрования» — иначе говоря, инструмента для чтения переписки всех пользователей мессенджера в мире без ограничений.

«Стоять, ФСБ!»

Начало августа 2024 года, утро, столица одного из сибирских регионов России. Местный житель Семен[36] выходит из дома и, как обычно, направляется на работу. Но рутину нарушают силовики: из припаркованной возле его дома «газели» выскакивают несколько человек и с криками «стоять, ФСБ!» валят его на асфальт. Оперативники суют Семену в нос удостоверение, и из их угроз он понимает, что его взяли за политические комментарии в интернете.

Обычно силовикам нужен пароль от устройства, чтобы залезть в переписку подозреваемого и выудить оттуда что-то. Специфика истории Семена в том, что у органов уже были выгружены его комментарии в публичных оппозиционных чатах в Telegram, хотя он писал их с анонимного аккаунта — без юзернейма, аватарки и со скрытым номером телефона. Во время обыска на квартире чекисты зачитывали ему самые яркие высказывания — например, под постами в канале блогера Александра Невзорова, признанного в России экстремистом. А на удивленный вопрос, как они выкачали все эти комментарии и привязали к Семену, только смеялись: «Так мы тебе и сказали». Для испуганного мужчины все выглядело так, будто Telegram и Дуров действительно сдали ФСБ всю информацию с потрохами.

Такие подозрения возникают после каждого инцидента с безопасностью Telegram, тем более что сам Дуров дает для них достаточно поводов. Из корпоративного конфликта внутри «ВКонтакте» он не только вышел с хорошими деньгами (его доля соцсети стоила, по разным оценкам, 300–400 миллионов долларов), но и сумел забрать Telegram с собой, несмотря на протесты бывших партнеров. И даже более того — команда мессенджера еще несколько лет работала из бывшего офиса «ВКонтакте» в Доме Зингера. Сама соцсеть базировалась в том же здании по соседству, и сотрудники обоих проектов общались в курилке. Дуров в интервью тому же Карлсону рассказывал, что после продажи соцсети покинул Россию, хотя на самом деле не просто периодически возвращался на родину[37], но даже ходил работать в Дом Зингера, как прежде[38]. Команду разработчиков он начал вывозить в Дубай лишь в 2017 году — то ли из-за трений с ФСБ, то ли из-за того, что соседство офиса Telegram со штаб-квартирой «ВКонтакте» стало известно медиа,[39] а это никак не соответствовало образу гонимого независимого проекта. Но перевез он все равно не всех — например, группа модерации осталась в России. Наконец, значительную часть серверов Telegram обслуживает компания давнего петербургского знакомого Дурова — и в этом не было бы ничего предосудительного, если бы этот бизнесмен не продолжал вести IT-бизнес в России, где взаимодействия с ФСБ избежать невозможно[40].

Проблема в том, что сам мессенджер изначально содержит несколько серьезных уязвимостей, которые дают дорогу к данным и без кулуарных договоренностей с чекистами. Братья Дуровы решили, что сквозное шифрование будет применяться в их проекте только в секретных чатах: это отдельная функция в мессенджере, пользователи создают их для общения друг с другом по желанию. При сквозном шифровании — оно, например, по умолчанию действует в Signal и WhatsApp — ключи к дешифровке хранятся только на устройствах участников переписки. Владельцы мессенджера, даже имея доступ к серверам, не могут расшифровать сообщения. Плюс такого подхода — безопасность, минус — в случае потери доступа к телефону чаты не восстановить, если только не сохранил их в облаке.

В Telegram личная переписка — за исключением секретных чатов — прекрасно загружается на новое устройство, так как у мессенджера есть ключи к их дешифровке. Это удобно, но небезопасно: уязвимостью неоднократно пользовались российские силовики и просто мошенники. Так, однажды ночью в конце апреля 2016 года сразу у двух оппозиционных активистов из Москвы на время отключилась функция приема СМС. Далее неизвестные запросили СМС для авторизации их Telegram-аккаунтов на новых устройствах и получили доступ к сообщениям. Дуров, комментируя эту историю, признавал, что взлом по такой схеме по силам только спецслужбам: лишь они могли надавить на операторов и потребовать ограничения части функций[41]. На рынке пробива аккаунты в Telegram ломают иначе: как правило, мошенники или выпускают дубликат сим-карты, или настраивают переадресацию на «левый» номер, как в случае со взломом телефона зятя министра иностранных дел Лаврова по заказу Пригожина.

Еще одна техническая уязвимость мессенджера братьев Дуровых — слишком открытый программный интерфейс (API — от английского application programming interface). Это сделано для удобной интеграции мессенджера со сторонними приложениями — например, с онлайн-магазинами, — но одновременно позволяет сканировать тысячи публичных чатов в поисках сообщений от одних и тех же пользователей. Полной анонимности тут не обеспечить: можно скрыть номер телефона, не использовать юзернейм, но уникальный числовой идентификатор у всех свой и прекрасно виден через API.

Российские и белорусские силовики научились узнавать, кто скрывается за идентификаторами: они пользуются программами по деанонимизации, куда загружены десятки миллионов телефонных номеров — в том числе из утекших баз с персональными данными. Программы перебирают номера, пока не находят соответствие с конкретным гражданином[42]. Именно так силовики, судя по косвенным данным, и сдеанонили сибиряка Семена, заранее загрузив и проанализировав его сообщения в публичных чатах. Ему еще повезло, что после обыска его оставили на свободе, и он успел уехать из страны. Сотрудничает ли Telegram с российскими силовиками напрямую, и если да, до какой степени, до сих пор непонятно: по слухам, мессенджер точечно выдает данные по определенным людям, официально в ФСБ говорят, что это происходит только в делах по терроризму[43].

В конце 2021 года с критикой на Дурова обрушился директор Signal — непосредственного конкурента на рынке мессенджеров[44]. Аргументы он использовал прежние (отсутствие сквозного шифрования), но формулировки были такими резкими и хлесткими, что Дуров дал отпор публично в лучших традициях «вотэбаутизма», когда вместо ответа по сути ищешь недостатки у оппонента. Например, он указывал, что и Signal, и WhatsApp базируются в США и должны выдавать данные пользователей по запросу американских спецслужб, но не афишируют этого[45]. А чтобы расшифровать переписку для ФБР или АНБ, они оставляют бэкдоры. Доказательств Дуров не представил, но в интервью Такеру Карлсону впоследствии развивал мысль о взаимосвязи местоположения офиса и независимости: мол, он перевез Telegram в Дубай, потому что это «нейтральное место», которое «геополитически не связано ни с одной из крупных сверхдержав». На самом деле его могут достать и там. В 2017 году французские спецслужбы, озабоченные тем, что мессенджер используют члены «Исламского государства», убедили своих коллег из ОАЭ взломать телефон Дурова — и, судя по всему, у них это получилось[46].

География популярности Telegram хаотична: помимо России и Ирана, это Украина, Бразилия, Вьетнам, Индонезия, Индия и другие латиноамериканские и азиатские страны. Как и в случае с «ВКонтакте», одной из причин успеха мессенджера стал либертарианский подход Дурова к тому, что происходит на платформе: там можно купить персональные данные в ботах, быстро найти драгдилера и скачать пиратский или порнографический фильм. В некоторых странах Европы Telegram стал синонимом маркетплейса с наркотиками. Площадка боролась с таким нелегальным бизнесом, но вяло, и власти по всему миру долгое время жаловались, что модерация в мессенджере слабая, а их запросы игнорируются. И у этого была не только идеологическая причина, но и чисто финансовая[47].

Изначально Дуров тратил на Telegram деньги, полученные от продажи доли «ВКонтакте». Потом случилась катастрофа с проектом Gram и долгие разбирательства с инвесторами, и для финансирования развития мессенджера он привлекал займы. Монетизация появилась на платформе в 2021 году, но, например, в 2023 году общий убыток Telegram составил свыше 170 миллионов долларов — это почти половина отступных Дурову за «ВКонтакте» (в 2024-м проект впервые вышел в прибыль)[48]. В этих условиях ему было выгодно экономить на всем, включая модерацию: в интервью Такеру Карлсону россиянин хвастался, что всего в команде мессенджера с миллиардом пользователей работают 50 человек, из них 30 — разработчики. По моей информации, она все-таки чуть побольше за счет команды модерации: еще плюс 200 человек. Но и это ничто по сравнению с тем же Facebook: там только за модерацию отвечают около пятнадцати тысяч сотрудников.

Во взаимоотношениях с властями Дуров старался следовать нехитрой тактике: доводить ситуации до предела, а потом идти навстречу и демонстрировать готовность сотрудничать — но ничего не менять фундаментально. В 2017 году власти Индонезии уже собирались заблокировать мессенджер, но россиянин лично прилетел в столицу этой страны Джакарту, встретился с профильным министром и пообещал удалять связанные с террористами каналы[49]. В России в 2021 году он удалил бот от команды Навального, призванный помочь гражданам выбрать, за кого голосовать на предстоящих парламентских выборах: в противном случае мессенджер опять бы запретили на родине проекта, объяснял он. Спустя несколько лет о возможной блокировке его проекта заговорили в Германии, но затем Telegram снес 64 канала по запросу местной полиции — в том числе с ультраправым контентом[50]. В большинстве же случаев команда мессенджера попросту забивала на запросы от силовиков со всего мира — они копились на почте, которую никто не проверял[51]. Весьма лихое поведение для платформы с сотнями миллионов пользователей и близкой по функционалу к соцсети: конкуренты по этому рынку вынуждены так или иначе соблюдать законы стран, где у них есть аудитория, и обрабатывать запросы от правоохранительных органов.

Подобное поведение, в принципе, соответствует жизненной философии самого Дурова, говорила мне его близкая знакомая. «Он всегда хотел жить в духе "я от бабушки ушел и от дедушки ушел". И чур, чтоб никому не быть должным. На компромиссы идет, только если ему это выгодно и если можно все поменять потом. Для него важно ни от кого не зависеть и всегда суметь всех послать. Ну, или сделать вид, что все слушает, понимает, будет сотрудничать и прочее. А потом ничего не сделать. Или сделать минимум», — описывает она его подход. В 2018 году Дуров встретился за обедом с президентом Франции Эммануэлем Макроном: тот предложил перевести штаб-квартиру Telegram в Париж и дать его владельцу французское гражданство. На первое предложение россиянин ответил отрицательно, второе его, конечно, заинтересовало. Паспорт ему выдали, но французские силовики продолжали жаловаться, что Telegram не идет им навстречу. В августе 2024 года Дурова задержали в парижском аэропорту и отправили на допрос по делу с целым букетом обвинений, включая отказ от предоставления информации властям и создание площадки, облегчающей торговлю наркотиками.

В тюрьму его не посадили, разрешив выйти под залог и жить во Франции. Западные медиа всегда скептически относились к Дурову из-за российских корней мессенджера и непрозрачности проекта, а теперь вообще представляли его опасным и мутным бизнесменом, не желающим удалять такие очевидно неприемлемые вещи, как детское порно или группы террористов. К обвинениям от силовиков добавилось заявление одной из его гражданских жен, что он якобы бил своего сына[52]. Но и из французского скандала Дуров сумел как-то выскочить, опять усидев на своих стульях.

Telegram нарастил сотрудничество с силовиками западных стран, в разы увеличив количество выдаваемых данных: например, после задержания в августе он удовлетворил почти

1400 запросов от правоохранительных органов Франции — в два раза больше, чем за весь предыдущий год. Французы оценили изменения и разрешили слетать домой в Дубай. Вскоре Дуров гордо отчитался, что Telegram преодолел планку в миллиард пользователей, как будто и не было других скандалов. Впереди — вечный конкурент Марк Цукерберг с его WhatsApp. «Это дешевая, разбавленная имитация Telegram. Годами они отчаянно пытались скопировать наши инновации, сжигая миллиарды на лоббистских и PR-кампаниях. Они потерпели неудачу. Telegram вырос, стал прибыльным и — в отличие от нашего конкурента — сохранил свою независимость», — в очередной раз публично прыгнул Дуров на соперника.

Он никогда не упускает случая подчеркнуть свою независимость и превосходство. Даже визуально Дуров выстраивает образ то ли Нео из «Матрицы», то ли вообще какого-то мифологического божества. Он пересадил себе волосы, накачался и, добившись желаемого внешнего вида, периодически публикует претенциозные снимки — с обнаженным торсом в пустыне, в ванне с холодной водой или полуголым в хлеву с козлятами. Последней фотосессией он поделился на Пасху весной 2025 года, снимки явно отсылают к христианской иконографии, но в соцсетях стали шутить, что Дуров, похоже, перепутал праздники: хлев — символ Рождества, а не Пасхи. Образ странного нарцисса-миллиардера (перед публикацией он просматривает несколько сотен снимков в поисках идеального) дополняет неожиданное признание Дурова: еще в 2010-е предприниматель решил стать донором спермы — но не ради денег, а из чувства «гражданского долга». За 15 лет у него родилось около сотни биологических детей, и предприниматель, по его словам, готов открыть свою ДНК, чтобы они могли найти друг друга[53].

Проверить громкие заявления Дурова о независимости сложно. Бизнесмен уверяет, что он — единоличный владелец Telegram, но мессенджер записан на офшоры с непубличной структурой собственности. Даже российские власти никак не могут определиться, считать его иностранным или отечественным проектом. В 2018 году, в самый разгар блокировки в России, высокопоставленный чиновник Роскомнадзора развивал в разговоре со мной конспирологическую теорию о том, что у Дурова есть тайный партнер из числа близких к Кремлю предпринимателей, и этому партнеру, мол, выгодно создать мессенджеру образ гонимого в России проекта. «Иначе я не понимаю, зачем мы это делаем», — комментировал он безуспешные попытки Роскомнадзора придавить платформу. Спустя пару лет, уже после разблокировки, Роскомнадзор внес Telegram в перечень зарубежных мессенджеров, через которые запрещена передача персональных данных россиян[54]. Но в конце 2024 года Владимир Путин перечислил Telegram через запятую с российскими сервисами, идущими на замену опальному американскому YouTube[55].

После начала войны с Украиной и блокировки западных соцсетей мессенджер действительно резко нарастил аудиторию в России. Этот скачок хорошо виден по рейтингу самых популярных интернет-сервисов страны: в январе 2022-го его даже не было в десятке, а в феврале 2025-го он уже пятый с аудиторией в 90 миллионов ежемесячно[56]. Но вскоре в РФ появился другой влиятельный претендент на эту аудиторию — медиамагнат Юрий Ковальчук, по сути, второй человек в стране после Путина, «консильери» и «казначей» президента.

Глава 11.
Главный по медиа

12 декабря 2024 года, в день Конституции России, президент Владимир Путин вручал в Кремле государственные награды политикам, журналистам и деятелям искусства. После открытой части для медиа прошла еще одна церемония — закрытая, для ближнего круга главы государства. На ней звезду Героя России получил многолетний охранник президента, глава Росгвардии Виктор Золотов, а руководитель Чечни Рамзан Кадыров — очередной орден «За заслуги перед Отечеством». В зале также присутствовал близкий к Кремлю епископ Тихон Шевкунов, за которым закрепилась характеристика «духовник Путина», и замглавы президентской администрации, главный кремлевский куратор внутренней политики и интернета Сергей Кириенко.

Закрытая церемония осталась бы тайной, если бы не страсть Рамзана Кадырова рассказывать о встречах с Путиным. Чеченский госканал выложил видео, снятое, судя по всему, кем-то из приближенных Кадырова: на нем глава Чечни бежит за орденом к президенту и на пару секунд видно других участников встречи[1]. В кадр также попал пожилой гладко выбритый мужчина с хитрой улыбкой: он бросает удивленный взгляд в камеру и хлопает Кадырову. Это банкир Юрий Ковальчук, и вертикальное видео от чеченского телеканала — его второе появление на экранах телевизоров в истории. Хотя, учитывая степень влияния на Путина, его считают вторым человеком в стране[2].

Ковальчук — «личный казначей» президента[3], он отвечает за материальное обеспечение его женщин и детей и дает стратегические советы по развитию России и ее международной политике. Он же контролирует основные российские медиа, а с недавних пор — и самые популярные интернет-проекты с такими массивами персональных данных, что на их основе можно составить цифровой профиль каждого россиянина, умеющего пользоваться телефоном.

Консильери

В 2004 году, после первого переизбрания Путина на должность президента, российский газовый монополист «Газпром» готовил к продаже один из своих лакомых непрофильных активов — прибыльную страховую компанию «Согаз». Когда чиновники пришли к Путину обсуждать, кому доверить стратегический актив, тот назвал малоизвестный петербургский банк «Россия». Правительственные либералы были поражены: размер банка был меньше активов страховщика[4]. Выбор, сделанный Путиным, объяснялся просто: банк принадлежал Юрию Ковальчуку.

До падения Советского Союза Ковальчук работал исследователем в респектабельном физико-техническом институте в Ленинграде — возглавлял его будущий лауреат Нобелевской премии Жорес Алферов[5]. Как ученый Ковальчук занимался лазерами и полупроводниками, но ставку сделал на административную карьеру и дорос до первого замдиректора. Перестройка, наступившая во второй половине 1980-х, дала госпредприятиям право заниматься предпринимательской деятельностью через кооперативы, на деле же многие из них превратились в инструмент обогащения руководства. Так получилось и в ленинградском Физтехе: Ковальчук и еще несколько сотрудников зарабатывали на импорте и продаже дефицитных импортных компьютеров, выдавая это за работу на благо института.

С Путиным Ковальчук познакомился в 1991 году, когда Советский Союз доживал последние дни, а их родному Ленинграду только что вернули историческое название Петербург. Тогда будущий президент и бывший сотрудник советской разведки в Дрездене трудился вице-мэром городского правительства, где отвечал за внешнеэкономические связи. На балансе мэрии числился банк «Россия». Получилось это так: в конце перестройки государственные организации массово создавали банки для расчетов, в капитал очередного кредитного учреждения вошел ленинградский обком КПСС, а мэрия стала его официальным преемником в хозяйственных делах. На этот банк и нацелились кооператоры из Физтеха во главе с Ковальчуком — после конфликта с директором они ушли из института в свободное бизнес-плавание. С Путиным их связал чекист Владимир Якунин: он когда-то отвечал за безопасность в институте и знал вице-мэра по службе в ленинградском управлении КГБ. Знакомство оказалось судьбоносным для всех: Ковальчук и другие физики-кооператоры получили банк, Путин — верного казначея, а Якунин, когда его патроны переехали в Москву, сначала работал в правительстве, а затем возглавил крупнейшую российскую транспортную компанию РЖД. Еще в середине 1990-х друзья стали соседями по дачному кооперативу «Озеро» под Петербургом.

В те годы «Россия» считалась небольшим банком, незаметным даже на региональном уровне. Одним из стабильных источников дохода было ведение финансовых дел городского правительства. Например, мэрии принадлежала газета «Санкт-Петербургские ведомости» — наследница партийной «Ленинградской правды», взявшей в 1991 году имя старейшего печатного издания России. Там публиковались все официальные документы городской администрации. В 1994 году газету решили превратить в акционерное общество, и от мэрии этот процесс курировал Владимир Путин — даже приходил на рабочие встречи с журналистским коллективом[6]. Вице-мэр пролоббировал старых друзей: помимо правительства, акции «Санкт-Петербургских ведомостей» получил и банк «Россия».

Путин и Ковальчук вошли в состав наблюдательного совета газеты и даже попали в объектив фотографа во время визита в редакцию — это единственный известный снимок, где они запечатлены вместе. На столе — огромная бутылка шампанского, ее открывают журналисты, а ВИП-гости с пустыми стаканчиками ждут, пока им нальют алкоголь: в центре стоят Путин и его коллега по городской администрации Михаил Маневич (его убьют в 1997 году), далее Ковальчук со своей хитрой улыбкой.

Акционирование произошло накануне важного для администрации события — выборов главы города. Действующий мэр Анатолий Собчак шел на второй срок, а Путин возглавлял его предвыборный штаб. Собчак в итоге проиграл — как считается, из-за крайне неудачных дебатов на телевидении. То, что могло стать концом карьеры для Путина, в итоге обернулось новым началом: его позвали в Москву, он приглянулся президенту Борису Ельцину, и тот сначала назначил своего фаворита директором ФСБ, а потом — премьером и официальным преемником. Весной 2000 года Путин уверенно победил на выборах в первом туре, во многом благодаря открытой поддержке главного телеканала страны ОРТ.

Оценив на собственном опыте силу медиа, Путин сразу начал брать под контроль крупнейшие телеканалы, а ответственным, как и в случае с «Санкт-Петербургскими ведомостями», стал Ковальчук. Но для этого требовались денежные ресурсы, которых у маленького регионального банка просто не было: в 2000 году «Россия» только-только открыла отделение в столице, о чем гордо отчитывалась в первом абзаце годового отчета. Вариант развивать бизнес в конкуренции с другими банками явно не подходил ближайшему другу президента. Банк стал набухать от активов государственного «Газпрома»: сначала «Согаз», потом — пенсионный фонд «Газфонд» и доля в Газпромбанке; и цена продажи во всех случаях выглядела явно заниженной по сравнению с последующими прибылями[7]. По итогам 2011 года «Россия», где за десять лет до того по-провинциальному радовались филиалу в Москве, занимала 17-е место в рейтинге крупнейших банков страны.

Экспансию на федеральный медиарынок Ковальчук начал с медиаактивов все того же «Газпрома». Главный из них — федеральный телеканал НТВ — поддерживал соперников

Путина на выборах, но стал первой жертвой новой стратегии Кремля по отношению к нелояльным медиа: за долги его отдали газовой монополии. В 2004 году Ковальчук сумел оттеснить руководство «Газпрома» от руководства собственной структурой. «Газпром-медиа» неожиданно возглавил врач-пульмонолог Николай Сенкевич — в прошлом сосед брата Ковальчука по лестничной клетке и сын известного советского телеведущего. «Не бойся» — так якобы напутствовал Путин Сенкевича, когда Ковальчук привел к нему свою креатуру на смотрины.

Спустя несколько лет банк «Россия» приобрел «Пятый канал» — тот самый, на котором шеф Путина некогда сокрушительно проиграл дебаты своему оппоненту. В середине нулевых он вещал только на территории Петербурга, но в конце 2006 года власти вернули его в федеральный эфир[8]. Потом, в 2011-м, в этот же портфель лег блокпакет в главном телеканале страны — «Первом» (бывшем ОРТ). Купил Ковальчук и один из самых популярных таблоидов страны «Комсомольскую правду» — его президент Путин, по собственным словам, читал раньше по дороге на работу[9].

Ковальчук и его банк часто заходили в медиаактив через доверенных лиц, так что их участие иногда можно подтвердить только по косвенным признакам. Например, ту же «Комсомольскую правду» официально купил не он, а семья еще одного знакомого Путина — петербургского медиаменеджера Олега Руднова. Активы, напрямую оформленные на структуры банка, объединены в «Национальную медиа группу»: по состоянию на 2025 год это несколько десятков федеральных и кабельных телеканалов и несколько медиа с многомиллионной аудиторией. Через долю в «Газпромбанке» Ковальчук также по-прежнему имеет отношение к «Газпром-медиа» с еще десятком каналов и интернет-изданий. И хотя банкир там не единственный официальный владелец, по словам его знакомого, с 2014 года холдинг де-факто контролируется им.

Помимо медиа, Ковальчук отвечает за самые деликатные сферы личной жизни Путина. Например, бывшая любовница президента Светлана Кривоногих получила миноритарный пакет акций банка «Россия» — чтобы она и ее дочь не бедствовали после прекращения отношений с главой государства[10]. Неофициальную жену Путина, бывшую гимнастку Алину Кабаеву сам Ковальчук предложил трудоустроить председателем совета директоров «Национальной медиа группы» с аргументом «чего она без дела пропадает»: на работе, по словам работников холдинга, она появляется раз в год, получая за это зарплату в несколько миллионов долларов[11]. На деньги банка «Россия» и связанных с ним лиц строился знаменитый дворец Путина в Геленджике и резиденция президента на севере страны, в Карелии[12]. Брат банкира Михаил Ковальчук — физик, конспиролог и глава «Курчатовского института» — занят изучением того, как продлить Путину жизнь: он лоббирует федеральную программу по борьбе со старением, и хотя она направлена на всех граждан, спешка и объем привлекаемых ресурсов говорят о том, что ее главный клиент — сам президент[13].

«Он относится к высокоинтеллектуальным людям, способным видеть дальше других. Невероятно обаятельный, знает миллион анекдотов, рубаха-парень. Если вы сидите за столом, вы в него влюбитесь» — так характеризует Ковальчука его старый знакомый. Остроты друга так нравятся Путину, что он потом повторяет их на публике. Например, в декабре 2011 года, в разгар протестов против фальсификации на выборах, он сравнил белую ленту — символ оппозиционных митингов — с презервативом. По одной из версии, автор этой плоской, но запоминающейся шутки, — Ковальчук[14]. Коронавирусный карантин 2020 года банкир провел со своим патроном, и они не только шутили, но и обсуждали противостояние с Западом: Ковальчук — сторонник агрессивной, имперской внешней политики и один из тех, кто убедил Путина в необходимости начать войну с Украиной в 2022-м[15].

В единственном интервью в 2014 году он отлично продемонстрировал свое умение говорить о политике с яркими примерами. Россия только-только аннексировала Крым, власти США и Европы нанесли санкционный удар по ближайшему окружению Путина, включая Юрия Ковальчука. Через три дня после попадания под ограничения американских властей банкир пришел в эфир телеканала «Россия-1». Беседовавший с ним пропагандист Дмитрий Киселев славится жесткой, агрессивной манерой подачи, но с «казначеем» президента был сама любезность.

— У нас в гостях — Юрий Валентинович Ковальчук, доктор физико-математических наук, лауреат Государственной премии СССР. Человек, которого часто заочно цитируют, но который редко появляется в публичном пространстве. Но случай, очевидно, экстраординарный.

«Экстраординарный случай» — это санкции: тогда подобные ограничения еще были в новинку, и Ковальчуку явно хотелось публично выговориться. В интервью банкир размышлял о судьбе Украины и прогнозировал, что санкции станут благом для России:

— Мы должны дать себе ответ, до какой степени мы готовы интегрироваться в иную [западную] структуру ценностей. Вы меня извините за, может быть, неудачный пример: представьте себе, что вы решили улучшить свои жилищные условия и вам подобрали отличную квартиру в новом доме. И вы пришли в кооператив, посмотрели: евроремонт, отличные унитазы — все нравится. Но когда вы подписываете договор, вам сказали, что вы, например, директора этого кооператива критиковать не можете, не можете дружить с соседом слева. В этом случае, думаю, что стоит подумать, сидеть ли на этом дорогом унитазе и бояться критиковать директора. <…> И в этом смысле все то, что происходит сейчас, дает основание и для общества, и для бизнеса, и для государства в целом серьезно заняться самими собой[16].

Ковальчуку санкции и война с Западом дали основание наконец расширить свое влияние и на рунет — он стал владельцем главных поисковиков и соцсетей страны.

Задушить YouTube

По итогам декабря 2024 года «ВКонтакте» (теперь она официально называется VK) впервые в истории обошла YouTube и стала самой посещаемой соцсетью в стране[17]. В компании бодро рапортовали, что к этому привела умелая работа платформы, опустив ключевой, совершенно нерыночный момент: в течение нескольких месяцев российские власти последовательно душили YouTube то частичной, то полной блокировкой. Это очередной пример того, как Юрий Ковальчук использует государственные ресурсы для бизнеса: «ВКонтакте» уже несколько лет как принадлежит его структурам.

Ковальчук пришел в интернет довольно поздно. За главными отечественными интернет-платформами к этому времени присматривали другие близкие к Кремлю люди и структуры. Две российские соцсети — «Одноклассники» и «ВКонтакте» — приобрел миллиардер Алишер Усманов и объединил в рамках холдинга Mail.Ru Group вместе с одноименным почтовым сервисом. В «Яндексе» — цифровой корпорации, которая создала экосистему сервисов во главе с самым популярным поисковиком в стране — у государственного «Сбербанка» с конца 2000-х имелась «золотая акция» с правом блокировать продажу крупного пакета акций: это был способ успокоить Кремль, что владельцем стратегической интернет-платформы не станут иностранцы[18].

«Каким бы умным Ковальчук ни был, он все-таки человек старой формации. Он из тех, кто всю жизнь смотрел телевизор, а что такое интернет, ему рассказывает внук», — говорил мне знакомый банкира. Судя по всему, такое отношение к интернету отражает картину мира и самого президента: новости он потребляет не в сети, как большинство современных людей, а из телевизора[19] и докладных записок от своих подчиненных. «Твой интернет — это сплошная дезинформация и манипуляция» — так якобы заявил Путин в середине 2010-х журналисту и многолетнему главреду либеральной радиостанции «Эхо Москвы» Алексею Венедиктову. Дальше глава государства показал на стол с папками и добавил: «Вот смотри. Каждая [папка] подписана генералом, если меня обманут (а я принимаю на основе данной информации решения, от которых зависят миллионы людей), я могу погоны сорвать. А эти ваши ники что вообще такое?!»[20]

Чиновники его администрации обратили пристальное внимание на интернет-медиа в конце 2000-х — начале 2010-х. Тогда картину мира миллионов россиян формировал сервис «Яндекс.Новости» — агрегатор на главной странице поисковика с перечислением главных событий дня и ссылками на статьи (в 2012 году ежедневная аудитория главной «Яндекса» превысила количество зрителей «Первого канала»)[21]. Кремль несколько лет давил на владельцев поисковика, чтобы ссылки вели только на согласованные медиа, и в итоге добился своего[22]. Через давление на собственников государство решало вопросы и с чересчур смелыми интернет-СМИ: в 2014 году так разогнали редакцию «Ленты.ру», в 2016-м — РБК. Компромат на свободные издания собирали по старинке в те самые папки: так, владельцу «Ленты» в администрации президента выдали кипу распечатанных статей, где маркером были обведены крамольные, по мнению властей, фрагменты.

К концу 2010-х, когда Ковальчук осознал важность интернета для контроля за происходящим в стране, у него появилась идея приобрести популярные интернет-платформы. После аннексии Крыма и начала гибридной войны в Украине американские и европейские власти принялись последовательно расширять санкционные списки. Усманов явно не хотел туда попасть и взял курс на избавление от токсичных активов. «ВКонтакте» с его славой главного источника уголовных дел за слова в интернете явно к ним относился. В 2018 году — через месяц после включения в санкционный лист другого известного российского миллиардера Олега Дерипаски — Усманов передал часть акций Mail.Ru Group в стороннюю компанию, за которой через посредника в виде «Газпромбанка» уже проглядывал Юрий Ковальчук. Еще спустя полгода предприниматель публично заявил, что «с легким сердцем» отходит от управления своими соцсетями, так как высокотехнологичными компаниями должно руководить «молодое поколение»[23]. Окончательно сделку по продаже холдинга Усманов закрыл в конце 2021 года, накануне начала войны с Украиной: основным собственником Mail.Ru Group — ее переименовали, и она теперь называется VK — стали структуры 70-летнего Ковальчука[24].

Благодаря санкциям «казначей Путина» зашел и в «Яндекс». После начала полномасштабной войны с Украиной основатель поисковика Аркадий Волож попал под персональные ограничения Европейского союза за цензуру в экосистеме «Яндекса». В его доме в центре Амстердама поселились сквоттеры[25]. Волож пошел по пути Усманова и запустил процесс по выходу из российской части бизнеса «Яндекса». С учетом стратегического положения корпорации в рунете сделку пришлось согласовывать лично с президентом[26]. Покупатели действовали через посредников — это было условием иностранных акционеров «Яндекса», которые опасались обвинений в финансовых операциях с подсанкционными бизнесменами. В итоговом списке оказались структуры, косвенно связанные с Ковальчуком[27]: оценить текущую долю банкира в «Яндексе» сложно, однако ходили слухи о его желании получить до 40%[28].

В конце 2024 года его структуры, судя по косвенным данным, получили долю в популярном маркетплейсе Ozon, ранее она принадлежала иностранным инвесторам, которые были вынуждены уйти из России после начала войны[29]. Главный российский поисковик, несколько соцсетей, почтовые сервисы, один из главных интернет-магазинов страны — все это делает Ковальчука и его структуры крупнейшим держателем персональных данных россиян после государства. Если посмотреть десятку самых популярных интернет-ресурсов России за весну 2025 года, то Ковальчук имеет отношение к пяти из них. В десятке самых популярных телеканалов на тот же момент только два не были связаны с Ковальчуком, и оба принадлежат государству[30].

Одна из проблем управления таким огромным медийным хозяйством — «катастрофически маленькая скамейка запасных кадров», говорит знакомый банкира. Путинской элите в целом свойственно воспроизводить элементы феодализма и отдавать родственникам ключевые посты в государстве и бизнесе. В случае с Ковальчуком это происходит максимально наглядно. Руководить «Национальной медиа группой» с ее десятком телеканалов он отправил своего племянника Кирилла, а старшим вице-президентом VK стал Степан Ковальчук — сын Кирилла и, соответственно, внучатый племянник банкира. Бок о бок с ним, в должности директора VK, трудится Владимир Кириенко — сын первого замглавы кремлевской администрации Сергея Кириенко[31].

Кириенко-старший — тоже креатура владельца «России». Один из премьер-министров ельцинской эпохи и сооснователь либеральной партии «Союз правых сил», Кириенко еще в нулевые сблизился с Ковальчуком и, возможно, благодаря ему неожиданно получил пост главы госкорпорации «Росатом» — флагмана российской атомной отрасли, опекаемой физиками-ядерщикам Ковальчуками. Его замом там, например, одно время трудился Борис Ковальчук — сын могущественного друга Путина[32]. В 2016 году благодаря поддержке Ковальчука-старшего Кириенко — тоже неожиданно для многих — занял пост первого замглавы кремлевской администрации, где постепенно забрал под себя курирование рунета. В частности, он запустил систему централизованного управления почти 200 тысячами государственных пабликов — естественно, в соцсетях Ковальчука.

Вскоре после покупки VK структурами «России» правительство обязало госучреждения (губернаторов, муниципалитеты, школы, детские сады, больницы) иметь страницы в социальных сетях для информирования населения. Разумеется, создавать такие страницы можно не где угодно, а в определенных государством платформах. Таковыми стали «ВКонтакте» и «Одноклассники». В конце 2024 года аудитория госпабликов на обеих площадках якобы составляла 50 миллионов уникальных пользователей, а опрос от государственной социологической службы показал, что их читают свыше 30% россиян[33]. Госпаблики стали одной из главных площадок распространения провластных нарративов[34], через них же раскидывается и реклама службы по контракту на войне с Украиной: централизованное управление не допускает исключений, и такие постеры можно встретить даже в группах детских садов и школ[35].

Война тоже помогла соцсетям Ковальчука: вскоре после начала вторжения Россия заблокировала западных конкурентов — Facebook, Instagram и Twitter. Но самой популярной соцсетью страны продолжал оставаться YouTube, хотя чиновники периодически заговаривали о необходимости его блокировки — за закрытие каналов российских госмедиа и за отказ удалять оппозиционный контент. Разом перекрыть видеохостинг с ежемесячной аудиторией в 90 миллионов россиян Кремль был не готов. Представители власти честно говорили, что это произойдет только после появления альтернативной платформы, где дети смогут смотреть мультфильмы, а взрослые — юмористические шоу, музыкальные клипы, исторические передачи или инструкции, как починить стиральную машину. «На сегодняшний день, надо говорить честно, адекватной и полноценной замены YouTube у российских аналогов, к сожалению, пока нет. Слово "пока" здесь ключевое», — говорил депутат Госдумы и автор закона о госпабликах Александр Хинштейн, комментируя осенью 2023 года возможную блокировку американской соцсети.

Оба главных кандидата на замену «вражеской» соцсети связаны с Ковальчуком. У «Газпром-медиа» давно была своя платформа RuTube, а VK в лице Степана Ковальчука стала развивать свой сервис VK Video. Денег не жалели: VK принялся скупать популярных российских блогеров, чтобы те публиковали видео на российской платформе, а не на YouTube. Весной 2023 года переманили, в частности, одно из самых популярных русскоязычных стендап-шоу «Что было дальше». Слухи рисовали баснословные суммы: по одной версии, за выпуск комики получили миллиард рублей (около 10 миллионов долларов), по другой — в два раза меньше и за три выпуска сразу[36]. Некоторые блогеры за деньги соглашались выкладывать свои ролики сначала на VK и только потом на YouTube. По сути, авторов заманивали дотациями, а не выгодной системой монетизации контента, как у американской платформы: там и сам YouTube отстегивает процент с показанной рекламы, и сами блогеры вправе заключать прямые контракты с рекламодателями. После прекращения работы в России в 2022 году Google перестал размещать коммерческие вставки внутри роликов для российской аудитории, и монетизация идет только от зарубежных просмотров. Но нативные интеграции никуда не делись, более того — даже до войны именно они приносили главные доходы создателям контента из РФ[37].

В VK с подсчетом аудитории возникли проблемы. Там решили считать просмотры с первой секунды, а не с тридцатой, как в YouTube. Благодаря этому выпуски того же шоу «Что было дальше?» набрали в несколько раз больше показов, чем на YouTube, но по косвенным признакам заметно, что настоящего взаимодействия со зрителями не произошло — количество лайков и комментариев в разы меньше, чем обычно наблюдается у видео с таким охватом. Ручное вмешательство плохо сказывалось на алгоритмах и отпугивало рекламодателей, которые не понимали, принесет им клиентов VK или нет[38]. Как итог — убыток холдинга стабильно рос, пока не достиг в 2024 году рекордных 90 миллиардов рублей (чуть меньше 900 миллионов долларов). В компании начались увольнения[39], а привлеченные за огромные гонорары блогеры с радостью возвращались к полноценной работе на YouTube, едва только иссякал источник дотаций — так, например, получилось с «Что было дальше».

Вопрос замены YouTube на «суверенный» видеохостинг курировал Кремль, совещания по этому вопросу проводил лично Сергей Кириенко. Участвовали в них и сотрудники Роскомнадзора — ведь именно этому ведомству предстояло закрывать доступ к американской платформе[40]. Рубильник опустили в августе 2024 года, когда началось замедление трафика американской соцсети. Официально власти не говорили об искусственной блокировке, а винили в проблемах сам YouTube: после ухода из России Google перестал обновлять инфраструктуру специальных серверов внутри страны, которые ускоряют загрузку видео. Роскомнадзор то усиливал, от ослаблял блокировку, словно бы выкуривая аудиторию из самой популярной соцсети страны. Зрители политического YouTube закупились VPN-сервисами, но и с ними Роскомнадзор пытался бороться — и технически[41], и юридически, требуя от Apple и Google удалять из своих магазинов сами приложения (и иногда добиваясь искомого)[42]. В итоге нейтральная аудитория неизбежно стала искать альтернативу главному мировому видеохостингу. Так к декабрю 2024 года VK и добрался до вожделенного звания самой популярной соцсети России, подвинув YouTube с помощью государственных ресурсов и ценой рекордного убытка. Потери западной соцсети на начало 2025 года по сравнению с показателями до частичной блокировки — около 15 миллионов зрителей[43].

Схема по насильственному импортозамещению оказалась рабочей. Уже весной 2025 года VK представила собственный сервис по обмену сообщениями Max с интерфейсом, очень похожим на Telegram. Дальше парламент спешно принял закон о «национальном мессенджере» — платформе, где можно будет одновременно получать госуслуги, переводить деньги с банковских счетов и общаться с друзьями и коллегами (аналог китайского WeChat). Как и в случае с госпабликами, закон был написан под продукт VK — еще до того, как правительство постановило, что «национальным мессенджером» будет Max, чиновникам и экспертам было понятно, что им назначат сервис от Ковальчука. Одновременно на официальном уровне стали говорить, что Max должен заменить WhatsApp и, возможно, Telegram — в зависимости от того, будет ли Павел Дуров соблюдать российские законы. Замена, как и в случае с YouTube, пошла нерыночными методами: уже в августе 2025 года Роскомнадзор заблокировал звонки в этих популярных мессенджерах под предлогом борьбы с телефонными мошенниками[44]. Одновременно началась кампания по накачиванию Max аудиторией — туда в обязательном порядке стали переводить школьные и домовые чаты, а депутаты, чиновники и провластные блогеры так рьяно рекламировали мессенджер от Ковальчука, что это стало поводом для мемов[45].

Сложно сказать, какие конкретные решения принимает сам Ковальчук, а какие — его ставленники. Сам банкир участвует в управлении своим огромным хозяйством лишь стратегически, но, по свидетельству знающих людей, «как бизнесмен Юрий Ковальчук никакой». «Если убрать из его жизни Путина, то он бы не был тем, кем стал, конечно. У него все хорошо, пока его друг сидит в Кремле», — говорил мне его знакомый. Если завтра президент даст указание, например, переписать всю эту медиаимперию на свою тайную жену Алину Кабаеву, то Ковальчук немедленно так и поступит, уверен мой собеседник: «Он адекватный человек и понимает, что все это — не его». Наличие такой фигуры, как Ковальчук, — одно из ключевых отличий «суверенного интернета» от китайской модели контроля за интернетом, на которую так ориентируются в Кремле: в Китае сервисы, с одной стороны, подотчетны компартии, а с другой —

принадлежат разным бизнесменами и конкурируют друг с другом на рынке с населением в 1,4 миллиарда человек (например, платежный сервис Alipay от маркетплейса Alibaba и WeChat Pay)[46]. В России же и рынок в десять раз меньше, и самые популярные интернет-платформы подминает под себя один человек.

«Косой» — так якобы называли в нулевые Ковальчука в ближнем кругу президента: почему, не совсем понятно, но, например, глава «Газпрома» Алексей Миллер у них был «Солдатом», а сам Путин — «Михал Иванычем» по имени героя советской комедии «Бриллиантовая рука» (так бандиты называют своего шефа, который ведет двойную жизнь — притворяется честным человеком, будучи теневым дельцом)[47]. «Консильери» — такую роль определили мы в издании «Проект» Ковальчуку, когда в 2020 году делали расследование про его роль в жизни Путина: в иерархии итальянской мафии консильери выступает советником и доверенном лицом дона.

Этот статус банкира помогает журналистам-расследователям: почти везде, где есть имя Ковальчука, следует искать интересы президента. Например, в 2021 году у репортеров из «Радио Свобода» оказалась утечка базы клиентов медицинского центра «Согаз» в Петербурге. Там, помимо самого Ковальчука, проходили лечение люди из путинской элиты, бойцы пригожинской ЧВК «Вагнер» и, судя по всему, элитные эскортницы[48]. Спустя год, когда Путин объявил вторжение в Украину, таких чувствительных для самых влиятельных людей страны утечек стало в разы больше: помимо обычной войны с применением танков, самолетов и дронов, между Россией и ее соседом началась и настоящая кибервойна.

Глава 12.
Первая мировая кибервойна

Русский хакер в ушанке с советской звездой и сигарой во рту ворует с помощью напарника-итальянца данные банковских карт американских граждан. Госсекретарь США Кондолиза Райс видит нулевой баланс — и у нее выпадает глаз. Нулевой баланс и у президента Джорджа Буша-младшего — он стреляет себе в висок. За успешную операцию по краже денег у американцев президент Владимир Путин награждает хакера в ушанке медалью. «Мы ждем, что ты будешь вместе с нами бороться с американским империализмом. Так мы будем инвестировать американские деньги в российскую экономику», — гласит надпись на экране в финале.

Это краткое изложение нескольких похожих по сюжету мультфильмов, которые в середине 2000-х выложил на своем сайте известный хакер BadB[1]. Он считался одним из самых опасных российских кардеров — мошенников, которые специализируются на воровстве данных банковских карт. В 2010 году BadB задержали в Ницце по запросу США, и из американского обвинительного заключения стало известно, что его настоящее имя – Владислав Хорохорин. Он родился в украинском Донецке, служил в израильской армии, потом переехал в Москву, получил гражданство РФ, гонял по улицам на BMW и накануне задержания купил себе Tesla. Посидев немного в тюрьме в США, он вышел досрочно, уехал в Израиль и в 2017 году рассказывал в интервью госканалу «Россия-1», что он воровал «не у людей, а у американского государства».

«У них надо воровать. Они воруют у всего мира», — заявлял он[2]. Дела после освобождения у Хорохорина шли неважно: он жаловался на отсутствие денег, во время интервью «России-1» пил крепкий алкоголь и матерился, пытался познакомиться с девушками за соседним столиком и просил журналиста купить им пиво, а в конце беседы узнал, что ему негде ночевать: израильская родственница выставила его вещи за дверь. Что в его жалобах было правдой, а что рисовкой, сказать сложно, но следующие несколько лет он перемещался между Россией и Украиной и пытался заниматься бизнесом. В 2020 году Хорохорин опубликовал у себя в Instagram рисунок того самого хакера в ушанке из мультфильма середины нулевых с комментарием: «Самое время вспомнить себя в молодости»[3]. По состоянию на весну 2025 года он по-прежнему использует этот образ, но место советской звезды занял символ биткоина.

Красная звезда теперь политически враждебный ему символ: после начала полномасштабной войны между Россией и Украиной в феврале 2022 года BadB сделал публичный выбор в пользу исторической родины[4]. «В Украине я чувствую себя как дома», — говорил он после всех своих скитаний в интервью киберблогеру, все так же обильно матерясь[5]. Теперь он собирает донаты на помощь ВСУ, ездит на прифронтовую территорию и даже в повседневной жизни разгуливает в камуфляже с украинским флагом, хотя из-за донецкого происхождения и плохого украинского его как-то раз всерьез приняли за «сепара» — то есть сторонника России и отделения Донбасса от Украины. А еще Хорохорин создал бот по пробиву россиян, похожий на «Глаз Бога», и хвастается, что сознательно атакует сайты госорганов и компаний из РФ, чтобы пополнить его свежими утечками. Украинским телефонным мошенникам он, по его словам, дает расширенный и неограниченный доступ к своему проекту, дабы им было легче искать потенциальных жертв в России[6].

История Владислава Хорохорина повторяет эволюцию постсоветского хакерского сообщества. Когда-то кибермошенники из России и Украины вместе взламывали сети западных компаний и воровали деньги жителей США и Европы. После начала гибридной войны России против Украины в 2014 году в сообществе произошел раскол, а полномасштабное вторжение окончательно превратило вчерашних друзей во врагов. Теперь российские хакеры атакуют Украину в составе кибервойск РФ, а украинские дают им отпор в составе добровольческой «айти-армии», пользуясь неготовностью сетевой инфраструктуры госорганов и корпораций из РФ к такому конфликту. Результат кибервойны — самые массовые утечки персональных данных в истории России, и этих утечек достаточно, чтобы составить цифровые профили каждого взрослого гражданина страны и запустить свой бот по пробиву.

Модные мишки

Через три дня после вторжения России в Украину в публичном доступе появились внутренние чаты Conti —

хакерской группировки с российскими корнями. Она прославилась на рубеже 2010–2020-х успешными взломами государственных и частных сетей на Западе. Хакеры из Conti выкачивали чувствительные данные и угрожали их опубликовать, если не получат выкупа; за высокий уровень организации работы с зарплатами, системами мотивации и отпусками эксперты даже называли группировку «IT-компанией». Чаты мошенников вывалил в сеть аноним из Украины — сам он потом рассказывал, что трудится специалистом по кибербезопасности и много лет тайно следил за работой вымогателей[7]; по другой версии, он сам был членом группировки и решил шумно выйти из нее после публичного заявления Conti о поддержке российских властей в войне[8].

Из слитых чатов следует, что руководство Conti, возможно, имело какие-то негласные контакты с российскими спецслужбами и понимало, что действовать против своего государства не стоит, иначе это приведет к уголовным делам[9]. Отечественные хакеры давно исповедуют принцип «не работать по .ru» — не атаковать российские компании, зато без ограничений зарабатывать на взломах западных ресурсов. Примешивалась сюда и идеологическая составляющая: кибермошенники еще в начале нулевых были уверены, что Россия по-прежнему противостоит США, поэтому они имеют полное право воровать данные кредитных карт американских граждан — это шутливо отразил в своих мультфильмах Владислав Хорохорин (BadB)[10]. Постепенно государство осознало, что таланты и идеологическую заряженность российских хакеров можно использовать в войнах[11]. В 2010-е в стране вполне официально формировались IT-подразделения внутри силовых ведомств.

Тогдашний замглавы министерства обороны со страниц правительственной «Российской газеты» рассказывал о создании «научных рот», в которые планировали призывать «имевших проблемы с законом хакеров»[12]. Механизм вербовки — максимально прямолинейный, но действенный: мошенников, пойманных на преступлении, приглашают в киберподразделения спецслужб в обмен на прекращение уголовного преследования[13]. Так у военной разведки (ГРУ) появилась своя хакерская группа Fancy Bear («модный медведь»), а у Службы внешней разведки (СВР) — Cozy Bear («уютный медведь»).

Названия эти довольно условные и придумываются экспертами по кибербезопасности. Например, в Fancy Bear слово Bear появилось по ассоциации с Россией, а fancy — название поп-песни, созвучной имени одного из вирусов, который использовали хакеры. В реальности все более прозаично: государственные хакеры служат в номерных воинских частях вроде в/ч 26165 и пишут вредоносные программы строго в рабочие часы по московскому времени[14]. Имена некоторых кибервзломщиков, работающих на российские спецслужбы, известны: около четверти всех фигурантов списка «самых разыскиваемых хакеров» на сайте ФБР — россияне. Больше там разве что граждан Ирана[15].

Среди успешных операций Fancy Bear — взлом личной почты Джона Подесты, бывшего главы аппарата Белого дома и руководителя предвыборного штаба Хиллари Клинтон. Атака произошла весной 2016 года, письма хакеры передали WikiLeaks, где компромат с радостью выложили накануне выборов президента США[16]. В качестве жертв Fancy Bear выбирали в основном государственные и военные организации западных стран, и это еще один признак вероятной связи со спецслужбами. В 2016 году в ответ на массовую дисквалификацию российских спортсменов за использование допинга Fancy Bear взломали базу Всемирного антидопингового агентства — и опубликовали информацию о том, что американские спортсмены получили разрешение принимать запрещенные препараты в терапевтических целях[17].

Нападали российские государственные взломщики и на Украину. Но до 2022-го эти атаки были в основном гибридными — такими же, как и война, которую Россия вела в Донбассе. Так, накануне Дня Конституции Украины в 2017-м произошло масштабное заражение компьютеров органов власти, госпредприятий, медиа и банков страны вирусом NonPetya. Вирус блокировал систему и требовал выкуп в биткоинах, но переводить деньги было необязательно — NonPetya в любом случае стирал все данные с жесткого диска. Те, кто стоял за атакой, имитировали поведение мошенников, но таковыми не являлись: NonPetya, скорее всего, разработали все те же кибербойцы из ГРУ[18]. Возможно, это был тест — получится ли у России парализовать компьютерные сети Украины в случае войны.

В Украине не менее талантливые хакеры, чем в России: в 2000-х одним из самых известных кардеров в мире считался киевлянин Егор Шевелев[19]. Постсоветское хакерское сообщество тогда было единым: киберпреступники из России и Украины могли входить в одну группировку[20] — например, вместе с уроженцем Донецка Владиславом Хорохориным (BadB) деньги с банковских карт американцев воровал сын депутата Госдумы РФ Роман Селезнев (nCuX). После аннексии Крыма и начала войны в Донбассе в 2014 году часть украинских хакеров объединилась в «Киберальянс» для противостояния российской агрессии. Им, в частности, удалось получить доступ к сайту Первого канала, документообороту одного из департаментов минобороны и почте тогдашнего помощника президента РФ Владислава Суркова — куратора украинского направления в Кремле. Утечка подтвердила, что Москва планировала поддерживать сепаратистские настроения и в других регионах Украины[21].

Если в России хакеров поставили «под ружье» уже к 2014 году, то в Украине контакт между силовиками и патриотичными специалистами по взломам наладили не сразу. В 2020 году — спустя четыре года после Surkov Leaks — у некоторых участников «Киберальянса» прошли обыски. СБУ подозревала их во взломе информационной системы одесского аэропорта, но сами хакеры утверждали, что не имели к атаке никакого отношения и даже более того — за год до взлома предупреждали власти о слабых местах в сетевой инфраструктуре аэровокзала. Члены «Киберальянса» дали пресс-конференцию, где раскрыли свои имена (беспрецедентное решение!) и заявили, что прекращают сотрудничество с украинскими спецслужбами до официальных извинений[22].

Осенью 2021 года, когда западные разведки положили на стол руководителям Украины российские планы вторжения, страна начала готовиться к обороне — не только в реальном мире, но и в виртуальном. За три-четыре месяца до начала полномасштабной войны Киев создал собственную команду первзломщиков для тестовой атаки на государственные порталы и системы энергетической инфраструктуры, чтобы найти уязвимости[23]. Это оказалось дальновидным ходом: 24 февраля 2022 года Кремль не только открыто ввел войска в Украину, но и бросил в бой свои лучшие киберподразделения.

Цифровая Запорожская Сечь

За день до вторжения началась мощная DDoS-атака — один из хакерских приемов, когда тысячи зараженных компьютеров одновременно заходят на сайт и тем самым выводят его из строя[24]. Она напоминала артиллерийский обстрел, цель которого — не только нанести противнику урон, но и не дать поднять голову. Атаке подверглись сайты Верховной рады Украины, кабинета министров, МИДа, СБУ и банков. На фоне 200-тысячной российской армии, подошедшей к украинской границе, хакерский обстрел выглядел зловеще, хотя многие еще надеялись, что большой войны все-таки не случится.

Но вторжение началось, и украинцы умело сопротивлялись, в том числе с помощью западного оружия. Помог Запад и в обороне от киберагрессии Кремля: накануне войны НАТО дало Украине доступ к своей библиотеке компьютерных вирусов[25], британские власти оплатили дополнительную защиту украинских сайтов[26], а серверы доменной зоны ua перевели в Европу. В результате украинская информационная инфраструктура выстояла[27]. В первые дни после начала российской агрессии украинская сторона фиксировала по десять крупных кибератак в день, а всего за 2022 год их оказалось более полутора тысяч[28]. Эти атаки можно разделить на группы в зависимости от целей нападения. Первая группа — правительственные сайты и сервисы вроде приложения «Дія», украинского портала госуслуг. Вторая — информационные системы объектов энергетики и телекоммуникаций. Наконец, некоторые взломы носили откровенно психологический характер — скажем, атаке подвергся сайт гостелеканала «Дом», который вещает на неподконтрольные Киеву территории. Вместо эфира там нон-стоп шел гимн России[29].

Насколько успешными были эти кибербомбардировки? Журнал Economist предлагает оценить их по нескольким пунктам[30]. Удалось ли России лишить киевлян электричества в первые дни войны? Нет. Был ли в стране интернет? Да. Работали ли банковские приложения и банкоматы? Да. В этом отличие 2022 года от 2016-го, когда российские хакеры из группировки Sandwarm, предположительно связанной с ГРУ, вывели из строя подстанцию на севере Киева и часть города осталась без электричества. Весной 2022 года все те же Sandwarm пытались устроить блэкаут в Винницкой области, но распространение вируса внутри системы управления энергосистемой удалось остановить[31]. В итоге лишить украинцев электричества Россия смогла, только обстреливая подстанции и ТЭЦ.

Зафиксированы и успешные с военной точки зрения кибератаки. Так, за час до начала вторжения прокремлевские хакеры атаковали инфраструктуру спутника компании Viasat, который обеспечивал связью украинских военных[32]. Однако война затягивалась, и российская сетевая агрессия становилась все менее интенсивной: как и в случае с «горячей» войной, Кремль рассчитывал на короткую победоносную операцию, а на продолжительные сражения ресурсов уже не хватало[33]. Снижение интенсивности, впрочем, не означает, что на киберфронте ничего не происходит: в конце 2023 года российские хакеры на сутки положили сеть одного из главных мобильных операторов страны[34], спустя год — взломали важные реестры министерства юстиции, и украинцам оказались недоступны популярные государственные услуги[35]. В атаках на Украину участвовали как уже известные российские группировки, связанные со спецслужбами (включая Fancy Bear и Cozy Bear), так и новые — например, XakNet Team. Она позиционирует себя как независимое «объединение патриотичных хакеров, которые решили защищать родную страну на фронте», но эксперты быстро обнаружили, что группа координирует свои действия с военной разведкой[36].

В ответ на российскую виртуальную агрессию украинские криминальные хакеры, которые раньше особо не лезли в политику, решили вступить в кибервойну на стороне Киева — подобно тому, как тысячи украинцев в первые дни вторжения пошли записываться в терооборону. Похожая добровольческая структура, но в цифровом пространстве называется IT-army of Ukraine — клич вступать в нее власти кинули через два дня после вторжения. Координация атак осуществляется в телеграм-канале движения, там же регулярно публикуются и таблицы «лидеров» — волонтеров, внесших наибольший вклад в борьбу[37]. Цели выбираются хаотично в силу самой природы проекта, основанного на самоорганизации: это своеобразная цифровая Запорожская Сечь — так назывались укрепленные поселения украинского казачества в ранее Новое время, анархистские по духу. К своим успехам IT-армия причисляет атаки на сайты крупных российских банков, отключение от света Ленинградской области, взлом сетей интернет-провайдеров в оккупированных частях Украины — последнее создало проблемы российским военным[38]. По собственным оценкам армии, на пике у нее насчитывалось свыше 250 тысяч волонтеров[39], по итогам 2023 и 2024 годов айти-армия стала лидером по числу DDoS-атак на рунет.[40]

На DDoS российских сетей и платформ нацелена также CyberSec во главе с Владиславом Хорохориным — тем самым хакером BadB в ушанке со звездой из мультфильма нулевых. «У нас есть возможность нахлобучивать пидоров, и это мы делаем очень хорошо», — говорил он в одном интервью, имея в виду под «пидорами» граждан России[41]. CyberSec разработала свой инструмент для DDoS, его можно скачать в Telegram-канале проекта и применить на практике самому. Там же Хорохорин выкладывает все, что вынул из взломанных серверов российских компаний (например, логины и пароли), чтобы другие хакеры могли продолжить атаку. По итогам 2024 года российская компания в сфере кибербезопасности F6 упомянула CyberSec следующей после IT-армии по степени опасности для РФ. «От гордости хуй встает. Русня плачет, мы ебем», — прокомментировал этот отчет BadB[42].

Украинским хакерам, по сути, помогает весь мир — точно так же, как и украинской армии. Например, американские кибервойска тоже проводили атаки против РФ, подтверждал глава киберкомандования США Пол Накасоне — не уточняя, насколько они были масштабными[43]. О готовности сражаться с Россией в киберпространстве весной 2022 года заявил десяток международных группировок во главе с одним из самых известных неформальных хактивистских объединений — Anonymous («хактивисты» — киберзломщики, которые атакуют сети из политических целей)[44]. Хакеры со всего мира вместе с украинскими товарищами по киберфронту устроили на Россию крупнейшую DDoS-атаку, в результате которой в первые недели после начала войны периодически не работали сайт Кремля, порталы государственных закупок, государственных и лояльных медиа. На некоторые (например, портал госзакупок) до сих пор можно зайти только с российского IP — это установленная Россией защита от нового DDoS: теперь любые запросы из-за рубежа блокируются, словно они — новая потенциальная атака. А в 2025 году украинские хакеры вместе с белорусскими «Киберпартизанами» успешно обрушили внутренние системы главного национального авиаперевозчика «Аэрофлота», из-за чего отменили более сотни рейсов[45].

По количеству атак на российскую сетевую инфраструктуру 2022–2024 годы стали рекордными. Одна из причин успеха украинских хакеров — слабая киберзащита даже критически важных сайтов и систем.[46] «Мы никогда ранее не подвергались такому нашествию», — признавались, например, в правительстве в 2022 году[47]. Это «нашествие» привело еще и к самым масштабным утечкам персональных данных в истории России.

«Пробив русни»

С 2022 года президент Путин разрешил минобороны привлекать на войну с Украиной иностранных граждан. На родине им может грозить реальный уголовный срок за наемничество — такие приговоры зафиксированы даже в дружественном России Кыргызстане[48]. Весной 2025 года российские журналисты-расследователи из издания «Важные истории» смогли раскрыть имена 1500 иностранцев, которые завербовались на войну через столичные власти[49]. Например, так стало известно, что на фронте погиб молодой американец, сын действующего замдиректора ЦРУ по цифровым инновациям[50]. Список наемников репортеры получили не от источника в минобороны, а путем внимательного изучения утечки из единой медицинской системы мэрии Москвы: у всех наемников был указан один и тот же адрес — пункта отбора контрактников на улице Яблочкова.

Единую медицинскую систему мэрии взломали украинские хакеры из DumpForums — еще одной группировки, ведущей кибервойну против России. И это всего лишь один пример: только за первую половину 2022-го из-за хакерских атак в свободном доступе оказались данные почти половины населения страны[51], в следующем году утечек случилось еще больше[52]. За большинством громких взломов военных лет стоят проукраинские кибервзломщики наподобие DumpForums, но если до войны хакеры четко разделялись на политических (хактивисты) и мошенников (взлом ради денег), то теперь появились группировки «двойного назначения»[53]. То есть помимо решения политических задач борьбы с агрессором, некоторые группировки еще и пытаются заработать денег.

Небольшие и малозначительные массивы персональных данных проукраинские группировки могут просто выложить в Telegram, покрупнее, с эксклюзивной информацией о гражданах, — сначала попробовать продать. Какие-то хакеры в таком случае говорят, что вырученные деньги пойдут ВСУ, другие утверждают, что базу купили «офисники» — украинские телефонные мошенники. В случае с утечкой списка клиентов популярного «Альфа-Банка» (24 миллиона человек) хакеры сначала продали массив, но потом не поделили деньги внутри группировки, и обиженная сторона выложила базу в бесплатный доступ спустя два месяца после сделки[54]. Утечку из медицинской системы московской мэрии — ту самую, на основе которой журналисты-расследователи составили список из 1500 наемников — в урезанном варианте хакеры опубликовали сразу, более полный выставили на закрытую продажу, постепенно снижая цену[55].

Среди других громких атак — утечка «Почты России» (данные на 10 миллионов отправлений), мобильного оператора Tele2 (более семи миллионов участников программы лояльности), «Сбербанка» (около 50 миллионов клиентов) и государственной платформы «Московская электронная школа», где родители могут следить за успеваемостью детей или узнавать, что те ели на обед (несколько миллионов телефонных номеров и адресов электронной почты). Прокремлевские хакерские группировки, принимающие участие в кибервойне, тоже сливают в интернет базы вроде массива популярного украинского сайта по продаже концертных билетов «Контрамарка» (почти два миллиона пользователей) и логистической компании «Новая почта» (почти три миллиона телефонных номеров).

В итоге эти и другие утечки быстро пополняют боты по пробиву по типу «Глаза Бога». Свои проекты по пробиву россиян сделали и украинцы — естественно, ставя на первое место политические причины. Так, молодой предприниматель и специалист по работе с данными Ярослав Гарагуц из Днепра запустил платформу с четким названием Revenge, то есть «месть» по-английски. Проект бесплатный, но для доступа нужно написать создателю на почту и объяснить, кто ты и зачем он тебе. «Зеленый свет» получают запросы от журналистов, силовиков и военных, объяснил мне сам

Гарагуц. «Офисники» ему тоже писали, но им он отказал: «Они далеко не самая приоритетная аудитория, и уж тем более не для бесплатного доступа. Я все еще не знаю точно для себя какую-то "этическую" сторону этого всего. Одно дело — помогать расследовать военные преступления, другое дело — продавать данные (пусть и врагов). Типа, когда какое-то полезное обществу начинание становится бизнесом — есть и плюсы и минусы», — рассуждает он.

В отличие от Гарагуца, Владислав Хорохорин (BadB) открыто декларирует, что дает «офисникам» расширенный доступ к собственному сервису «Карма» — для «пробива русни», как он сам выражается. Долгое время воспользоваться «Кармой» мог кто угодно, там были собраны стандартные утечки военного времени, как в других аналогичных проектах. Весной 2025 года Хорохорин закрыл сервис для свободного доступа: теперь там нужно логиниться через Telegram и, если у тебя не украинский телефон, заплатить 50 украинских гривен (около одного евро). Но BadB остался все тем же хитрым хакером в ушанке: в последний момент на странице платежа 50 гривен превращаются в 50 евро. «Иншалах, православный. "Карма" работает как работает, точно без тебя» — так ответил он мне на просьбу прокомментировать эти фокусы.

Но и без «Кармы» есть множество доступных способов узнать телефон, актуальный адрес или место работы жителя России. После вторжения боты по пробиву возникали как грибы, ведь для этого даже не требовалось искать где-то на форумах утечки: достаточно было скачать массивы, выложенные хакерами. Я захожу в один из них и вбиваю фамилию своей десятилетней дочери. Базы портала «Московская электронная школа» (2022), единой медицинской системы мэрии (2024 год), медицинской лаборатории «Хеликс» (2023)[56]. Если бы не утечки военного времени, то по моей дочери в этом боте не было бы ни одной записи. Для сравнения делаю то же самое с внебрачной дочкой Путина по имени Луиза Розова — с расследования о ней я начал эту книгу. В базе «Хеликса» ее можно найти под настоящим и фальшивым именем: у нее есть паспорт на фамилию Руднова (умерший десять лет назад петербургский медиаменеджер, который выполнял деликатные поручения Путина). С этим документом она как минимум с 2021 года путешествует за границу: украинские журналисты нашли следы его использования в утечке системы бронирования авиабилетов «Сирена»[57]. Надо ли говорить, что эта утечка — еще одно следствие развернувшейся кибервойны[58].

Начав противостояние с Украиной в интернете, Кремль нанес вред в первую очередь собственным гражданам. С этой точки зрения можно сказать, что война, развязанная Путиным, пришла в каждый дом — в том числе в его собственный.

Эпилог.
Киберпанк везде

В конце августа 2024 года меня и публично, и в личных сообщениях критиковали коллеги по расследовательскому цеху. Все началось с того, что в одном из агрегаторов по пробиву появилась база пограничной службы ФСБ. Массив под названием «Кордон 2023» выглядел сенсационным: вбив в бот имя и фамилию с датой рождения, можно было, например, получить все пересечения границы главы путинской администрации, любовницы Путина, главных силовиков страны и российских разведчиков-нелегалов. В выписке указывалась даже страна назначения. «Крупнейшая утечка внутренней базы ФСБ» — так я озаглавил пост в своем телеграм-канале о появлении этой базы.

Но на следующий день «Кордон 2023» исчез из бота: из путаных объяснений представителя сервиса следовало, что они испугались шумихи в медиа и репрессий со стороны государства за публикацию столь чувствительной утечки. А на меня посыпались сдержанные упреки от коллег: мол, не нужно было звенеть про базу, следовало тихо с ней работать и выпускать на ее основе материалы. Какие-то статьи успели выйти — например, о том, что Павел Дуров продолжал летать в Россию и после запуска Telegram, хотя публично утверждал, что якобы не ездит в такие «крупные геополитические державы», как США, Китай и Россия, из-за возможного интереса к нему спецслужб[1].

Упреки, в том числе от друзей, расстроили меня. «За эту базу теперь сто тысяч долларов просят. У тебя случайно нет?» — в сердцах сказал мне один из них. Я задумался. Еще пару лет назад я ни в коем случае не стал бы публиковать подобную новость — и не только из страха, что власти обратят на нее внимание, но и чтобы не давать конкурентам из других изданий такой мощный инструмент. По мере работы над книгой мое отношение к этому рынку изменилось: если раньше я как журналист просто радовался, что, несмотря на ограничения со стороны властей, у нас сохраняется возможность находить информацию с помощью пробива, то теперь все яснее понимаю, что одновременно с пользой этот рынок приносит и большой вред, и нет ничего хорошего в том, что самые чувствительные данные, по сути, лежат на земле.

После истории с «Кордоном» меня мучили угрызения профессиональной совести, что я лишил коллег источника информации, но вскоре база ожидаемо появилась в другом агрегаторе, так что я успокоился. Однако эта история навела меня на еще один парадокс русского киберпанка: если боты по пробиву наносят вред гражданам, то общественный интерес диктует, чтобы журналисты провели расследование, кто стоит за этими сервисами. С другой стороны, такие материалы могут противоречить все тому же общественному интересу, потому что навредят медиа, работающим в условиях авторитарного давления. Свои расследования могли бы сделать и силовики, но им тоже долгое время было это невыгодно: как я показал в этой книге, «Глаз Бога» и его аналоги им подчас удобнее использовать в оперативной работе, чем закрытые ведомственные базы. Когда я писал главу про боты по пробиву, я все время спрашивал себя: где мне следует остановиться, изучая этот рынок, буду ли я писать имена владельцев того или иного сервиса, если обнаружу их? Отвечу уклончиво: я не рассказал всего, что знаю.

Силовики же в итоге вышли из этого негласного пакта с журналистами и начали борьбу с агрегаторами. В конце 2024 года в России внесли поправки в Уголовный кодекс, где прописали отдельное наказание за создание сервисов по пробиву — вплоть до пяти лет тюрьмы. За боты взялось новое управление в структуре МВД, созданное в конце 2022 года для борьбы с телефонными вымогателями и утечками персональных данных — киберполиция[2]. «Глаз Бога» киберполицейские официально отнесли к одному из инструментов мошеннических кол-центров[3], так что вполне логично, что именно этот проект стал первой жертвой нового закона. В конце февраля 2025 года у команды агрегатора прошли обыски, а его официальный владелец Евгений Антипов спешно уехал из России — по слухам, прячась по съемным квартирам и запутывая следы. Сервис закрылся, и его история, таким образом, оказалась хронологически заключена между двумя обысками – на старте проекта, в 2021 году, и в конце, на пике популярности. Рынок между тем устоял: остались и украинские проекты, создатели которых не боятся законов РФ, и российские — например, сервис «Химера». Его команда покинула страну и в отместку отключила российским полицейским безлимитные доступы, которые предоставлялись, чтобы снизить риски при работе из России. Теперь бояться нечего, объяснил мне один из создателей проекта во время работы над этой книгой.

В какой-то момент создатель «Химеры» попросил меня поделиться своим опытом эмиграции. Я заметил, что ему, вероятно, будет сложнее, чем мне: в стране, где он решит обосноваться, могут заинтересоваться его специфическим бизнесом — не только для того, чтобы привлечь к ответственности за продажу персональных данных (тоже вполне возможный сценарий), но и для использования его баз для собственных расследований в отношении путинского окружения: например, поиска схем обхода санкций или агентов спецслужб РФ. Сам совладелец «Химеры» признавался мне, что, помимо запросов от российской полиции на предоставление безлимитного доступа, на почту сервиса приходили письма и от иностранных силовиков («всегда отказывали», заверил он). Все это можно было бы принять за конспирологическую фантазию, если бы не еще одна история, которая случилась, пока я писал эту книгу. Ее герой — российский журналист-расследователь, мой близкий друг, и ему я доверяю как себе.

Примерно в то же время, когда я беседовал с Христо Грозевым и спрашивал его о контактах с разведками, моего коллегу вызвали на интервью в службу миграции восточноевропейской страны, где он живет после вынужденного отъезда из России. Уже изначально он насторожился из-за этого приглашения — с документами вроде все в порядке, и раньше никаких собеседований не проводилось. Опасения подтвердились: журналиста отвели в отдельную комнатку, где беседу вел уже сотрудник местной контрразведывательной службы. Повод для разговора звучал обнадеживающе: мол, не угрожает ли что-то тебе на нашей территории — но по вопросам мой коллега понял, что его одновременно проверяют на предмет тайного сотрудничества с российскими спецслужбами. Например, собеседник интересовался: «Ходишь ли ты в посольство?» Или: «Когда у тебя были проблемы с ФСБ в России, бывал ли ты там на беседах?» После первого разговора последовал второй, тоже по случайному поводу; в конце концов контрразведчик спросил журналиста, не хочет ли он периодически помогать его службе проверять подозрительных россиян с помощью пробива и других расследовательских инструментов. «Это будет нарушением журналистской этики», — дипломатично уклонился мой знакомый.

Я бы воспринял этот случай как единичный, если бы не вышедший в мае 2024 года доклад организации Access Now — ведущей мировой НКО по защите цифровых прав. Они нашли подтверждения атак на смартфоны одного белорусского и нескольких российских журналистов в изгнании. Во всех случаях устройства взломали с помощью дорогостоящей шпионской программы Pegasus. Это очень эффективный инструмент: иногда пользователю вообще не нужно нажимать ни на какие ссылки, чтобы программа самостоятельно установилась на смартфон. Конечно, первым делом в подобных атаках хочется заподозрить власти России и союзной ей Беларуси, но Access Now привела доказательства, что за взломом могут стоять и спецслужбы тех стран, где нашли убежище эмигранты — Латвии, Литвы и Польши[4]. Один из самых громких кейсов — внедрение Pegasus в телефон Галины Тимченко, издателя российского медиа «Медуза». Ее проект появился в 2014 году на обломках разгромленного российскими властями сайта «Лента.ру» и сразу базировался не в России, а в Латвии. В родной стране «Медузу» последовательно признали сначала иноагентом, а потом — нежелательной организацией, что означает административное и уголовное наказание за любую форму сотрудничества, включая самый невинный комментарий. Но и в случае Тимченко Access Now подозревает не только Россию — тем более что у отечественных силовиков, возможно, нет доступа к Pegasus[5].

Это новая для меня реальность — и хотя я, конечно, знал про разоблачения Эдварда Сноудена в отношении АНБ, которое имело почти безграничный доступ к данным американцев и зарубежных властей, но всегда в первую очередь интересовался тем, как используют цифровые технологии для слежки и контроля за гражданами авторитарные государства, будь то родная для меня Россия или, например, Эфиопия[6]. В этой новой реальности подобные технологии нужны любой политической системе — или, по крайней мере, спецслужбам, созданным для защиты этой системы. Британские власти, например, потребовали от Apple отключить сквозное шифрование в облачном хранилище iCloud — естественно, из интересов «национальной безопасности». Корпорация исполнила это требование для пользователей из Великобритании и одновременно — подала в суд на местное правительство[7]. Это напоминает аналогичные нормы в России, где любая IT-платформа обязана предоставить российским спецслужбам «ключи шифрования» — иначе она будет заблокирована, как Telegram в 2018 году. Даже в Швейцарии в 2025 году задумались о том, чтобы обязать мессенджеры и VPN-сервисы идентифицировать пользователей и предоставлять такую информацию по требованию властей — хотя Швейцария традиционно имеет имидж страны, где блюдут не только банковскую тайну, но и приватность интернет-пользователей, а в Конституцию одного из кантонов — Женевы — даже включено право на «цифровую целостность»[8]. Именно в Швейцарии базируются сразу несколько популярных IT-проектов, делающих ставку на конфиденциальность, самый известный — сервис анонимной почты Proton Mail. В этой компании резко отреагировали на предложения властей по идентификации клиентов, заявив, что готовы релоцироваться в случае принятия поправок. Ее основатель и руководитель даже заявил, что единственная страна в Европе, где сейчас действует похожий закон, — это Россия[9].

В России Proton Mail заблокировали в начале 2020 года — как раз за непредоставление информации о пользователях[10]. Блокировки — это еще один инструмент из арсенала Кремля, которым все чаще пользуются чиновники по всему миру. В европейских странах после начала войны с Украиной недоступны сайты российских госмедиа (а в некоторых странах Балтии — соцсеть «ВКонтакте» и поисковик «Яндекс» со всеми его сервисами), в Бразилии в 2024 году на несколько месяцев закрыли доступ к X (бывший Twitter), в США в январе 2025 года полдня не работал TikTok — китайская соцсеть сама ограничила американских пользователей после вступления в силу закона о запрете приложения в стране. Потом, правда, вновь избранный президент Дональд Трамп приостановил действие этого закона, но не отменил: материнская компания из КНР должна продать свое американское подразделение местному предпринимателю.

Во всех случаях у правительств есть сильные аргументы, почему они пошли на блокировки: борьба с российской пропагандой (Европа), отказ от удаления аккаунтов по требованию властей (Бразилия), угроза национальной безопасности из-за возможной передачи информации об американцах китайским властям (США). Но я, читая эти новости, вспоминаю, что в России блокировки тоже начинались с контента, недопустимого со всех точек зрения — вроде детского порно и пропаганды суицида. Довольно быстро, по мере укрепления авторитарной системы, государство стало применять тот же инструмент уже к политически неугодным сайтам и платформам. Мой взгляд, конечно, можно назвать «оптикой травмированного» — после России мне везде мерещатся потенциальные репрессии, — однако угрозу свободе слова в блокировке X в Бразилии или TikTok в США видят и местные журналисты и правозащитники[11]. Вопрос баланса между безопасностью и свободой — философский и вечный, но логика подобных опасений простая: сегодня — цензура под благим предлогом, завтра — наступление на любые IT-платформы или медиа, особенно если к власти вдруг придет лидер с авторитарными замашками вроде того же Дональда Трампа.

Я начинал писать книгу только про российский киберпанк. Теперь я замечаю его признаки везде. Государства осваивают цифровые технологии для блага граждан и одновременно — для контроля за ними. Корпорации знают о людях больше государств и действительно превратились в настоящих «технофеодалов»[12]. Преступники и телефонные мошенники используют утечки для обмана людей по всему миру. И везде есть партизаны — журналисты, общественные активисты и простые граждане, которые сопротивляются тому, чтобы этот киберпанк не превратился в «цифровой ГУЛАГ».

Благодарности

Некоторыми темами и героями я ранее занимался как расследователь, хотя исходные тексты полностью переработаны и дополнены новыми данными. По этой причине прежде всего я хочу поблагодарить всех редакторов, с кем я работал в таких российских изданиях, как «Фонтанка.ру», РБК, «Проект», Русская служба Би-би-си и Kit: в каком-то смысле «Русский киберпанк» обобщает все, что я делал как журналист, ведь если я не писал про утечки, то я использовал их в антикоррупционных расследованиях — например, про внебрачную дочь Путина.

Мне дико повезло, что над этим обобщающим трудом я работал вместе с Александром Горбачевым — «выдающимся редактором», как охарактеризовал его мой знакомый, и я полностью с ним согласен. От идеи до выхода издание поддерживал некоммерческий проект StraightForward, а два месяца комфортной работы в венском институте гуманитарных исследований (Institute for Human Sciences; IWM Vienna) помогли сформулировать идею и план «Русского киберпанка».

В довершение обычно принято благодарить родных — но на самом деле без них не было бы ничего.

Источники

Предисловие

1 Самыми популярными книгами в России за 10 лет стали «1984», «Вино из одуванчиков» и «50 оттенков серого» // Коммерсантъ. 10.01.2020. https://www.kommersant.ru/doc/4218655.

2 Джордж Оруэлл возглавил рейтинг самых воруемых книг из «Читай-города» // РБК. 26.12.2023. https://www.rbc.ru/rbcfreenews/658abc319a79474a994e150f.

3 Бронникова С. Все, что описал Оруэлл, мы видим сегодня // Новая газета Европа. 07.07.2024. https://novayagazeta.eu/articles/08/06/2024/vsio-chto-opisal-oruell-my-vidim-segodnia.

4 В Иванове активисты официально открыли библиотеку Оруэлла и подняли флаг «1984» // 7х7 — Горизонтальная Россия. 02.09.2022. https://semnasem.org/news/2022/09/02/v-ivanove-aktivisty-oficialno-otkryli-biblioteku-oruella; Основателя библиотеки имени Оруэлла объявили в розыск по делу о дискредитации армии // ОВД-Инфо. 16.05.2024. https://ovd.info/express-news/2024/05/16/osnovatelya-biblioteki-imeni-oruella.

5 Anderson, S. 1984 And George Orwell Live Again In Putin's Russia // Forbes. 27.09.2023. https://www.forbes.com/sites/stuartanderson/2023/09/27/1984-and-george-orwell-live-again-in-putins-russia.

6 Захаров А. «Умный город» или «Старший брат»? Как мэрия научилась знать о москвичах все // Русская служба Би-би-си. 10.04.2020. https://www.bbc.com/russian/features-52219260.

7 Торочешникова. М. Как устроен «цифровой ГУЛАГ» // Радио Свобода. 21.03.2024. https://www.svoboda.org/a/32871808.html.

8 Депутат Хинштейн назвал неправдой обвинения о создании «цифрового ГУЛАГа» // Парламентская газета. 06.06.2024. https://www.pnp.ru/economics/deputat-khinshteyn-nazval-nepravdoy-obvineniya-o-sozdanii-cifrovogo-gulaga.html.

9 Заякин А., Линделл Д., Климарев М. Протокольные мероприятия. Как Россия готовится блокировать YouTube и Telegram, закупая

оборудование в обход санкций // The Insider. 10.10.2023. https://theins.ru/politika/265575.

10. Zuboff, S. The Age of Surveillance Capitalism: The Fight for a Human Future at the New Frontier of Power. New York, 2019.

11. Varoufakis, Y. Technofeudalism: What Killed Capitalism. London, 2023.

12. Chin, J., Lin, L. Surveillance State: Inside China's Quest to Launch a New Era of Social Control. New York, 2022.

13. Власти лишили россиян звонков в Telegram и WhatsApp // Meduza. 13.08.2025. https://meduza.io/feature/2025/08/13/vlasti-rf-lishili-rossiyan-zvonkov-v-telegram-i-whatsapp.

14. Государство видеолизируется // Коммерсантъ. 21.02.2025. https://www.kommersant.ru/doc/7517317; Власти задумали сделать единую систему видеонаблюдения (как в Москве, только по всей стране) // Meduza. 29.02.2024. https://meduza.io/feature/2024/02/29/vlasti-zadumali-sdelat-edinuyu-sistemu-videonablyudeniya.

15. In Trump's Washington, a Moscow-Like Chill Takes Hold // The New York Times. 26.02.2025. https://www.nytimes.com/2025/02/26/us/politics/trump-putin-russia.html.

16. Casser le chiffrement de WhatsApp ou Signal, une chimère politique dangereuse // Le Monde. 04.03.2025. https://www.lemonde.fr/pixels/article/2025/03/04/casser-le-chiffrement-de-whatsapp-ou-signal-un-serpent-de-mer-politique-dangereux_6195665_4408997.html.

17. Заякин А., Линделл Д., Климарев М. Протокольные мероприятия. Как Россия готовится блокировать YouTube и Telegram, закупая оборудование в обход санкций // The Insider. 10.10.2023. https://theins.ru/politika/265575.

Часть 1. Партизаны

Глава 1. Тайная дочка Путина

1. Базы данных клиентов сотовых компаний доступны в свободной продаже // Российская газета. 09.12.2005. https://rg.ru/09/12/2005/telefon-baza.html.

2. Горлин Б. Вот это номер: в Петербурге украли базы данных всех телефонных операторов // Коммерсантъ. 20.05.2003. https://www.kommersant.ru/doc/382755.

3. Подглядывающие: Сегодня можно узнать любую информацию о гражданах России. Вопрос в цене // Совершенно секретно. https://web.archive.org/web/20051118193753/http://versiasovsek.ru/material.php?3990.

4. Слив утечек. https://www.kinnet.ru/cterra/311807/679.html.

5. Personal Data of 26.5 Million Veterans Stolen // The New York Times. 22.05.2006. https://www.nytimes.com/2006/05/22/washington/22cnd-identity.html.

6. Nationwide fined £1m over laptop theft security breach // The Guardian. 15.02.2007. https://www.theguardian.com/money/2007/feb/15/business.accounts.

7. Продавец ворованных телефонных баз в метро избил пассажира // Конкретно.ру. https://konkretno.ru/lenta_an_op/-11364prodavec_vorovannykh_telefonnykh_baz_v_metro_izbil_passazhira.html.

8. Седаков П., Маетная Е., Раскин А. Сливной скачок // ECM-Journal.ru. 13.04.2013. https://ecm-journal.ru/material/Slivnojj-skachok.

9. Какова секретная схема финансирования покупки «Юганскнефтегаза»? // Neftegaz.RU. 03.06.2005. https://neftegaz.ru/news/companies/-299729kakova-sekretnaya-skhema-finansirovaniya-pokupki-yuganskneftegaza.

10. Захаров. А. Как простой москвич стал бизнес-партнером «Газпрома» // Русская служба Би-би-си. 30.05.2019. https://www.bbc.com/russian/features-48423681.

11. Кто заказал Голунова? Связь ФСБ и московской мафии // ФБК. 11.06.2019. https://navalny.com/p/6152.

12. Захаров А., Баданин Р. Расследование о том, как близкая знакомая Виктора Золотова строит бизнес с государством // Проект. 25.11.2020. https://maski-proekt.media/tainaya-semya-putina.

13. Ежегодная пресс-конференция Владимира Путина // Президент России. 17.12.2020. http://kremlin.ru/events/president/news/64671.

Глава 2. Ботаник с ноутбуком

1. Его выдал женский голос. Опознан генерал ГРУ, ключевой фигурант дела о сбитом «Боинге» MH17 // The Insider. 25.05.2017. https://theins.ru/politika/103853.

2   Bellingcat Press Conference Concerning Their Investigation Into Malaysian Airlines MH17 Downing // Getty Images. 25.05.2018. https://www.gettyimages.fi/detail/uutiskuva/moritz-rakuszitzky-and-eliot-higgins-from-the-citizen-uutiskuva/962343096.

3   Коник Л. Президент Metromedia International Group Inc. Марк Хауф // ComNews.ru. 25.08.2003. https://www.comnews.ru/content/49969; Коник Л. Янки идут домой: Metromedia и «Индиго» покидают Россию // ComNews.ru. 01.07.2002. https://www.comnews.ru/content/2188.

4   Милло Л. Француз берет на абордаж российские FM-радиостанции // InoPressa. 13.03.2006. https://www.inopressa.ru/article/13Mar2006/liberation/fm.html.

5   Как в Болгарии раскручивается дело шпиона Христо Грозева // Политнавигатор. 28.12.2022. https://dzen.ru/a/Y6wiiqq_PRqabSj.

6   Съдът махна Христо Грозев от «Труд» и «24 часа» // Mediapool.bg. 24.07.2012. https://www.mediapool.bg/sadat-mahna-hristo-grozev-ot-trud-i-24-chasa-news195537.html; Скандалът за «24 часа» и «Труд» премина в истерия // Frognews. 31.03.2011. https://frognews.bg/novini/skandalat-24-chasa-trud-premina-isteriia.html.

7   Съдружниците в «Труд» и «24 часа» с взаимни обвинения за «мръсни пари» // Mediapool.bg. 26.10.2011. http://web.archive.org/web/20140314175038/https://www.mediapool.bg/sadruzhnitsite-v-trud-i-24-chasa-s-vzaimni-obvineniya-za-mrasni-pari-news185530.html.

8   Грозев Х. Електронната война срещу Украйна. София, 2014. https://eprints.nbu.bg/id/eprint/2742/.

9   Russia's deniable war // Cgrozev. 28.05.2014. https://cgrozev.wordpress.com/author/christogrozev/page/8.

10 Отравительная восьмерка. Как и зачем 8 сотрудников ГРУ пытались отравить «Новичком» болгарского предпринимателя Гебрева // The Insider. 23.11.2019. https://theins.ru/politika/189327.

11 Дело раскрыто. Я знаю всех, кто пытался меня убить // ФБК. 14.12.2020. https://navalny.com/p/6446.

12 Грозев Х., Доброхотов Р. Из мошенника в священники. Как спецслужбы прячут в России Яна Марсалека, укравшего миллиарды долларов // The Insider. 01.03.2024. https://theins.ru/politika/269604.

13 Доброхотов Р., Грозев Х. «Вывезем его на лодке!» Как нанятые по заказу ФСБ болгарские шпионы планировали похищение Христо Грозева и Романа Доброхотова // The Insider. 07.03.2025. https://theins.ru/inv/279015.

Глава 3. Человек из глубинки

1 Имя Александра, никнеймы приятелей в мессенджерах и некоторые обстоятельства жизни героев этой главы изменены по их просьбе — из соображений безопасности.

2 Кондратьев А. Базу сдали // Forbes. 03.12.2004. https://www.forbes.ru/forbes/issue/-21879/12-2004bazu-sdali?ysclid=lzic22cdwb520344320.

3 ФСБ пошла по базам // Коммерсантъ. 17.11.2005. https://www.kommersant.ru/doc/627380.

4 Зенкин Д. Утечки конфиденциальных данных: 5 российских скандалов 2005 // CNews. 2006. https://www.cnews.ru/reviews/free/2005/articles/conf.

5 Под клиентскую базу подвели правовую // Коммерсантъ. 21.05.2009. https://www.kommersant.ru/doc/1173217.

6 Распространителю «Мегаполиса» дали условный срок // Коммерсантъ. 30.06.2005. https://www.kommersant.ru/doc/588011.

7 Кто и как ворует базы данных? // Комсомольская правда. 03.03.2006. https://www.kp.ru/daily/50491/23667.4.

8 ФСБ намерена полностью пресечь незаконную продажу в России баз данных // RG.ru. 25.06.2011. https://rg.ru/25/06/2011/baza-anons.html.

Часть 2. Государство

Глава 4. Город будущего

1 Исследование ООН: Электронное правительство 2018 // ДЭСВ ООН. Нью-Йорк, 2018. https://publicadministration.un.org/egovkb/Portals/egovkb/Documents/un/-2018Survey/E-Government20%Survey202018%_Russian.pdf.

2. Власти Москвы решили выявлять «серую» аренду квартир при помощи big data // РБК. 20.07.2018. https://www.rbc.ru/business/5/2018/07/20b508bb59a7947b1f3f535f3.

3. Захаров. А. «Умный город» или «Старший брат»? Как мэрия научилась знать о москвичах все // Русская служба Би-би-си. 10.04.2020. https://www.bbc.com/russian/features-52219260.

4. Соблюдайте дистанцию. Итоги первого нерабочего дня // Sobyanin.ru. 29.03.2020. https://www.sobyanin.ru/soblyudaite-distantsiyu-itogi-pervogo-nerabochego-dnya.

5. Данные Comparitech. https://www.comparitech.com/vpn-privacy/the-worlds-most-surveilled-cities.

6. Захаров А. Злость, страх и силуэты. Мэрия Москвы раскрыла, какие алгоритмы распознают людей по лицам // Русская служба Би-би-си. 25.08.2022. https://www.bbc.com/russian/features-62658404.

7. С начала работы система видеоаналитики «Сфера» обнаружила больше 6 тыс. человек, которые находились в федеральном розыске // Единый Транспортный Портал. 23.12.2022. https://transport.mos.ru/mostrans/all_news/113065.

8. Выступление заместителя начальника полиции (по оперативной работе) ГУ МВД России по г. Москве А.Ю. Половинки // ГУ МВД России по г. Москве, 2020. https://new.groteck.ru/images/catalog/8547432/101497c8dde3749fbe2c8b3141aba92.pdf.

9. Позычанюк В. «Маска от алгоритма не защитит». Разработчик московской системы умных камер — о слежке во время карантина // The Bell. 31.03.2020. https://thebell.io/maska-ot-algoritma-ne-zashhitit-razrabotchik-moskovskoj-sistemy-umnyh-kamer-o-slezhke-vo-vremya-karantina.

10. В Москве начали задерживать людей, приходивших на похороны Навального. Их вычисляют по видеокамерам // Meduza. 05.03.2024. https://meduza.io/news/05/03/2024/v-moskve-nachali-zaderzhivat-lyudey-prihodivshih-na-pohorony-navalnogo-ih-vychislyayut-po-videokameram.

11. Куда смотрит Большой Брат? // ФБК. 16.04.2020. https://navalny.com/p/6334.

12. Croydon: Met Police to continue facial recognition despite concerns // BBC. 12.02.2024. https://www.bbc.com/news/uk-england-london-68274090.

13 AI emotion-detection software tested on Uyghurs // BBC. 25.05.2021. https://www.bbc.com/news/technology-57101248.

14 Chin, J., Lin, L. Surveillance State: Inside China's Quest to Launch a New Era of Social Control. New York, 2022.

15 Позычанюк В. «Маска от алгоритма не защитит». Разработчик московской системы умных камер — о слежке во время карантина // The Bell. 31.03.2020. https://thebell.io/maska-ot-algoritma-ne-zashhitit-razrabotchik-moskovskoj-sistemy-umnyh-kamer-o-slezhke-vo-vremya-karantina.

16 Masri, L. Founders of AI company NtechLab say they resigned over projects in Russia // Reuters. 30.03.2023. https://www.reuters.com/technology/founders-ai-company-ntechlab-say-they-resigned-over-projects-russia-2023-03-30.

17 Великовский Д. Вместо отпуска: москвичи против налога на болезнь // Важные истории. 30.07.2020. https://istories.media/reportages/30/07/2020/vmesto-otpuska-moskvichi-protiv-naloga-na-bolezn.

18 Захаров А. Что общего у приложения для слежки за детьми и «Социального мониторинга» // Русская служба Би-би-си. 22.05.2020. https://www.bbc.com/russian/features-52763005.

19 По всей России вводят системы цифровых пропусков. Мы проверили некоторые из них вместе с экспертами по безопасности — и вот что получилось // Meduza. 27.04.2020. https://meduza.io/feature/27/04/2020/po-vsey-rossii-vvodyat-sistemy-tsifrovyh-propuskov-my-proverili-nekotorye-iz-nih-vmeste-s-ekspertami-po-bezopasnosti-i-vot-chto-poluchilos.

20 Ежов С. Гвардеец с Рублевки. Командующий разгонами митингов генерал Воробьев пользуется элитной недвижимостью, записанной на дочь и тещу // The Insider. 03.02.2021. https://theins.ru/korrupciya/238888.

21 Леонидович А. Уютный цифровой ГУЛАГ // Новая газета Европа. 27.08.2025. https://novayagazeta.eu/articles/27/08/2025/uiutnyi-tsifrovoi-gulag.

22 Швец Д. Внутри наружки. Как в современной России следят за людьми — рассказывают бывшие опера негласного наблюдения // Медиазона. 20.06.2024. https://zona.media/article/20/06/2024/surveillance.

23 Юзбекова И. Придуманная жизнь: почему основателя Group-IB Илью Сачкова обвиняют в госизмене // Forbes. 20.12.2021. https://www.forbes.ru/tekhnologii/-450043pridumannaa-zizn-pocemu-osnovatela-group-ib-il-u-sackova-obvinaut-v-gosizmene.

Глава 5. Аватары спецслужб

1 Рогоза А. Череда загадочных смертей в Москве: руководитель IT-компании, топ-менеджер госкорпорации и другие ВИПы умирают под наркозом // Комсомольская правда. 03.10.2023. https://www.kp.ru/daily/4831696/27562.

2 Putin's millionaire crony found dead in second mystery death in just 48 hours // Mirror. 22.07.2023. https://www.mirror.co.uk/news/world-news/putins-millionaire-crony-found-dead-30528750.

3 Иншакова Н. Ксенонотерапия — новое светское увлечение бизнесменов, блогеров и банкиров // Tatler. 31.10.2021. http://web.archive.org/web/20220701191347/https://www.tatler.ru/beauty/ksenonoterapiya-novoe-svetskoe-uvlechenie-biznesmenov-blogerov-i-bankirov.

4 Матвеева А., Солопов Н. Удушливый бизнес: кто и как зарабатывает на увлечении ксенонотерапией // Известия. 05.09.2024. https://iz.ru/1753957/antonina-matveeva-maksim-solopov/udushlivyi-biznes-kto-i-kak-zarabatyvaet-na-uvlechenii-ksenonoterapiei.

5 Зыгарь М., Арно Т. Белых — панда, Навальный — насяльника. Что слушали в Кировском суде // Дождь. 31.05.2013. https://tvrain.tv/teleshow/here_and_now/belyh_panda_navalnyj_nasjalnika_chto_slushali_v_kirovskom_sude344603-/?ysclid=m2xb339xly987767601.

6 Солдатов А., Бороган И. Битва за Рунет: Как власть манипулирует информацией и следит за каждым из нас. М.: «Альпина», 2017. С. 48.

7 Tech Talks @NSU: СОРМ и его зарубежные аналоги. 23.03.2016. https://www.youtube.com/watch?v=sQmdjXr-cuc.

8 Запивалов Д., Ложкин Ю. К вопросу о системе технических средств для обеспечения функций оперативно-розыскных мероприятий и эффективности ее использования // Евразийский юридический. 11№ .2020. С. 344.

9 Шмаргун В. Судьбы. Сочи, 2020. С. 330.

10 Технологии для бизнеса // Про бизнес TV. https://www.probusinesstv.ru/programs/19525/109.

11 Галушко Д. Взаимодействие Операторов с силовыми ведомствами РФ // NAG. 31.10.2021. https://nag.ru/material/19882.

12 Татьяна Донская: У нас был выбор — продавать компанию или пытаться исправить положение // Кабельщик. 26.03.2024. https://www.cableman.ru/article/tatyana-donskaya-u-nas-byl-vybor-prodavat-kompaniyu-ili-pytatsya-ispravit-polozhenie.

13 Виноградова Е., Кантышев П., Серьгина Е. Кто может заработать на законе Яровой // Ведомости. 22.08.2016. https://www.vedomosti.ru/technology/articles/-653895/22/08/2016kto-zarabotaet-zakone-yarovoi.

14 И. Яровая: Закон об НКО позволит расширить гражданский контроль // РБК. 02.07.2012. https://www.rbc.ru/politics/02/07/2012/5703f9db9a7947ac81a699c7.

15 Хроника заседания Государственной Думы 13 мая 2016 года // Государственная Дума. 13.05.2016. http://api.duma.gov.ru/api/transcriptFull/13-05-2016.

16 Затраты операторов на хранение звонков и СМС оценили в 5 трлн рублей // РБК. 13.05.2016. https://www.rbc.ru/technology_and_media/2016/05/13.

17 Сельвистрович Л. Хроники выживания нанооператора: СОРМ, Яровая, отчеты, лицензии // NAG. 28.03.2023. https://nag.ru/material/42944.

18 В ФСБ недовольны темпами исполнения требований «пакета Яровой» операторами связи // Interfax. 25.10.2023. https://www.interfax.ru/russia/927494.

19 Ястребова С., Кантышев П. Владелец «ИКС холдинга»: «Есть амбиции обогнать "Яндекс" по выручке» // Ведомости. 11.03.2019. https://www.vedomosti.ru/technology/characters/-796152/11/03/2019vladelets-iks-holdinga.

20 Производители прослушки раскрыли свои доходы от «закона Яровой» Рынок этого оборудования стремительно захватывает холдинг «Цитадель», близкий Алишеру Усманову // РБК. 07.08.2019. https://www.rbc.ru/technology_and_media/201/08/075/9d49925e9a79473386b2d28d.

21 Кто такой Sneg1 и как он прослушивает Россию // Baza. https://proslushka.baza.io.

22 «Он открывал двери многих кабинетов на Лубянке» // Важные истории. 27.03.2023. https://storage.googleapis.com/istories/stories/27/03/2023/on-otkrival-dveri-mnogikh-kabinetov-na-lubyanke/index.html.

23 Захаров А., Рейтер С. «Белый хакер» и «ботан». Экс-партнер Усманова по киберспорту инвестировал в стартап сына главы СЭБ ФСБ // Русская служба Би-би-си. 19.08.2019. https://www.bbc.com/russian/features-49337267.

24 «Цитадель» прослушки: как генералы ФСБ и МВД помогут партнеру Усманова // РБК. 21.08.2017. https://www.rbc.ru/technology_and_media/5997071/2017/08/21c9a7947ba1404384d.

25 12 Центр ФСБ (оперативно-технических мероприятий) // agentura.ru. https://agentura.ru/profile/federalnaja-sluzhba-bezopasnosti-rossii-fsb/centr-operativno-tehnicheskih-meroprijatij-cotm-ili-12-centr.

26 Вице-президент ГК «Цитадель» Б.Н. Мирошников. «Русский язык как важнейшая составляющая национальной безопасности» // rusexpert.ru. https://rusexpert.ru/public/statjy-pdf/Miroshnikov 1-2020.pdf.

27 Принята модель управления и развития «Икс» // x-holding.ru. 09.02.2024. https://x-holding.ru/news/prinyata-model-upravleniya-i-razvitiya-iks.

28 Данные статистики Судебного департамента при Верховном суде РФ. http://www.cdep.ru.

29 Роман Захаров против Российской Федерации // Consultant.ru. https://www.consultant.ru/cons/cgi/online.cgi?req=doc&base=ARB&n=#405944ADyBwTUPVQmOncS6.

30 Жильцов В. «РГ» публикует фрагменты телефонных переговоров Навального и Офицерова // Российская газета. 24.07.13. https://rg.ru/25/07/2013/nav.html.

31 ЕСПЧ присудил 17,5 тыс. евро за «прослушку» телефонных разговоров // Адвокатская газета. 12.11.2021. https://www.advgazeta.ru/novosti/espch-prisudil-5-17-tys-evro-za-proslushku-telefonnykh-razgovorov.

32 Сотрудники ФСБ прослушивали телефон и читали почту главреда «БлогСочи» на основании его оппозиционных взглядов // The Insider. 09.08.2018. https://theins.ru/news/112869.

33 Roman Zakharov v. Russia. https://hudoc.echr.coe.int/fre#{%22itemid%22:[%22001-159324%22]}.

34 Cooperation or Resistance?: The Role of Tech Companies in Government Surveillance // Harvard Law Review. 10.04.2018. https://harvardlawreview.org/print/vol-131/cooperation-or-resistance-the-role-of-tech-companies-in-government-surveillance.

35 Big Brother Watch and others v. The United Kingdom. https://hudoc.echr.coe.int/fre#{%22itemid%22:[%22001-210077%22]}.

36 Захаров: Оставаться в России было психологически невозможно // Лениздат.ру. 01.03.2017. https://lenizdat.ru/articles/1147460.

37 Мельников Н., Агранов А. Комплекс технических средств и мер, предназначенных для проведения оперативно-розыскных мероприятий в сетях связи органов внутренних дел // Информатизация и связь. №2. 2024. С. 34.

38 ФСБ обеспечит кибербезопасность и в МВД // Коммерсантъ. 30.11.2017. https://www.kommersant.ru/doc/3482000.

39 Мельников Н., Агранов А. Комплекс технических средств и мер, предназначенных для проведения оперативно-розыскных мероприятий в сетях связи органов внутренних дел // Информатизация и связь. №2. 2024. С. 36.

40 Данные Mediascope. https://mediascope.net/data/#internet.

41 Таланова Д. Лайк, шер, срок. В России завели более 30 тысяч дел за посты и мемы в соцсетях. Исследование «Новой-Европа» // Новая газета Европа. 02.12.2024. https://novayagazeta.eu/articles/02/12/2024/laik-sher-srok.

42 Рубин М., Панкратова И., Захаров А., Баданин Р., Жолобова М. Портрет Юрия Ковальчука, второго человека в стране // Проект. 09.12.2020. https://maski-proekt.media/yury-kovalchuk.

43 Запивалов Д., Ложкин Ю. К вопросу о системе технических средств для обеспечения функций оперативно-розыскных мероприятий и эффективности ее использования // Евразийский юридический журнал. №11. 2020. С. 345.

44 «Солнечный пик» Воробьевых гор. Как большая вычислительная наука в МГУ стала секретной и при чем тут дочь Путина // T-Invariant. 10.10.2024. https://t-invariant.org/10/2024/solnechnyj-pik-vorobyovyh-gor-kak-bolshaya-vychislitelnaya-nauka-v-mgu-stala-sekretnoj-i-pri-chyom-tut-doch-putina.

45 Катерина Тихонова возглавила Институт искусственного интеллекта МГУ // Ведомости. 28.02.2020. https://www.vedomosti.ru/technology/articles/-824052/28/02/2020katerina-tihonova.

Глава 6. «Чебурнет»

1 В России протестируют отключение от мирового интернета // SecurityLab.ru 14.11.2024. https://www.securitylab.ru/news/553955.php.

2 Липецкий сенатор предложил создать русский интернет «Чебурашка» // Российская газета. 28.04.2014. https://rg.ru/28/04/2014/reg-cfo/runet-anons.html.

3 Масштабный сбой рунета мог произойти из-за ошибки обновления технических средств противодействия угрозам (ТСПУ) Роскомнадзора // Верстка. 14.01.2025. https://verstka.media/masshtabnyi-sboi-runeta-mog-proizoiti-iz-za-oshibki-obnovleniya-tehnicheskih-sredstv-protivodeistviya-ugrozam-tspu-roskomnadzora.

4 Шлейнов Р. Как князя Александра Трубецкого завербовали в «Связьинвест» // Ведомости. 15.08.2011. https://www.vedomosti.ru/technology/articles/15/08/2011/knyazsvyaznoj.

5 Крутиков Е. Эмбарго на информацию остается неофициальным // Сегодня. 19 .1998 сентября. №209; Игорь Щеголев: Я стал экономить на проездном // Вечерняя Москва. 22 .1998 октября. №42.

6 Die Gosenschenke «Ohne Bedenken» feiert Jubiläum: 30 Jahre seit der Wiedereröffnung am 13. Mai. 09.05.2016. https://www.mynewsdesk.com/de/leipzig/news/die-gosenschenke-ohne-bedenken-feiert-jubilaeum-30-jahre-seit-der-wiedereroeffnung-am-13-mai-163260.

7 Гусейнов Г. 24.04.2001 Лейпциг, студенты, КГБ и ЦРУ... Воспоминания советского студента о ГДР // DW. 24.04.2001. https://www.dw.com/ru/24042001-лейпциг-студенты-кгб-и-цру-воспоминания-советского-студента-о-гдр/a-348242.

8   Протокол президента Российской Федерации. Десять вещей, о которых вы даже не задумывались // ТАСС. 19.10.2018. https://tass.ru/politika/5681024.

9   Сагдиев Р., Дзядко Т., Резник И. Как строится бизнес человека, «фактически управляющего российским рынком связи» // Ведомости. 11.10.2010. https://www.vedomosti.ru/library/articles/11/10/2010/ne_zamministra_a_drug_ministra.

10 «Ростелеком» выкупил у друга экс-министра связи собственные акции за 25 млрд руб. // CNews.ru. 15.11.2013. https://www.cnews.ru/news/top/rostelekom_vykupil_u_druga_eksministra.

11 В Москве проходит XXV Всемирный Русский Народный Собор // Официальный сайт Центрального федерального округа. 27.11.2023. http://cfo.gov.ru/news/news_2023/52068.

12 Анненков А. Игорь Щёголев: «Учения подтвердили недостаточную устойчивость Рунета при недружественных «целенаправленных действиях» // D-Russia. 17.10.2014. https://d-russia.ru/ucheniya-podtverdili-nedostatochnuyu-ustojchivost-runeta-pri-nedruzhestvennyx-celenapravlennyx-dejstviyax.html.

13 Путин заявил, что интернет — это проект ЦРУ // Русская служба Би-би-си. 24.04.2014. https://www.bbc.com/russian/rolling_news/2014/04/140424_rn_putin_csi_internet.

14 Лига Безопасного интернета подвела итоги первого года работы // Сайт Минцифры России. https://digital.gov.ru/ru/events/29821.

15 Рожков Р., Новый В. Контентные войны // Коммерсантъ. 13.02.2013. https://www.kommersant.ru/doc/2126092.

16 «Симона» в поисках мата и порно «Медуза» выяснила, как работают сотрудники Роскомнадзора, которые занимаются цензурой в СМИ. И сколько это стоит // Meduza. 08.12.2017. https://meduza.io/feature/08/12/2017/simona-v-poiskah-mata-i-porno.

17 Литаврин М., Френкель Д. Нейроскомнадзор. Чем пользуется РКН, чтобы следить за интернетом — и кто ему в этом помогает // Медиазона. 08.02.2023. https://zona.media/article/08/02/2023/grccc.

18 Константинова А. Бздло, говнaзия, сцуль. Какими словами россиянам (по мнению РКН) не следует называть Путина // Медиазона. 10.02.2023. https://zona.media/article/10/02/2023/bzdlo.

19 Полтора года судов и удаление контента: как я разблокировал ЖЖ // ФБК. 11.11.2015. https://navalny.com/t/81.

20 Болецкая К. Роскомнадзору показывают котят вместо сайта Навального // Ведомости. 21.03.2014. https://www.vedomosti.ru/technology/articles/21/03/2014/roskomnadzoru-pokazyvayut-kotyat-vmesto-sajta-navalnogo.

21 Письмо из утечки почты замначальника управления внутренней политики администрации президента Тимура Прокопенко.

22 Пресс-служба Кремля пригласила журналистов на conference call сообщением в Telegram // Говорит Москва. 13.04.2018. https://govoritmoskva.ru/news/156990.

23 Райский А. Лебединая песня LinkedIn // Коммерсантъ. 10.11.2016. https://www.kommersant.ru/doc/3138263.

24 Как ФСБ решила блокировать Telegram из-за планов Дурова по криптовалюте // РБК. 20.04.2018. https://www.rbc.ru/technology_and_media/5/2018/04/20ad8c53a9a7947ec8d8c1ed5.

25 Telegram меняет адреса // Коммерсантъ. 17.04.2018. https://www.kommersant.ru/doc/3606310.

26 Рожков Р., Новый В. Контентные войны // Коммерсантъ. 13.02.2013. https://www.kommersant.ru/doc/2126092.

27 Захаров А., Рейтер С. Роскомнадзор внедрит новую технологию блокировок Telegram за 20 млрд рублей // Русская служба Би-би-си. 18.12.2018. https://www.bbc.com/russian/features-46596673.

28 Встреча с главой Роскомнадзора Андреем Липовым // Президент России. 10.08.2020. http://kremlin.ru/catalog/keywords/98/events/63874.

29 Православный связист, придумавший суверенный Рунет // Meduza. 31.03.2020. https://meduza.io/feature/31/03/2020/pravoslavnyy-svyazist-pridumavshiy-suverennyy-runet.

30 Анненков А. Игорь Щеголев: «Учения подтвердили недостаточную устойчивость Рунета при недружественных «целенаправленных действиях» // D-Russia. 17.10.2014. https://d-russia.ru/ucheniya-podtverdili-nedostatochnuyu-ustojchivost-runeta-pri-nedruzhestvennyx-celenapravlennyx-dejstviyax.html.

31 «А что, если на нас нападут?»: как американцы могут навредить Рунету // РБК. 30.09.2014. https://www.rbc.ru/interview/technology_and_media/54296/2014/09/30cb0cbb20f0ad04f9c99.

32 Балошова А. «Весь наш интернет уязвим к внешнему воздействию» // РБК. 27.03.2017. https://www.rbc.ru/newspaper/58/27/03/2017d3bc559a79471ca8c1fbbd.

33 Большая пресс-конференция Владимира Путина // Президент России. 19.12.2019. http://kremlin.ru/events/president/news/62366.

34 Охранник суверенного Рунета Как выходец из ФСО Сергей Хуторцев возглавил Центр управления сетями, который сможет отрезать Россию от интернета // Meduza. 27.11.2019. https://meduza.io/feature/27/11/2019/ohrannik-suverennogo-runeta.

35 Гаврилюк А. РКН плетет новые сети: служба обновит систему блокировки сайтов за 59 млрд рублей // Forbes. 09.09.2024. https://www.forbes.ru/tekhnologii/-520876rkn-pletet-novye-seti-sluzba-obnovit-sistemu-blokirovki-sajtov-za-59-mlrd-rublej.

36 Козлов П., Сошников А. «Закрыть и не связываться»: считает ли себя сенатор Клишас «могильщиком рунета» // Русская служба Би-би-си. 12.04.2019. https://www.bbc.com/russian/features-47894622.

37 Захаров А. Роскомнадзор замедляет «Твиттер». Как это работает? // Русская служба Би-би-си. 10.03.2021. https://www.bbc.com/russian/features-56346954.

38 Балошова А. «Весь наш интернет уязвим к внешнему воздействию» // РБК. 27.03.2017. https://www.rbc.ru/newspaper/58/27/03/2017d3bc559a79471ca8c1fbbd.

39 Чурманова К., Захаров А. «Время отстоять Русь-матушку». Как Кремль вычищает политику из западных соцсетей // Русская служба Би-би-си. 21.12.2021. https://www.bbc.com/russian/features-59733146.

40 Тишина Ю. «Владелец забора отвечает за то, что на нем написано» // Коммерсантъ. 25.05.2021. https://www.kommersant.ru/doc/4826455.

41 Суд ограничил «бесконечный» штраф Google // РБК. 17.03.2025. https://www.rbc.ru/technology_and_media/67/2025/03/17d7e5029a794756f9195f01.

42 Масштабный сбой в работе рунета объяснили действиями Роскомнадзора // Агентство. 14.01.2025. https://www.agents.media/masshtabnyj-sboj-v-rabote-runeta-obyasnili-dejstviyami-roskomnadzora.

43 Рожков Р. Шатдаун, плиз: как бизнес и жители России переживают отключения мобильного интернета // Forbes. 30.07.2025. https://www.forbes.ru/tekhnologii/-542902satdaun-pliz-kak-biznes-i-ziteli-rossii-perezivaut-otklucenia-mobil-nogo-interneta.

44 В июле по всей России зафиксировали более двух тысяч отключений мобильного интернета — почти в три раза больше, чем в прошлом месяце // The Insider. 31.07.2025. https://theins.ru/news/283666.

45 Появился список сайтов, которые будут работать при отключении интернета // РБК. 05.09.2025. https://www.rbc.ru/technology_and_media/68/2025/09/05bab3579a79472a69e13def.

46 В Латвии заблокируют «ВКонтакте», «Одноклассники» и «Мой мир» // Настоящее время. 12.05.2022. https://www.currenttime.tv/a/v-latvii-zablokiruyut-vkontakte-odnoklassniki-i-moy-mir/31846721.html.

47 Starmer says police should focus on 'what matters most' amid Pearson tweet investigation // The Guardian. 18.11.2024. https://www.theguardian.com/uk-news/2024/nov/17/keir-starmer-police-allison-pearson-tweet.

48 Фролова М. «Девочка одна выпендривалась, и ее посадили на три года». Как жительницу Барнаула убедили признаться в оскорблении верующих и ненависти к чернокожим // Медиазона. 24.07.2018. https://zona.media/article/24/07/2018/frolova.

49 Мемы с удаленной страницы: как девушку из Барнаула обвинили в экстремизме и оскорблении чувств верующих // https://web.archive.org/web/20180727132403/http://mbk.sobchakprotivvseh.ru/region/kak-devushku-iz-barnaula-obvinili.

50 Лесников Г., Леймоева З. История становления и современное состояние законодательства об ответственности за преступление, предусмотренное ст. 282 УК РФ // Общество: политика, экономика, право. 6№ .2021. С. 84–80.

51 Федоров Е. Кто стоит за компанией, изучающей «экстремистские» мемы на Алтае // Тайга.инфо. 13.08.2018. https://tayga.info/141992.

52 Сейчас ее страница удалена соцсетью, но тред остался в архиве: https://archive.is/hTovc#selection10439.142-10439.0-.

53 «Пятерка» за мемы: как жителей Алтайского края преследуют за картинки в интернете // Тайга.инфо. 05.08.2018. https://tayga.info/141876.

54 Полиция по всей России покупает системы мониторинга соцсетей. Они помогают искать экстремизм «не выходя из рабочего кабинета» // Meduza. 16.10.2018. https://meduza.io/feature/16/10/2018/politsiya-po-vsey-rossii-pokupaet-sistemy-monitoringa-sotssetey-oni-pomogayut-iskat-ekstremizm-ne-vyhodya-iz-rabochego-kabineta.

55 РКН-files. Что нового мы узнали из утечки данных Роскомнадзора // Медиазона. 08.02.2023. https://zona.media/article/08/02/2023/rkn-files.

56 Завхоз против порно «Медуза» нашла человека, из-за которого в России заблокировали Pornolab, Brazzers, MDK и десятки других ресурсов // Meduza. 20.02.2017. https://meduza.io/feature/20/02/2017/zavhoz-protiv-porno.

57 Аренина К. Империя киберстукачества // Важные истории. 05.05.2021. https://istories.media/reportages/05/05/2021/imperiya-kiberstukachestva.

58 Mail.ru Group обратилась в Думу с инициативой амнистии осужденных за репосты и «лайки» // Interfax. 15.08.2018. https://www.interfax.ru/russia/625360.

59 Дошутились до суда: как в Барнауле живут обвиняемые за репосты во «ВКонтакте» // Русская служба Би-би-си. 20.08.2018. https://www.bbc.com/russian/features-45221345.

60 Таланова Д. Лайк, шер, срок В России завели более 30 тысяч дел за посты и мемы в соцсетях. Исследование «Новой-Европа» // Новая газета Европа. 02.12.2024. https://novayagazeta.eu/articles/02/12/2024/laik-sher-srok.

61 «Бывают случаи за гранью разумного» // Коммерсантъ.14.08.2018. https://www.kommersant.ru/doc/3713543.

62 Павлова О. С мемами в соцсетях еще разберутся в судах // Коммерсантъ. 20.02.2019. https://www.kommersant.ru/doc/3889878.

63 Волгоградец осужден за комментарий против повышения пенсионного возраста // Interfax. 08.04.2021. https://www.interfax-russia.ru/index.php/south-and-north-caucasus/news/zhitel-

64 В России теперь будет штраф за поиск «экстремистских» материалов. Путин подписал эти поправки // Meduza. 31.07.2025. https://meduza.io/news/31/07/2025/v-rossii-teper-budet-shtraf-za-poisk-ekstremistskih-materialov-putin-podpisal-eti-popravki.

65 Федоров Е. «Путин обиделся?» Как на фоне войны россиян преследуют за «неуважение» к власти // Сибирь.Реалии. 01.12.2023. https://www.sibreal.org/a/putin-obidelsya-kak-na-fone-voyny-rossiyan-presleduyut-za-neuvazhenie-k-vlasti/32708126.html.

66 Илью Красильщика заочно приговорили к восьми годам колонии по делу о «фейках» об армии // Русская служба Би-би-си. 29.06.2023. https://www.bbc.com/russian/articles/c169y4l8ggpo.

67 2022: два рунета. Доклад проекта «Сетевые свободы» // https://drive.google.com/file/d/1RiYPt8dkQAOYW6Yz4cO9LP9oChbVeqSd/view.

68 Таланова Д. Лайк, шер, срок В России завели более 30 тысяч дел за посты и мемы в соцсетях. Исследование «Новой-Европа» // Новая газета Европа. 02.12.2024. https://novayagazeta.eu/articles/02/12/2024/laik-sher-srok.

Часть 3. Преступники
Глава 7. Глаз Бога

1 How Investigative Journalism Flourished in Hostile Russia // The New York Times. 21.02.2021. https://www.nytimes.com/2021/02/21/business/media/probiv-investigative-reporting-russia.html.

2 Деанон создателя «Глаза Бога»: о доходах, «Единой России» и уважении к силовикам. 21.04.2021. https://www.youtube.com/watch?v=ePbyeCEBF2k.

3 О нас. https://web.archive.org/web/20020202201043/http://www.cronos.ru/main-company.html.

4 Методы информационной разведки в бизнесе // Русский предприниматель. 15.07.2004.

5 Украденное в украденном // Санкт-Петербургские ведомости. 22.01.2003.

6   Кубасов И., Лекарь Л. Выявление, раскрытие и расследование преступлений // Труды Академии управления МВД. 3№ .2023. С. 157.

7   Data brokers and data breaches // Duke University. 27.09.2022. https://techpolicy.sanford.duke.edu/blogroll/data-brokers-and-data-breaches.

8   Congress investigating how data broker sells smartphone tracking info to law enforcement // The Verge. 25.06./2020. https://www.theverge.com/2020/6/25/21303190/congress-data-smartphone-tracking-fbi-security-privacy.

9   Data Brokers and the Sale of Data on U.S. Military Personnel. https://techpolicy.sanford.duke.edu/wp-content/uploads/sites/4/2023/11/Sherman-et-al-2023-Data-Brokers-and-the-Sale-of-Data-on-US-Military-Personnel.pdf.

10 Создатель «Глаза Бога» — Женя Антипка. 29.09.2022. https://www.youtube.com/watch?v=ZZaqBJx4eKw.

11 Камитдинов Н. За «Глазом Бога»: кто создал главный в России сервис для поиска персональных данных и почему его не закрывают // Forbes. 17.06.2021. https://www.forbes.ru/karera-i-svoy-biznes/-432271za-glazom-boga-kto-sozdal-glavnyy-v-rossii-servis-dlya-poiska.

12 Криптовалютные аферы в 2019-2018 году и борьба с ними: детективные агентства на страже ваших интересов // Forbes. 30.10.2018. https://www.forbes.ru/partnerskie-materialy/-368559kriptovalyutnye-afery-v-2019-2018-godu-i-borba-s-nimi-detektivnye.

13 Форум обнальщиков Dark Money сменил администратора после выхода расследования The Insider // The Insider. 23.12.2020. https://theins.ru/news/237931.

14 Королев Н. Разношенные боты // Коммерсантъ. 19.02.2021. https://www.kommersant.ru/doc/4694808.

15 Шестоперов Д., Дементьева К. Бот и все о нем // Коммерсантъ. 09.03.2021. https://www.kommersant.ru/doc/4721118.

16 Обыски у программиста Telegram-бота «Глаз Бога» проводились по делу форума DarkMoney // ТАСС. 09.04.2021. https://tass.ru/proisshestviya/11108951.

17 «Если нужно будет рассказать, как кто-то из вас нарушает закон, я это сделаю» Интервью создателя «Глаза Бога» Евгения Антипова — об отравлении Навального, сотрудничестве с силовиками и грядущей войне с Telegram // Meduza. 11.07.2021. https://meduza.io/feature/12/07/2021/esli-nuzhno-budet-rasskazat-kak-kto-to-iz-vas-narushaet-zakon-ya-eto-sdelayu.

18 Кто такой Антипка 50 и зачем он пиарит свой инстаграм. https://www.webtrafer.ru/01/2017/Antipka-50-instagram.html.

19 Земсков И., Ибишов М. Актуальные вопросы использования негосударственной информационной системы Eye of God Bot оперативными подразделениями МВД России и ФСИН России // Пенитенциарное право: юридическая теория и правоприменительная практика. 37)3№ .2023). С 84–80.

20 Романов В. «Даю бесплатный доступ всем силовикам»: интервью с создателем «Глаза Бога» // Газета.Ru. 29.07.2021. https://www.gazeta.ru/tech/13809278/28/07/2021/antipov_eyeofgod.shtml?updated.

21 «Готов закрыть "Глаз Бога", чтобы остаться в России». Рассказ от создателя самого популярного бота Telegram // Baza. 21.03.2025. https://baza.io/posts/35a6b1c7-6ba4-8cdd9-f3f-b70ceec318cd.

22 Парфенов К. Статья уголовного кодекса РФ №272.1: приговор для теневого рынка персональных данных или новые возможности // Вестник Нижегородского института управления. 4№ .2024. С. 32.

Глава 8. Пробив предателей

1 Депутат Госдумы Андрей Луговой опубликовал персональные данные журналистки Аси Казанцевой, открыто выступившей против войны // Meduza. 13.12.2023. https://meduza.io/news/13/12/2023/deputat-gosdumy-andrey-lugovoy-opublikoval-personalnye-dannye-nauchnoy-zhurnalistki-asi-kazantsevoy-otkryto-vystupivshey-protiv-voyny.

2 Комитет Государственной Думы по безопасности и противодействию коррупции. http://komitet-bezopasnost.duma.gov.ru/about/polozhenie-i-voprosy-vedeniya.

3 Бывший начальник Литвиненко назвал его «абсолютным предателем» // Известия. 08.02.2007. https://iz.ru/news/393205.

4. Популяризатор науки Ася Казанцева, осудившая войну, уехала из России. Ее выступления срывали, а депутаты поддержали ее травлю // The Insider. 22.01.2024. https://theins.ru/news/268506.

5. Материалы суда над пробивщиками // Мытищинский городской суд Московской области. https://mitishy--mo.sudrf.ru/modules.php?name=sud_delo&srv_num=1&name_op=doc&number=240053743&delo_id=1540006&new=0&text_number=1.

6. Как украли мобильные номера и аккаунты корреспондента CNews и других журналистов. Схема и цены // CNews. 02.11.2020. https://www.cnews.ru/news/top/2020-11-02_kak_ukrali_mobilnye_nomera.

7. Коротков. Д. Охотники за паролями Кто взломал переписку зятя члена Совета безопасности РФ, и при чем здесь «кремлевский повар» // Новая газета. 29.07.2021. https://novayagazeta.ru/articles/29/07/2021/okhotniki-za-paroliami.

8. Материалы суда на Малолетко // Мытищинский городской суд Московской области. https://mitishy--mo.sudrf.ru/modules.php?name=sud_delo&srv_num=1&name_op=doc&number=365210852&delo_id=1540006&new=0&text_number=1.

9. Лавров назвал действия Пригожина «не громче, чем передрягой» // РБК. 30.06.2023. https://www.rbc.ru/politics/649/2023/06/30e99199a7947af40cab6fe.

10. Бородихин А. Подарок для сталкера. Как гаджет Apple AirTag применяется для преследования // Медиазона. 23.02.2022. https://zona.media/article/23/02/2022/stalkergadget.

11. Сталкинг: почему за него не наказывают в России? // Редакция спецреп. 15.02.2022. https://www.youtube.com/watch?v=T72SPUUyH5Y.

Глава 9. Звонок

1. Некоторые детали биографии героя изменены из соображений безопасности.

2. Обзор операций, совершенных без согласия клиентов финансовых организаций // Центральный Банк России. 14.02.2023. https://www.cbr.ru/analytics/ib/operations_survey_2022.

3. Кибермошенничество: портрет пострадавшего // Центральный Банк России. 17.02.2025. https://www.cbr.ru/statistics/information_security/cyber_portrait/2024.

4. Метелица Г. Мобильная зона // Аргументы и факты. 16.02.2005.

5. Спирин Ю. Высокопоставленный чиновник поймал телефонных мошенников // Известия. 13.08.2004. https://iz.ru/582464/iurii-spirin/vysokopostavlennyi-chinovnik-poimal-telefonnykh-moshennikov.

6. Лжепрофессор // Петровка, 2 .389.08.2007.

7. Рошаль Ю. Обман на проводе // Новые известия. 19.09.2013.

8. 800 тыс. рублей отдал лжеврачу ижевский пенсионер // Без формата. 17.02.2015. https://ijevsk.bezformata.com/listnews/otdal-lzhevrachu-izhevskij-pensioner/29697491.

9. ФинЦЕРТ // Банк России. https://www.cbr.ru/analytics/ib/fincert.

10. Основные типы компьютерных атак в кредитно-финансовой сфере в 2020–2019 годах // Центральный Банк России. 23.03.2021. https://cbr.ru/Collection/Collection/File/32122/Attack_2020-2019.pdf.

11. Sukčių sindikatas. Tarptautinis žurnalistinis tyrimas // Siena.lt. 05.03.2025. https://siena.lt/news/sukciu-sindikatas-tarptautinis-zurnalistinis-tyrimas.

12. С телефонов Сбербанка позвонили мошенники // Коммерсантъ. 30.01.2019. https://www.kommersant.ru/doc/3867733.

13. Взлом по телефону // Коммерсантъ. 29.03.2019. https://www.kommersant.ru/doc/3925688.

14. Михайлова А. «Алло, это служба безопасности Сбербанка!». Кто и как создает подпольные колл-центры в даркнете, и при чем тут Сбер и ФСБ // The Insider. 16.12.2020. https://theins.ru/obshestvo/237725.

15. Как заключенные охотятся за деньгами клиентов российских банков // Ведомости. 13.11.2018. https://www.vedomosti.ru/finance/articles/-786367/13/11/2018kak.

16. В московском СИЗО обнаружили кол-центр мошенников // Lenta.RU. 18.07.2020. https://lenta.ru/news/18/07/2020/tishina.

17. Королев Н., Степанова Ю. Век фрода не видать // Коммерсантъ. 01.10.2020. https://www.kommersant.ru/doc/4511968.

18. Карлов А. Напуганным звонят дважды. Новая схема — мошенники дают себя подслушать // 47News. 07.02.2025. https://47news.ru/articles/264661.

19. Петелин Г. Полиция России и Украины забыла про войну // Газета.ru. 01.07.2015. https://www.gazeta.ru/social/6861661/30/06/2015.shtml?ysclid=m7mbacauqa174431562.

20. Серафимов А. Фабрика скама // Новая газета Европа. 08.08.2024. https://novayagazeta.eu/articles/09/08/2024/fabrika-skama.

21. Бовтрук В., Рец И. Под боком у СБУ. Как работают в Украине колл-центры, которые разводят на деньги клиентов российских банков // Страна.ua. 30.09.2021. https://strana.best/articles/rassledovania/-355432kak-rabotajut-v-ukraine-koll-tsentry-kotorye-razvodjat-na-denhi-klientov-rossijskikh-bankov.html.

22. Копытько А., Бовтрук В., Товт А. Город тысячи колл-центров. Почему в России считают Днепр столицей телефонных аферистов // Страна.ua. 08.10.2021. https://strana.today/news/-356025dnepr-stal-tsentrom-telefonnoho-moshennichestva-osnovnye-skhemy-aferistov.html.

23. В Днепре накрыли сеть коллекторских колл-центров: «выбивали» по 500$ тысяч в месяц // Українська правда. 05.11.2021. https://www.pravda.com.ua/rus/news/2021/11/5/7312965.

24. Полиция накрыла мошеннический call-центр в офисе Николаева // Українська правда. 03.06.2021. https://www.pravda.com.ua/rus/news/2021/06/3/7295902.

25. Девочки, у меня все будет прекрасно // Холод. 08.12.2023. https://holod.media/08/12/2023/pensionery-podzhigaiut-voenkomaty.

26. Фохт Е. «Без лоха и жизнь плоха». Мошенники вымогают у россиян деньги, угрожая от имени ФСБ сроками за «помощь Украине» // Русская служба Би-би-си. 17.06.2024. https://www.bbc.com/russian/articles/crgg122y378o.

27. Ромашова О. «Вас уже ищет полиция. Я мошенник». За поджоги военкоматов и зеленку в урнах на выборах наказывают жертв обмана — исследование «Медиазоны» // Медиазона. 15.01.2025. https://zona.media/article/15/01/2025/scammers.

28. Зеленка, надписи на бюллетенях и горящие урны — россияне протестовали на избирательных участках в 20 регионах

РФ // Freedom. 18.03.2024. https://uatv.ua/zelenka-nadpisina-byulletenyah-i-goryashhie-urny-rossiyane-protestovali-na-izbiratelnyh-uchastkah-v-20-regionah-rf-video.

29. Телефонные мошенники вынудили устроить провокацию беременную жену участника СВО // РЕН ТВ. 16.03.2024. https://ren.tv/news/v-rossii/-1200782moshenniki-vynudili-ustroit-provokatsiiu-beremennuiu-zhenu-uchastnika-svo.

30. Появилось видео еще одной попытки поджога — на этот раз в Волгоградской области // Подъем. 16.03.2024. https://t.me/pdmnews/68077.

31. По подозрению в совершении взрыва в банке в Петербурге задержали пенсионерку // Коммерсантъ. 21.12.2024. https://www.kommersant.ru/doc/7400521.

32. В Москве и Подмосковье взорвали пиротехнику в двух торговых центрах. Полиция заявила, что одна из задержанных взорвала петарду по указанию мошенников // Meduza. 21.12.2024. https://meduza.io/news/21/12/2024/v-moskve-i-podmoskovie-evakuirovali-dva-torgovyh-tsentra-iz-za-vzryva-petardy-i-zapuska-feyerverka.

33. В Екатеринбурге неизвестный забросал областной военкомат «коктейлями Молотова» // Uralweb.14.12.2024. https://www.uralweb.ru/news/crime/569593.

34. Ромашова О. «Вас уже ищет полиция. Я мошенник». За поджоги военкоматов и зеленку в урнах на выборах наказывают жертв обмана — исследование «Медиазоны» // Медиазона. 15.01.2025. https://zona.media/article/15/01/2025/scammers.

35. Сбербанк заявил об участившихся случаях поджогов после звонков мошенников // Ведомости. 22.12.2024. https://www.vedomosti.ru/finance/news/1082983/22/12/2024.

36. «Массово грабят переселенцев». Как мошенники из колл-центров разводят людей на деньги и кто их крышует // Страна.ua. -05.07.223. https://strana.today/articles/-438806zhurnalisty-strany-uznali-kak-moshenniki-iz-koll-tsentrov-razvodjat-na-denhi-ukraintsev.html; Заскамили мамонта. Как украинские мошенники вымогают деньги у россиян и передают их ВСУ // VOTTAK. 27.02.2023. https://vot-tak.tv/81982638/zaskamili-mamonta.

37. Фабрика скама // Новая газета. 09.08.2024. https://novayagazeta.eu/articles/09/08/2024/fabrika-skama.

38 Мошеннические «офисы» обманывают россиян и заводят в Украину миллиарды. ЭП поработала в одном из таких // Українська правда. 24.03.2023. https://epravda.com.ua/rus/publications/2023/03/24/698383.

39 Миколаїв. 30 ,09:30 червня // @mykolaivskaODA. https://t.me/mykolaivskaODA/1647.

40 Шаповал К. Золотые «офисы». В Украине тысячи мошеннических колл-центров выманивают десятки миллионов долларов в год (в основном у россиян). Как работает эта индустрия. Большое исследование Forbes // Forbes. 06.12.2024. https://forbes.ua/ru/company/skhema-makroekonomichnogo-zrostannya25236-03122024-.

41 Бауман А. «Не альо»: дело Call-центра днепровской братвы Нарика // 49000.com.ua. 27.02.2024. https://49000.com.ua/ne-alo-sprava-call-centru-dniprovsko.

42 В Петербурге -17летний студент перевел мошенникам 500 тысяч рублей и совершил самоубийство. Одного из фигурантов дела арестовали // Meduza. 24.02.2025. https://meduza.io/news/24/02/2025/v-peterburge-17-letniy-student-perevel-moshennikam-500-tysyach-rubley-i-sovershil-samoubiystvo-odnogo-iz-figurantov-dela-arestovali.

Часть 4. Корпорации
Глава 10. Два стула

1 Telegram Creator on Elon Musk, Resisting FBI Attacks, and Getting Mugged in California. 17.04.2024. https://www.youtube.com/watch?v=1Ut6RouSs0w.

2 Раскрыта цена вульгарных стульев из интервью Дурова // Lenta.RU. 17.04.2024. https://lenta.ru/news/17/04/2024/raskryta-tsena-vulgarnyh-stuliev-iz-intervyu-durova.

3 Кононов Н. Код Дурова. Реальная история «ВКонтакте» и ее создателя. М., 2012.

4 Подкупать избирателей можно // Коммерсантъ. 10.12.1998.

5 Сооснователь «ВКонтакте» впервые рассказал об истории сети, ссоре с Дуровым и громкой сделке. 01.11.2019. https://www.youtube.com/watch?v=WGWBDgrFbSg.

6   Филолог стал авторитетом в Рунете // Деловой Петербург. 15.06.2006. https://www.dp.ru/a/15/06/2006/Filolog_stal_avtoritetom.

7   Кононов Н. Код Дурова. Реальная история «ВКонтакте» и ее создателя. Москва, 2012.

8   Рассказ о жизни программистов-олимпиадников, которые создавали «ВКонтакте». https://web.archive.org/web/20220905173721/https://vc.ru/social/-7006genius-programmers.

9   Рейтинг российских веб-сайтов за февраль 2008 г. // https://semjournal.ru/archives/89; Топ20- самых популярных сайтов у российских пользователей интернета // Коммерсантъ. 04.02.2008. https://www.kommersant.ru/doc/849114.

10 Как «ВКонтакте» стал для нас важнее, чем iTunes, и что с ним произойдет дальше // Афиша Daily. 09.12.2016. https://daily.afisha.ru/music/3802-kak-vkontakte-stal-dlya-nas-bolshe-chem-itunes-i-chto-s-nim-proizoydet-dalshe.

11 Out-of-Cycle Review of Notorious Markets February 28, 2011 // USTR. https://web.archive.org/web/20110307051952/https://www.ustr.gov/webfm_send/2595.

12 Павел Дуров предложил создать в Крыму свободную от авторских прав зону // Коммерсантъ. 21.07.2016. https://www.kommersant.ru/doc/3043757.

13 Предчувствие контентной войны ВГТРК выиграла дело о пиратстве у сети «ВКонтакте» // Lenta.RU. 21.07.2010. https://lenta.ru/articles/21/07/2010/vgtrk.

14 «Амедиа» хочет засудить 30 млн. уголовников «ВКонтакте» // Adindex. 04.06.2010. adindex.ru/news/media/48924/4/06/2010.phtml.

15 Правообладатели попросили оставить «ВКонтакте» в пиратском списке США // РБК. 27.10.2014. https://www.rbc.ru/technology_and_media/544/2014/10/27e0ceecbb20fefa46ecd9f.

16 Глава «ВКонтакте» показал спецслужбам собачий язык // Lenta.RU. 08.12.2011. https://lenta.ru/news/08/12/2011/mrdurov.

17 Основателя «ВКонтакте» Павла Дурова вызвали в прокуратуру // Forbes. 09.12.2011. https://www.forbes.ru/news/-77344osnovatelya-vkontakte-durova-vyzvali-v-prokuraturu.

18 Колесников А. Руководство «ВКонтакте»: «Мы уже несколько лет сотрудничаем с ФСБ и отделом «К» МВД, оперативно

выдавая информацию о тысячах пользователей нашей сети» // Новая газета. 26.03.2013. https://novayagazeta.ru/articles/-54100/27/03/2013rukovodstvo-171-vkontakte-171-187-my-uzhe-neskolko-let-sotrudnichaem-s-fsb-i-otdelom-171-k-187-mvd-operativno-vydavaya-informatsiyu-o-tysyachah-polzovateley-nashey-seti187-.

19 Здравый смысл Письмо создателя «ВКонтакте» Павла Дурова о цензуре и митингах // Lenta.RU.12.12.2011. https://lenta.ru/articles/12/12/2011/durov.

20 Durov, P. Consume Less. Create More. It's More Fun. 04.12.2020. https://telegra.ph/Consume-Less-Create-More-Its-More-Fun-12-04.

21 Театр Дурова: почему основатель «ВКонтакте» проиграл битву за социальную сеть // Forbes. 19.03.2014. https://www.forbes.ru/kompanii/internet-telekom-i-media/-252431teatr-durova-pochemu-osnovatel-vkontakte-proigral-bitvu-za.

22 Дуров больше не «ВКонтакте» // Фонтанка.ру. 25.01.2014. https://www.fontanka.ru/029/25/01/2014.

23 Фонд UCP подал иск против Павла Дурова и Mail.ru // Interfax. 07.04.2014. https://www.interfax.ru/russia/369860.

24 Телеграмма от Дурова // Ведомости. 15.08.2013. https://www.vedomosti.ru/newspaper/articles/15/08/2013/telegramma-ot-durova.

25 Have Iranian Telegram Channels Really Generated $23.3M in Revenue? // TechRasa. 17.01.2017. https://techrasa.com/2017/01/17/iranian-telegram-channels-23-3m-revenue.

26 Каналы в Telegram стали новым рынком политической рекламы // Ведомости. 27.09.2017. https://www.vedomosti.ru/politics/articles/-735467/27/09/2017telegram-kanali-politicheskoi-reklami.

27 Как ФСБ решила блокировать Telegram из-за планов Дурова по криптовалюте // РБК. 20.04.2018. https://www.rbc.ru/technology_and_media/5/2018/04/20ad8c53a9a7947ec8d8c1ed5.

28 Бизнес-омбудсмен предложил приравнять криптовалюты в России к доллару // РБК. 07.09.2017. https://www.rbc.ru/finances/59/2017/09/07b0cd139a7947e53eb2c6d7.

29 Дуров объяснил важность российского рынка Telegram личными соображениями // РБК. 17.04.2018. https://www.rbc.ru/technology_and_media/5/2018/04/17ad5f5579a794711805fa039.

30 Навальный на митинге против блокировки Телеграма. 30.04.2018. https://www.youtube.com/watch?v=_aIjg5wWC80.

31 Павел Дуров приезжал в Россию более 50 раз с момента «изгнания» в -2014м // Важные истории. 27.08.2024. https://istories.media/news/27/08/2024/pavel-durov-priezzhal-v-rossiyu-bolee-50-raz-s-momenta-izgnaniya-v-2014-m.

32 Канал Павла Дурова. https://t.me/durov_russia/22.

33 В России разблокировали Telegram Роскомнадзор два года боролся с мессенджером, но миллионы россиян все равно им пользовались // Lenta.RU. 18.06.2020. https://lenta.ru/brief/18/06/2020/telegram_unlock.

34 Представитель Telegram рассмешил Мишустина шуткой про татаро-монгольское иго // Lenta.RU. 09.07.2020. https://lenta.ru/news/09/07/2020/igo_joke.

35 Почему власти решили разблокировать Telegram. Главное // РБК. 18.06.2020. https://www.rbc.ru/technology_and_media/2020/06/185/ee211609a79473d9eccbc4c.

36 Имя изменено по просьбе героя.

37 Кондратьев Н., Феоктистов Е., Короткова А. Павел Дуров приезжал в Россию более 50 раз с момента «изгнания» в -2014м // Важные истории. 27.08.2024. https://istories.media/news/27/08/2024/pavel-durov-priezzhal-v-rossiyu-bolee-50-raz-s-momenta-izgnaniya-v--2014m.

38 Павел Дуров вернулся в Россию // Forbes. 07.11.2014. https://www.forbes.ru/news/-272741pavel-durov-vernulsya-v-rossiyu.

39 Бывший топ-менеджер «ВКонтакте» судится с братьями Дуровыми «Медуза» коротко пересказала его претензии. И поговорила о них с Павлом Дуровым // Meduza. 18.09.2017. https://meduza.io/feature/18/09/2017/byvshiy-top-menedzher-vkontakte-suditsya-s-bratyami-durovymi.

40 Анин Р., Кондратьев Н. Как «Телеграм» связан с ФСБ // Важные истории. 10.06.2025. https://istories.media/stories/10/06/2025/kak-telegram-svyazan-s-fsb.

41 Дуров заявил о причастности спецслужб ко взлому Telegram оппозиционеров // РБК. 02.05.2016. https://www.rbc.ru/politics/57278/2016/05/02bc29a7947849edc8a53.

42. Силовики и чиновники используют слитые базы, чтобы деанонить пользователей Telegram. За бюджетные деньги // ЗАХАРОВ. 06.03.2024. https://telegra.ph/Siloviki-i-chinovniki-ispolzuyut-slitye-bazy-chtoby-deanonit-polzovatelej-Telegram-Za-byudzhetnye-dengi-03-06.

43. «Сетевые свободы» нашли решение суда, свидетельствующее, что Telegram не выдает данные пользователей правоохранительным органам (за исключением дел о теракте) // Meduza. 18.03.2025. https://meduza.io/news/18/03/2025/setevye-svobody-vyyasnili-chto-telegram-vydaet-rossiyskim-silovikam-dannye-no-tolko-teh-polzovateley-kotoryh-obvinyayut-v-terakte.

44. Marlinspike, M. It's amazing to me… 23.12.2021. https://x.com/moxie/status/1474067558428864512.

45. Durov, P. Why Isn't Telegram End-to-End Encrypted by Default? 14.08.2017. https://telegra.ph/Why-Isnt-Telegram-End-to-End-Encrypted-by-Default-08-14; Пост в канале Дурова. https://t.me/durov/176.

46. Telegram Founder Was Wooed and Targeted by Governments // The Wall Street Journal. 28.08.2024. https://www.wsj.com/world/who-is-pavel-durov-telegram-founder-9b43eb5a.

47. Застрявший в Париже. Почему на самом деле Павел Дуров не модерировал Telegram // The Bell. 02.09.2024. https://thebell.io/zastryavshiy-v-parizhe-pochemu-na-samom-dele-pavel-durov-ne-moderiroval-telegram.

48. Telegram jumps to $540mn profit despite founder facing legal peril // Financial Times. 21.05.2025. https://www.ft.com/content/a8b42949-3d4f-4562-9f44-cc715f1494dc.

49. Павел Дуров приехал в гости к министру коммуникаций Индонезии. В стране отказались от блокировки Telegram // Афиша Daily. 01.08.2017. https://daily.afisha.ru/news/-10070pavel-durov-priehal-v-gosti-k-ministru-kommunikaciy-indonezii-v-strane-otkazalis-ot-blokirovki-telegram.

50. Telegram заблокировал 64 канала по требованию властей ФРГ // DW. 12.02.2022. https://www.dw.com/ru/telegram-zablokiroval-64-kanala-po-trebovaniju-vlastej-germanii/a-60752889.

51. Telegram Founder Was Wooed and Targeted by Governments // The Wall Street Journal. 28.08.2024. https://www.wsj.com/world/who-is-pavel-durov-telegram-founder-9b43eb5a.

52   The Private Life of Telegram's Founder Adds to His Troubles // The New York Times. 03.10.2024. https://www.nytimes.com/2024/10/03/technology/pavel-durov-telegram-abuse-claims.html.

53   «У меня более 100 биологических детей в 12 странах». Павел Дуров — о том, как 15 лет назад стал донором спермы // Meduza. 29.07.2024. https://meduza.io/news/29/07/2024/u-menya-bolee-100-biologicheskih-detey-v-12-stranah-pavel-durov-o-tom-kak-15-let-nazad-stal-donorom-spermy.

54   Роскомнадзор назвал мессенджеры, запрещенные для передачи платежных документов и персональных данных россиян // Роскомнадзор. 05.05.2023. https://rkn.gov.ru/press/news/news74710.htm.

55   Итоги года с Владимиром Путиным // Президент России. 19.12.2024. http://www.kremlin.ru/events/president/news/75909.

56   Данные Mediascope. https://mediascope.net/data/#internet.

Глава 11. Главный по медиа

1   ЧГТРК «Грозный» подтвердило, что Рамзан Кадыров был награжден орденом «За заслуги перед Отечеством» II степени на закрытой церемонии награждения в Кремле // Агентство. 13.12.2024. https://t.me/agentstvonews/8504.

2   Рубин М., Панкратова И., Захаров А., Баданин Р., Жолобова М. Портрет Юрия Ковальчука, второго человека в стране // Проект. 09.12.2020. https://maski-proekt.media/yury-kovalchuk.

3   Treasury Sanctions Russian Officials, Members Of The Russian Leadership's Inner Circle, And An Entity For Involvement In The Situation In Ukraine // U.S. Department of the Treasury. 20.03.2014. https://home.treasury.gov/news/press-releases/jl23331.

4   Козырев М., Соколова А. Юрий Ковальчук. Старший по «России» // Forbes. 03.08.2008. https://www.forbes.ru/-7645yuriy-kovalchuk-starshiy-po-rossii; «СОГАЗ» продали в Питер // Ведомости. 21.01.2005. https://www.vedomosti.ru/newspaper/articles/21/01/2005/sogaz-prodali-v-piter.

5   Козырев М., Соколова А. Юрий Ковальчук. Старший по «России» // Forbes. 03.08.2008. https://www.forbes.ru/-7645yuriy-kovalchuk-starshiy-po-rossii.

6 Шерих Д. История газеты «Санкт-Петербургские ведомости». Санкт-Петербург, 2018. С. 224.

7 Козырев М., Соколова А. Юрий Ковальчук. Старший по «России» // Forbes. 03.08.2008. https://www.forbes.ru/-7645yuriy-kovalchuk-starshiy-po-rossii.

8 «Пятый» стал как «Первый» // Коммерсантъ. https://web.archive.org/web/20120120025007/http://www.kommersant.ru/region/spb/page.htm?Id_doc=822464.

9 Стенограмма прямого теле- и радиоэфира («Прямая линия с Президентом России») // Президент России. 25.10.2006. http://kremlin.ru/events/president/transcripts/23864.

10 Рубин М., Панкратова И., Захаров А., Баданин Р., Жолобова М. Расследование о том, как близкая знакомая Владимира Путина получила часть России // Проект. 09.12.2020. https://maski-proekt.media/yury-kovalchuk.

11 Телеграм-канал «Можем объяснить» узнал зарплату Алины Кабаевой на посту главы совета директоров «Национальной медиа группы» — это 155,4 миллиона рублей в год // Meduza. 23.12.2022. https://meduza.io/news/23/12/2022/telegram-kanal-mozhem-ob-yasnit-uznal-zarplatu-aliny-kabaevoy-na-postu-glavy-soveta-direktorov-natsionalnoy-media-gruppy-eto-4-155-milliona-rubley-v-god.

12 Дворец для Путина // ФБК. 19.01.2021. https://palace.navalny.com/; «Досье» рассказал о тайной резиденции Путина в Карелии: там есть форелевая ферма, коровы для мраморной говядины и водопад // Настоящее Время. 29.01.2024. https://www.currenttime.tv/a/rezidentsiya-putina-v-karelii/32796320.html.

13 «Причуды стареющего политбюро» Как российские власти собираются бороться со старением (несмотря на войну) — и есть ли вероятность, что у них что-то получится. Расследование «Медузы» и «Системы» // Meduza. 09.02.2024. https://meduza.io/feature/02/09/2024/prichudy-stareyuschego-politbyuro.

14 Рубин М., Панкратова И., Захаров А., Баданин Р., Жолобова М. Портрет Юрия Ковальчука, второго человека в стране // Проект. 09.12.2020. https://maski-proekt.media/yury-kovalchuk.

15 The Russian Billionaire Selling Putin's War to the Public // The Wall Street Journal. 02.12.2022. https://www.wsj.com/articles/russian-billionaire-selling-putins-war-ukraine-11669994410.

16 Юрий Ковальчук: «фактор Путина» помог обществу выбрать правильную сторону» // Смотрим. 23.03.2014. https://smotrim.ru/article/1848399?ysclid=m92nu6qgy6943146195.

17 «ВКонтакте» впервые обошла YouTube по охвату среди россиян Как соцсеть привлекает новых блогеров и пользователей // РБК.15.01.2025. https://www.rbc.ru/technology_and_media/01/15 6786315/2025/b9a79476fac9a1bd6.

18 Игуменов В. Миллиарды «Яндекса». В процессе поиска // Forbes. 18.03.2011. https://www.forbes.ru/tehno/internet-i-telekommunikatsii/-65029v-protsesse-poiska.

19 Выступление Сергея Доренко 18 апреля 2019 года. https://youtu.be/C0r3r972cqk?si=8mJQ3WCWZlYjVcJT&t=1445.

20 Венедиктов объяснил, почему Путин не пользуется интернетом // Бизнес Online. 21.08.2019. https://business-gazeta.ru/news/435797.

21 Аудитория «Яндекса» превысила число зрителей Первого канала // Lenta.RU. 25.05.2012. https://lenta.ru/news/25/05/2012/overtake.

22 Я.Робот // РБК. 04.08.2014. https://www.rbc.ru/yandex/index.html.

23 «С легким сердцем»: почему Усманов отказался от управления Mail.Ru Group // РБК. 22.10.2018. https://www.rbc.ru/business/22 5/2018/10/bcd6c1c9a79470c9e6f06ce.

24 Мироненко П. Почему Алишер Усманов продал VK «Согазу» // The Bell. 02.12.2021. https://thebell.io/pochemu-alisher-usmanov-prodal-vk.

25 Сквоттеры покинули дом Воложа в Амстердаме спустя полтора года // РБК. 25.03.2024. https://www.rbc.ru/business/6/2024/03/25 601b6299a7947eef71a2881.

26 Владимир Путин согласовал сделку по продаже «Яндекса» российским миллиардерам и банку ВТБ // The Bell. 21.05.2023. https://thebell.io/vladimir-putin-soglasoval-sdelku-po-prodazhe-yandeksa-rossiyskim-milliarderam-i-banku-vtb.

27 Позычанюк В., Панкратова И. Что мы знаем о новых владельцах «Яндекса», как писать промты и дебют Apple Vision Pro // The Bell. 05.02.2024. https://thebell.io/kak-delat-promty-dlya-shatgpt-blokirovki-runeta-i-premera-apple-vision-pro.

28 Новый В., Рожков Р. Forbes узнал детали переговоров о продаже контрольного пакета «Яндекса» инвесторам // Forbes. 26.10.2023.

https://www.forbes.ru/tekhnologii/-499132forbes-uznal-detali-peregovorov-o-prodaze-kontrol-nogo-paketa-andeksa-investoram.

29 Позычанюк В., Малкова И. Большой передел в российском e-commerce // The Bell. 21.04.2025. https://thebell.io/bolshoy-peredel-v-rossiyskom-e-commerce-pochemu-novye-modeli-open-ai-gallyutsiniruyut-i-kak-begayut-roboty-gumanoidy; В России — новый серийный техномиллиардер // The Bell Tech. 25.07.2025. https://t.me/Bell_tech/4790.

30 Данные Mediascope за февраль-март 2025 года.

31 Позычанюк В., Панкратова И. Убийца YouTube. Кто такой Степан Ковальчук, который должен превратить «ВКонтакте» в «Первый канал» в интернете // The Bell. 10.10.2023. https://thebell.io/ubiytsa-youtube-kto-takoy-stepan-kovalchuk-kotoryy-dolzhen-prevratit-vkontakte-v-pervyy-kanal-v-internete.

32 Киндер-сюрприз2- // Секрет фирмы. 21 ,2005 ноября; Расщепление стабфонда // Политический журнал. 21 ,2005 ноября.

33 Треть россиян читают госпаблики: на площадке АНО «Диалог» провели выездное заседание нашего ИТ-Комитета // Александр Хинштейн | Официальный сайт. 29.11.2024. https://hinshtein.ru/gosudarstvennaya-duma/tret-rossiyan-chitayut-gospabliki-na-ploshhadke-ano-dialog-proveli-vyezdnoe-zasedanie-nashego-it-komiteta.

34 Познакомьтесь с АНО «Диалог». Именно эта организация отвечает за пиар Минобороны РФ и создание фейков про Украину Расследование «Медузы», «Важных историй» и The Bell // Meduza.18.09.2023. https://meduza.io/feature/18/09/2023/poznakomtes-s-ano-dialog-imenno-eta-organizatsiya-otvechaet-za-piar-minoborony-rf-i-sozdanie-feykov-pro-ukrainu.

35 Кирюхина Я. Сотни тысяч рублей и реклама в телевизоре. Как Россия активизирует вербовку новых солдат // Русская служба Би-би-си. 15.08.2024. https://www.bbc.com/russian/articles/czx67007nxqo.

36 Позыначук В., Рейтер С., Панкратова И., Перцев А. Фабрика накруток. Как VK превращает рунет в телевизор с помощью комиков, троллей и блогеров // The Bell. 25.12.2023. https://thebell.io/fabrika-nakrutok-kak-vk-prevrashchaet-runet-v-televizor-s-pomoshchyu-komikov-trolley-i-blogerov.

37 Белый А., Крылова Е. Несолоно снимавши: сколько видеоблогеры из РФ потеряют из-за отключения Google AdSense // Известия. 16.08.2024. https://iz.ru/1741602/anton-belyi-elizaveta-krylova/nesolono-snimavshi-skolko-videoblogery-iz-rf-poteriaiut-iz-za-otkliucheniia-google-adsense.

38 Позыначук В., Рейтер С. Семейные ценности. Расследование о том, кто и почему решил отключить YouTube в России // The Bell. 24.12.2024. https://thebell.io/semeynye-tsennosti-rassledovanie-o-tom-kto-i-pochemu-reshil-otklyuchit-youtube-v-rossii.

39 Позыначук В., Рейтер С. VK сокращает. Источники в VK рассказывают о массовых увольнениях, сама компания это отрицает // The Bell. 04.10.2024. https://thebell.io/vk-sokrashchaet-istochniki-v-vk-rasskazyvayut-o-massovykh-uvolneniya-sama-kompaniya-eto-otritsaet.

40 Позыначук В., Рейтер С. Семейные ценности. Расследование о том, кто и почему решил отключить YouTube в России // The Bell. 24.12.2024. https://thebell.io/semeynye-tsennosti-rassledovanie-o-tom-kto-i-pochemu-reshil-otklyuchit-youtube-v-rossii.

41 Френкель Д., Швец Д. Новая атака на VPN может стать успешной. Обходить блокировки будет все сложнее, считают эксперты // Медиазона. 08.08.2023. https://zona.media/article/08/08/2023/vpnbattle.

42 Позыначук В. Как Apple и Google стали проводниками интернет-цензуры, майский «цифровой детокс» для россиян и бум ИИ-агентов // The Bell. 08.05.2025. https://thebell.io/kak-apple-i-google-stali-provodnikami-internet-tsenzury-mayskiy-tsifrovoy-detoks-dlya-rossiyan-i-bum-ii-agentov.

43 Данные Mediascope.

44 Власти лишили россиян звонков в Telegram и WhatsApp // Meduza. 13.08.2025. https://meduza.io/feature/13/08/2025/vlasti-rf-lishili-rossiyan-zvonkov-v-telegram-i-whatsapp-eto-proizoshlo-molnienosno-o-tom-chto-zapret-v-printsipe-gotovitsya-stalo-izvestno-pyat-dney-nazad

45 Мессенджер Max // https://memepedia.ru/messendzher-max.

46 Alipay vs. WeChat Pay Statistics 2025: Market Share, Innovation & Digital Yuan Impact // CoinLaw. 03.08.2025. https://coinlaw.io/alipay-vs-wechat-pay-statistics.

47 Альбац Е. Бизнес спасителя Отечества // The New Times. 26.02.2012. https://newtimes.ru/articles/detail/50206.

48 Крутов М., Добрынин С. Наемники, «спортсменки» и друзья Путина. Секреты клиники «Согаз» // Радио Свобода. 17.11.2021. https://www.svoboda.org/a/naemniki-sportsmenki-druzja-putina-sekrety-kliniki-sogaz/31566183.html.

Глава 12. Первая мировая кибервойна

1 Козловский В. Суд в США ждет «кардера» Владислава Хорохорина // Русская служба Би-би-си. 25.08.2010. https://www.bbc.com/russian/international/2010/08/100825_khorokhorin_indictment; Russian Hackers – BadB Promotional Cartoon. 28.08.2010. https://www.youtube.com/watch?v=EtcKavgS_2k.

2 Детки в сетке. 20.05.2017. https://smotrim.ru/video/1668685.

3 Instagram Владислава Хорохорина. https://www.instagram.com/p/CJMKtaXAoGq.

4 Солопов М., Петров С. Вбить call: как IT-компания из США связана с телефонными мошенниками на Украине // Известия. 31.03.2025. https://iz.ru/1862463/maksim-solopov/vbit-call-kak-it-kompania-iz-ssa-svazana-s-telefonnymi-mosennikami-na-ukraine.

5 Епічні похеки русаків на мільйони: За голову BadB дають 10 BTC. 25.02.2025. https://www.youtube.com/watch?v=Te8vIgbRlT8.

6 Сп#здили 9$ млн за 12 годин! BadB: кардинг, як сидів у різних країнах... і почав звідти бізнес! 30.04.2024. https://www.youtube.com/watch?v=TLScBAN3NNA.

7 'I can fight with a keyboard': How one Ukrainian IT specialist exposed a notorious Russian ransomware gang // CNN. 30.03.2022. https://edition.cnn.com/2022/03/30/politics/ukraine-hack-russian-ransomware-gang/index.html.

8 Нефёдова М. Внутренние чаты хак-группы Conti слили в открытый доступ // Хакер. 01.03.2022. https://xakep.ru/01/03/2022/conti-chats-leak.

9 Leaked Ransomware Docs Show Conti Helping Putin From the Shadows // Wired. 18.03.2022. https://www.wired.com/story/conti-ransomware-russia.

10 Russian Hackers – BadB Promotional Cartoon. 28.08.2010. https://www.youtube.com/watch?v=EtcKavgS_2k.

11 Туровский Д. Вторжение. Краткая история русских хакеров. М., 2019.

12 Гаврилов Ю. Осенью пройдет экспериментальный призыв в научные роты // Российская газета. 24.04.2013. https://rg.ru/25/04/2013/studenty.html.

13 Kremlin's ties to Russian cyber gangs sow US concerns // The Hill. 10.11.2015. https://thehill.com/policy/cybersecurity/256573-kremlins-ties-russian-cyber-gangs-sow-us-concerns.

14 Обвинительное заключение // justice.gov. https://web.archive.org/web/20181107032259/https://www.justice.gov/file/1080281/download.

15 Most Wanted // fbi.gov. https://www.fbi.gov/wanted/cyber.

16 Russian hackers infiltrated Podesta's email, security firm says // Politico. 20.10.2016. https://www.politico.com/story/2016/10/russia-responsible-podesta-wikileaks-hack-230095.

17 Хакеры узнали о сотнях спортсменов с правом принимать допинг // РБК. 07.10.2016. https://www.rbc.ru/society/57/2016/10/07f6df2e9a794733c53231d7.

18 Обвинительное заключение суда Западного округа Пенсильвании // Department of Justice. https://www.justice.gov/archives/opa/press-release/file/1328521/dl?inline=.

19 Козловский В. США: приговоры по делу хакеров из России и Украины // Русская служба Би-би-си. 12.08.2013. https://www.bbc.com/russian/international/2013/08/130812_usa_hackers_carders_sentences.

20 Хакеры и трейдеры из России, США и Украины получили 100 миллионов долларов, воруя пресс-релизы с инсайдерской информацией. Расследование The Verge // Meduza. 26.08.2018. https://meduza.io/feature/26/08/2018/hakery-i-treydery-iz-rossii-ssha-i-ukrainy-poluchili-100-millionov-dollarov-voruya-press-relizy-s-insayderskoy-informatsiey-rassledovanie-the-verge.

21 Что содержится в опубликованных хакерами «письмах Суркова» // Русская служба Би-би-си. 03.11.2016. https://www.bbc.com/russian/features-37855406.

22. Крутов М. «С Россией мириться бесполезно». Украинские хакеры выходят из тени // Радио Свобода. 28.02.2020. https://www.svoboda.org/a/30459822.html.

23. Середа С. «Ми платили мільйони гривень за кібератаки на «Дію». Інтерв'ю із міністром Михайлом Федоровим // Радіо Свобода. 04.02.2023. https://www.radiosvoboda.org/a/interview-fedorov-mintsyfry-diya-kiberarmiya/32253147.html.

24. Украинские сайты перестали работать из-за мощной DDoS-атаки, Европа активирует международную киберкоманду // Русская служба Би-би-си. 23.02.2022. https://www.bbc.com/russian/news-60492316.

25. The head of GCHQ says Vladimir Putin is losing the information war in Ukraine // The Economist. 18.08.2022. https://www.economist.com/by-invitation/2022/08/18/the-head-of-gchq-says-vladimir-putin-is-losing-the-information-war-in-ukraine.

26. Тайное становится явным: как Британия помогает Киеву отражать российские кибератаки // Русская служба Би-би-си. 01.11.2022. https://www.bbc.com/russian/features-63469478.

27. Сервера домена .UA перевели в страны Европы // Українська правда. 27.02.2022. https://epravda.com.ua/rus/news/2022/02/27/682908/.

28. С февраля -2022го в Украине зарегистрировали более 1,5 тысячи кибератак, большинство — со стороны рф // Громадське. 03.01.2023. https://hromadske.ua/ru/posts/s-fevralya-v-ukraine-zaregistrirovali-bolee-15-tysyachi-kiberatak-bolshinstvo-so-storony-rf.

29. Хакеры взломали сайт украинского канала и включили гимн России // Lenta.RU. 01.07.2022. https://lenta.ru/news/01/07/2022/domchannel/.

30. Lessons from Russia's cyber-war in Ukraine // The Economist. 30.11.2022. https://www.economist.com/science-and-technology/2022/11/30/lessons-from-russias-cyber-war-in-ukraine.

31. Красномовец П. Российские хакеры из ГРУ попытались оставить без света Винницкую область, как в 2016 году Киев. Почему им не удалось // Forbes Ukraine. 12.04.2022. https://forbes.ua/ru/innovations/rosiyski-khakeri-namagalis-zalishiti-bez-svitla-vinnitsku-oblast-atatsi-vdalos-zapobigti5409-12042022-.

32 Russia downed satellite internet in Ukraine -Western officials // Reuters. 10.05.2022. https://www.reuters.com/world/europe/russia-behind-cyberattack-against-satellite-internet-modems-ukraine-eu-2022-05-10/.

33 Russian Cyberwar in Ukraine Stumbles Just Like Conventional One // Bloomberg. 09.03.2023. https://www.bloomberg.com/news/articles/2023-03-09/russian-cyberwar-in-ukraine-stumbles-just-like-conventional-one.

34 Мельник Т. Телеком-Чернобыль. Forbes составил детальную реконструкцию хакерской атаки на «Киевстар» в декабре 2023 года. Способна ли компания восстановить разрушенное // Forbes Ukraine. 19.03.2024. https://forbes.ua/ru/company/telekom-chornobil19815-15032024-.

35 Пилипив И. Пропало все. Как российские хакеры взломали украинские реестры // Українська правда. 20.12.2024. https://epravda.com.ua/rus/tehnologiji/propalo-vse-kak-rossiyskie-hakery-vzlomali-ukrainskie-reestry-801172/.

36 Hacktivists Collaborate with GRU-sponsored APT28 // Mandiant. 23.09.2022. https://www.mandiant.com/resources/blog/gru-rise-telegram-minions.

37 Кириченко Д. Українська ІТ-армія – шило в боці Москви // Kyiv Post. 14.04.2025. https://www.kyivpost.com/uk/post/50457.

38 Ukraine's IT Army now aids drone strikes on Russian oil refineries // Euromaidan Press. 29.06.2024. https://euromaidanpress.com/2024/06/29/ukraines-it-army-now-aids-drone-strikes-on-russian-oil-refineries/.

39 За 15 месяцев полномасштабной войны IT ARMY of Ukraine атаковала более 700 целей // dev.ua. 06.09.2023. https://dev.ua/ru/news/it-armiia1694012045-.

40 Киберпреступность в России и СНГ Тренды, аналитика, прогнозы 2024–2023 гг. // F.A.C.C.T. https://www.facct.ru/docs/report/facct-cybercrime-trends-annual-report2024-2023-.pdf; Киберугрозы в России и СНГ. Аналитика и прогнозы 25/2024 // F6. https://www.f6.ru/docs/report/f-6cybercrime-trends-annual-report2025-2024-.pdf.

41 Епічні похеки русаків на мільйони: За голову BadB дають 10 BTC. 25.02.2025. https://www.youtube.com/watch?v=Te8vIgbRlT8.

42 Пост от 21 февраля 2025 года. https://tgstat.com/channel/@cybersecs.

43 US military hackers conducting offensive operations in support of Ukraine, says head of Cyber Command // Sky News. 01.06.2022. https://news.sky.com/story/us-military-hackers-conducting-offensive-operations-in-support-of-ukraine-says-head-of-cyber-command-12625139.

44 Список хакерских групп, которые участвуют в «кибервойне» на стороне России или Украины // CISOCLUB. 11.03.2022. https://cisoclub.ru/kogo-podderzhali-hakery-rossiyu-ili-ukrainu/.

45 В РКН заявили, что не нашли утечку после взлома «Аэрофлота». «Киберпартизаны» опубликовали данные о перелетах гендиректора авиакомпании // Meduza. 01.08.2025. https://meduza.io/news/01/08/2025/v-rkn-zayavili-chto-ne-nashli-utechku-posle-vzloma-aeroflota-kiberpartizany-opublikovali-dannye-o-pereletah-gendirektora-aviakompanii.

46 Уровень киберзащиты объектов КИИ остается критически низким // Кабельщик. 06.02.2025. https://www.cableman.ru/content/uroven-kiberzashchity-obektov-kii-ostaetsya-kriticheski-nizkim.

47 Почти 50 тыс. кибератак отразили в РФ в 2022 году // Interfax. 19.01.2023. https://www.interfax.ru/digital/881385.

48 «Нам обещали, что его не арестуют». Родные осужденного за наемничество кыргызстанца добиваются помилования // Настоящее Время. 07.07.2024. https://www.currenttime.tv/a/rodnye-osuzhdennogo-za-naemnichestvo-dobivayutsya-pomilovaniya/33021748.html.

49 Савина С., Феоктистов Е. «Важные истории» установили имена иностранцев, приехавших воевать за Россию // Важные истории. 23.04.2025. https://istories.media/stories/23/04/2025/vazhnie-istorii-ustanovili-imena-inostrantsev-priekhavshikh-voevat-za-rossiyu/.

50 Савина С., Феоктистов Е. «Ковал свой путь героя, пока не погиб во время путешествия в Восточной Европе» // Важные истории. 25.04.2025. https://istories.media/stories/25/04/2025/koval-svoi-put-geroya-poka-ne-pogib-vo-vremya-puteshestviya-v-vostochnoi-yevrope/.

51 Сбербанк заявил об утечке данных 65 млн россиян с 24 февраля // Forbes. 16.06.2022. https://www.forbes.ru/tekhnologii/-468879-sberbank-zaavil-ob-utecke-dannyh-65-mln-rossian-s-24-fevrala.

52 «Сбер» оценил долю утекших данных взрослых россиян в %90 // РБК. 06.11.2024. https://www.rbc.ru/finances/672/2024/11/06b2da59a79470df56c61e7.

53 Киберпреступность в России и СНГ Тренды, аналитика, прогнозы 2024–2023 гг. // F.A.C.C.T. https://www.facct.ru/docs/report/facct-cybercrime-trends-annual-report2024-2023-.pdf.

54 Информация предоставлена специалистом по кибербезопасности Ашотом Оганесяном.

55 ДИТ Москвы назвал компиляцией опубликованную базу персональных данных // Коммерсантъ. 10.06.2024. https://www.kommersant.ru/doc/6761256.

56 В случае с утечкой «Хеликса» доподлинно неизвестно, были ли это проукраинские хакеры или обычные злоумышленники. См.: Лабораторная служба «Хеликс» пострадала от атаки. Хакеры «сливают» в сеть данные клиентов // Хакер. 20.07.2023. https://xakep.ru/2023/07/20/helix-hacked/.

57 Таємна донька Путіна: ТСН знайшла байстрючку диктатора в Парижі (фото) // ТСН. 22.11.2024. https://tsn.ua/ru/exclusive/taynaya-doch-putina-tsn-nashla-baystryuchku-diktatora-v-parizhe-foto2706756-.html.

58 Хакеры взломали базу данных системы бронирования «Сирена-Трэвел». К ним попала информация о 664 миллионах (!) перелетов за 16 лет Взломщики получили имена, телефоны и номера документов пассажиров // Meduza. 22.09.2023. https://meduza.io/feat u re/22/09/2023/hakery-vzlomali-bazu-dannyh-sistemy-broniro v aniya-sirena-trevel-k-nim-popala-informatsiya-o-664-millionah-pereletov-za-16-let.

Эпилог. Киберпанк везде

1 Кондратьев Н., Феоктистов Е., Короткова А. Павел Дуров приезжал в Россию более 50 раз с момента «изгнания» в -2014м // Важные истории. 27.08.2024. https://istories.media/news/27/08/2024/pavel-durov-priezzhal-v-rossiyu-bolee-50-raz-s-momenta-izgnaniya-v--2014m/.

2 Петров И. С цифрой на ты: как работает самое продвинутое подразделение полиции // Известия. 10.11.2023. https://

iz.ru/1603116/ivan-petrov/s-tcifroi-na-ty-kak-rabotaet-samoe-prodvinutoe-podrazdelenie-politcii.

3 См., например: https://tbilisskoe-sp.ru/regulatory/%D9%0C%D9%0E%D%0A%8D%95%0D9%0D%D9%0D%D%98%0D%0A%7D%95%0D%0A%1D%0A%2D%92%0D9%0E_c.pdf; https://soligalich.kostroma.gov.ru/upload/iblock/d2b/whwjtobyrgfuf0fg93xtp4gwtktz0wcb/360938854.184647584722208179.1.2.pdf.

4 Exiled, then spied on: Civil society in Latvia, Lithuania, and Poland targeted with Pegasus spyware // Access Now. 30.05.2024. https://www.accessnow.org/publication/civil-society-in-exile-pegasus/.

5 Взлом телефона Галины Тимченко: кто за этим стоит и что делать? Заявление Access Now о заражении айфона издателя «Медузы» шпионской программой Pegasus // Meduza. 13.09.2023. https://meduza.io/feature/13/09/2023/vzlom-telefona-galiny-timchenko-kto-za-etim-stoit-i-chto-delat.

6 Feldstein, S. The Rise of Digital Repression: How Technology is Reshaping Power, Politics, and Resistance. New York, 2021.

7 WhatsApp tells BBC it backs Apple in legal row with UK over user data // BBC. 11.06.2025. https://www.bbc.com/news/articles/cgmjrn42wdwo.

8 «Big» News from Geneva: Making sense of the fundamental right to digital integrity and its potential implications on digital sovereignty and beyond // C4DT. 21.06.2023. https://c4dt.epfl.ch/geneva-digital-sovereignty/.

9 Proton menace de quitter la Suisse face aux nouvelles règles sur la surveillance des données // RTS. 13.05.2025. https://www.rts.ch/info/suisse/2025/article/proton-menace-de-quitter-la-suisse-face-aux-nouvelles-regles-de-surveillance-28883036.html.

10 Карточки: Что такое ProtonMail и что с ним произошло в России // Роскомсвобода. 12.03.2019. https://roskomsvoboda.org/en/45632/.

11 O que muda na vida do usuário do X com o bloqueio da rede social // Gazeta do Povo. https://www.gazetadopovo.com.br/republica/o-que-muda-na-vida-do-usuario-do-x-com-o-bloqueio-da-rede-social; EFF Statement on U.S. Supreme Court's Decision to Consider TikTok Ban // Electronic Frontier Foundation. 18.12.2024. https://www.eff.org/deeplinks/2024/12/eff-statement-us-supreme-courts-decision-consider-tiktok-ban.

12 Varoufakis, Y. Technofeudalism: What Killed Capitalism. London, 2023.

АНДРЕЙ ЗАХАРОВ

РУССКИЙ КИБЕРПАНК

КАК КРЕМЛЬ И ОЛИГАРХИ СТРОЯТ «ЦИФРОВОЙ ГУЛАГ» — И КТО ЭТОМУ СОПРОТИВЛЯЕТСЯ

Редактор: Александр Горбачев
Продюсеры: Феликс Сандалов, Алексей Докучаев / StraightForward Foundation
Фактчекер: Мария Бахарева (Provereno.Media)
Дизайнер обложки: Никита Шеховцов
При создании обложки использовано уличное граффити анонимного художника из Петербурга.